INSTRUMENT FLYING ORAL TEST PREP

계기비행
구술시험 문제집

이 강 희 편집/해설

비행연구원

여러분의 참여를 기대합니다!

비행연구원 홈페이지에서도 관련 내용을 보충 설명하고 있습니다. 내용에 의문이 있거나 혼동을 일으킬 수 있는 용어에 대한 의견이 있다면 보내주십시오. 여러분의 의견을 적극적으로 반영하도록 하겠습니다. 여러분의 소중한 참여가 항공인의 지식 향상에 크게 기여할 것입니다.

- 홈페이지: www.flightin.com
- e-메일: flight-in@hanmail.net

계기비행 구술시험 문제집

펴낸 곳/펴낸 날	비행연구원/2019.5.10
등 록	제17-174호(1996.6.12)
인터넷/e-mail	www.flightin.com / flight-in@hanmail.net
정 가	16,000원
계기비행 구술시험 문제집	2019.5.10. 1판1쇄

Printed in KOREA by Flight Institute ISBN 978-89-87015-54-5 93550

머 리 말

항공기 성능의 발달과 공역이 복잡해짐에 따라 효율적 공역 관리의 중요성이 높아지고 있다. 이처럼 복잡해지고 있는 공역에서 관제시설에서 원하는 것은 무엇이고 조종사가 스스로 행해야 하는 것은 무엇인지 알고 행동했을 때 원활한 교통흐름과 함께 항공안전도 크게 향상될 것이다.

항공전자, 디지털(digital) 컴퓨터, 디스플레이(display) 기술과 위성항법(GNSS)이 결합하면서 조종실은 수많은 전자 장비로 구성된 글라스 칵핏(glass cockpit)으로 빠르게 변모하고 있다. 이것은 조종사의 직접적인 조종 행위가 점차 감소하고 있지만, 전자기기에 의한 절차(procedures)의 중요성이 강조되고 있다. 초대형 운송용 항공기뿐만 아니라 소형 항공기까지 FMS, 플라이트 디렉터(flight director), 오토파일럿(autopilot), 오토스로틀(autothrottle), 오토 브레이크 등을 갖추고 있다. 이외에도 GNSS(GPS) 항법이 이륙에서부터 착륙까지 전체 비행단계에 적용할 수 있도록 기술이 발달하면서 계기절차가 더욱 복잡해졌고 운항 승무원은 이 절차에 익숙하지 않으면 안 된다.

이에 "계기비행"은 재래식 항법보조시설을 활용할 수 있는 지식과 함께 전자비행계기에 관한 내용을 추가하였고, 절차에 관한 내용을 중점적으로 다룬 "계기절차 지침서"를 발간하였다. "계기절차 지침서"는 이륙절차, 순항항로절차, 도착절차, 그리고 접근절차에 관해서 상세하게 다루고 있으며, 특히 각종 차트에 관해서 전문적 지식을 습득할 수 있도록 구성하였다.

"계기비행 구술시험 문제집"은 계기비행 학과 및 실기평가에 대비할 수 있도록 별도로 집필하였다. "계기비행 구술시험 문제집"은 주요 계기비행 상황과 절차에 관해서 간결하고 논리적으로 서술할 수 있는 능력을 갖추는 데 도움이 될 것이다. 아울러 전문용어는 영어를 함께 표기하여 혼동을 방지하고 전문용어에 익숙해질 수 있도록 하였다.

이외에도 민간에서 많이 활용하고 있는 JEPPESEN CHART에 관한 내용을 문제 형식으로 제시하고 풀이와 함께 학습할 수 있도록 구성하였다.

이 문제집은 계기비행 학과시험에 대비할 수 있도록 계기비행 이론을 전체적으로 복습하면서 다소 어렵게 느껴지던 각종 계기절차 차트를 판독할 수 있는 자신감을 가질 수 있도록 구성하였다. 아울러 "계기비행", "계기절차 지침서"의 주요 내용을 요약하고 보완하여 완전한 지식을 갖출 수 있도록 심혈을 기울여 집필하였다.

계기비행 구술시험 문제집은 다음과 같이 구성되었다.

▣ 제1부, 계기비행이론, 심화학습 • 5

▣ 제2부, 계기종합 • 157

▣ 제3부, JEPPESEN CHART • 229

▣ 컬러 그림 • 287

계기비행 구술시험 문제집이 학과시험뿐만 아니라 실제 계기비행에 도움이 될 수 있도록 지속적인 모니터링으로 보완해 가면서 홈페이지에도 관련 지식을 보충할 것이다.

끝으로 "계기비행 구술시험 문제집"이 제도권 내에서 정착될 수 있도록 모든 항공인 여러분께서도 함께 해주실 것을 당부하면서 합격의 영광과 안전비행을 기원합니다.

이 강 희

제 1 부

계기비행이론

【1】 계기한정(instrument rating)이 요구되는 시기는 언제인가?

① 계기비행규칙(IFR) 하에서 비행

② 기상상태가 최저 VFR 기상치 이하일 때

③ A등급 공역(A class airspace)

④ B, C, D, E등급 공역 내에서 일몰과 일출(sunset and sunrise) 사이에 SVFR(special VFR)로 비행할 때

【2】 IFR 상황에서 PIC로 비행하는 데 필요한 최근 비행경력은?

① 2년 주기 자격유지평가(biennial flight review)

② 승객을 운송하기 위해서는 이전 90일 이내에 3회의 이착륙 경력이 있어야 한다. 단, 야간비행을 위해서는 완전착륙(full stop) 경력이 있어야 한다.

③ 이전 6개월 이내에 해당 기종 또는 시뮬레이터/비행훈련장치로 실비행이나 모의계기조건에서 다음과 같은 비행경력을 갖추어야 한다.

- 최소한 6회 계기접근(instrument approach)
- 체공절차(holding procedure)
- 항법 시스템을 활용한 진입과 트래킹(interception and tracking)

※ 자격유지평가(biennial flight review or BFR); 조종사는 2년에 한 번 자격유지평가(국가마다 다를 수 있음)를 의무적으로 받아야 조종사 권리

를 유지할 수 있고 이를 통상 "BFR (biennial flight review)"이라 한다. BFR은 유자격 교관에 의해서 최소한 1시간의 지상교육과 1시간의 비행으로 이루어진다. 기장으로 활약하기 위해서는 이전 24개월 이내에 자격유지평가(flight review)를 받아야 한다. 비록 교관이 자격유지평가를 마쳤다는 것을 당신의 비행기록부에 배서(endorsement)하는 것을 거절할지라도 합격 혹은 불합격의 기준은 없다.

※ 숙련평가(proficiency check)는 특정 운용 분야에 당신의 기량과 지식을 평가하는 것이다. 조종사 자격증명을 취득한 후 시간이 지나면서 일부 기량이 떨어지는 경향을 보인다. 숙련평가는 표준 매뉴얼에 있는 표준에 충족할 수 있는 비행 기량을 계속 유지하고 있는지를 평가하는 것이다. 숙련평가 기준에 충족하지 못한 조종사는 숙련평가에 합격할 때까지 한정증명의 권리를 행사할 수 없다. 이를 위해서 다시 숙련평가를 받기 전에 추가 보충훈련을 받아야 한다. 규정(Part 61)에 따르면 교관과 평가관의 숙련평가 유효기간은 2년이고 다른 한정증명의 유효기간은 1년이다. 주요 숙련평가 영역은 다음과 같다.

- *Instrument rating proficiency check(계기한정)*
- *Instructor rating proficiency check(교관한정)*
- *Examiner rating proficiency check(평가관 한정)*
- *Aerial application rating proficiency check(항공살포 한정)*
- *Night vision imaging system proficiency check(야시경 한정)*

※ Full stop(완전착륙); 활주로에 항공기를 정지시키고 활주로를 벗어나 완전하게 종료하는 방식의 착륙이다. 만약 다시 이륙하고자 한다면 정상적인 이륙 절차에 따라 이륙해야 한다.

【3】 계기비행 최근 경력을 수행하지 못했다면 회복할 수 있는 절차에 관해서 간단히 설명하시오.

조종사는 첫 6개월 동안에 계기평가 또는 숙련평가(proficiency check)를 받아야 회복할 수 있다. 만약 조종사가 첫 6개월 이내에 6회의 계기접근

(체공과 진입 및 트래킹)을 충족시키지 못했다면 더 이상 IFR 상황에서 비행할 수 없다. 이를 회복하기 위해서 두 번째 6개월을 유예기간(grace period-second 6-month period)으로 지정하여 이 기간에 조종사는 자격을 갖춘 안전 조종사 또는 모의 IFR 조건에서 6회의 계기접근(체공 및 트래킹)을 수행하여 회복할 수 있다. 만약 두 번째 6개월에 최소한의 조건을 충족하지 못했다면 평가관, 승인된 교관으로부터 계기숙련평가를 받거나 FAA 승인된 평가관으로부터 계기실기평가를 받아 회복할 수 있다.

【4】 안전 조종사의 자격 요건은 무엇인가?

① 유효 신체검사증명서(current medical certificate) 소유

② 적절한 범주와 한정의 자가용 조종사 자격증명 이상 소유

③ IFR 비행계획에 따라 비행해야 한다면 계기한정(instrument rating) 자격증명 소유

【5】 계기비행을 위해서 준비해야 하는 가용한 중요정보는 무엇이 있는가?

① 기상 보고와 예보(weather reports and forecasts)

② 연료 필수요건(fuel requirements)

③ 비행이 계획대로 수행되지 못했을 때를 대비한 예비계획

④ 알려진 ATC 지연(known ATC delay)

⑤ 착륙하고자 하는 활주로 길이(runway length)

⑥ 이륙과 착륙거리(takeoff and landing distance)

【6】 일반항공 항공기가 IFR 상태에서 비행하고자 할 때 연료 요건은 무엇인가?

- 대체공항; 목적지 공항(체공 포함) + 대체공항 + 45분(순항속도)
- 대체공항이 계획되지 않았을 때; 목적지 공항 + 45분(예비연료)

【7】 GPS 장비를 이용한 IFR 항법을 수행하기 전 반드시 점검해야 하는 것은?

① GPS 장비가 규정에 따라 정확하게 설치되어 있고 계획된 IFR을 위해서 승인되었는지 확인하라.

② 데이터베이스(database)가 최신 것인지 확인하라.

③ 계획된 비행로를 위한 GPS NOTAM/RAIM 정보를 확인하라.

【8】 IFR 비행에 요구되는 필수 계기와 장비는 무엇인가?

[GRABCARDD]

- G – generator or alternator of sufficient capacity
(충분한 용량의 발전기 또는 교류발전기)
- R – radios for navigation
- A – altimeter (sensitive; 정밀고도계)
- B – ball (for turn coordination)
- C – clock with sweep-second hand(초시계)
- A – attitude indicator
- R – rate-of-turn coordinator
- D – directional gyro
- D – DME /RNAV
(FL 240 또는 그 이상 계획된 항로를 위해서 VOR 장비가 필수적일 때)

【9】 인가(clearance)에 포함되는 내용은 무엇인가?

① 인가한계점(clearance limit)

② 출발절차(departure procedure)

③ 항공로 또는 항로(airway or routes)

④ 고도/비행고도(altitude/flight level)

⑤ 주파수 및 트랜스폰더 코드(transponder code)

⑥ 기타 제한사항

【10】 IFR 비행을 위한 항공기 검사와 장비의 검사 시기에 관해서 간단히 설명하시오.

① 항공기는 연간검사(annual inspection)를 받아야 하고, 대여 및 임대용이라면 100시간 검사를 받아야 한다. 모든 기록은 항공기/엔진 기록부에 기재되어야 한다.

② 피토/정압시스템(pitot-static system)은 이전 24개월 이내에 점검되어야 하고 항공기 기록부에 기재되어야 한다.

③ 트랜스폰더는 이전 24개월 이내에 점검되어야 하고 항공기 기록부에 기재되어야 한다.

④ 고도계는 이전 24개월 이내에 점검되어야 하고 항공기 기록부에 기재되어야 한다.

⑤ VOR은 이전 30일 이내에 점검되어야 하고 해당 기록부에 기재되어야 한다.

⑥ ELT(emergency locator transmitter; 비상위치발신기)는 12개월 이내에 점검되어야 한다.

【11】 운항승무원이 항공기에서 사적으로 휴대용 전자기기의 사용에 관해서 간단히 설명하시오.

사업용 및 운송용 또는 IFR 비행계획으로 운항할 때 운항승무원은 개인 휴대용 전자기기(portable electric device)의 사적 사용을 엄격하게 제한하고 있다. 다만, 글라스 칵핏(glass cockpit)이 많이 보급되면서 비행계획을 수립하기 위한 전자 백(electric bag), 자료 저장장치 혹은 비상용 전자기기는 휴대할 수 있다. 아울러 휴대용 녹음기(portable voice recorders), 보청기(hearing aids), 심장박동기(heart pacemakers), 전기면도기, 또는 NAV/COM에 어떠한 간섭을 초래하지 않는 휴대용 전자기기 등은 예외이다.

【12】 IFR 비행을 위해서 적재(on board)해야 하는 서류(documents)는 무엇이 있는가? [ARROW]

- A - airworthiness certificate(감항증명서)
- R - registration certificate(등록증명서)
- R - radio station license(if international operations) (무선통신 자격증)
- O - owner's manual or operating limitations (소유자 매뉴얼 또는 운용 제한)
- W - weight and balance data(무게와 균형 자료)

【13】 자동터미널정보업무(ATIS)는 무엇인가?

기상정보(weather informations) 및 공항정보(aerodrome informations)를 얻을 수 있는 유용한 수단으로 관제탑이 운용되는 대부분 공항에서 가용하다. ATIS(automated terminal information service)는 관제탑 운용 시간에만 ATIS 전용 주파수를 이용해서 방송된다.

【14】 ATIS에서 시정이 보고되지 않았다. 이는 무엇을 의미하는가?

시정(visibility)은 육상 마일(SM)로 보고되고 시정이 5마일 이상일 때 생략된다.

【15】 D-ATIS는 무엇인가?

D-ATIS(digital)는 항공기, 항공사, 그리고 재래식 ATIS의 표준 수신 범위(standard reception range)에서 벗어나 있는 다른 사용자에게 유선과 데이터링크 통신(data link communication)을 경유해서 조종실까지 문자 메시지(text message) 형태로 전송된다. 데이터링크 시스템을 갖춘 항공기는 ACARS 장비를 통해서 ATIS 정보를 받아 볼 수 있다. 조종실 내에서 ATIS 보고를 인쇄(print)해서 읽을 수 있어 ATIS의 정확성과 함께 조종사의 조종실 업무(workload)를 감소시킨다.

【16】 ATIS를 활용할 때 주의 사항에 관해서 간단히 설명하시오.

ATIS 정보는 매시간(hourly) 그리고 중요한 기상 변화가 있을 때 업데이트된다. 따라서 당신이 받아 본 ATIS는 가장 최신(current) 정보가 아닐 수 있으므로 출발하기 직전 그리고 착륙 직전 관제탑으로부터 최신 ATIS를 받아보거나 확인해야 한다.

【17】 ACARS는 무엇을 의미하는가?

ACARS(aircraft communication addressing and reporting system)는 항공기와 지상시설 사이 항공정보와 기상정보 등을 무선 혹은 위성을 통해서 음성통신(voice communication)이 아닌 프린터(printer)로 인쇄해서 받아 볼 수 있는 시스템이다.

【18】 터미널 데이터링크 시스템(TDLS)은 무엇인가?

Terminal data link system(TDLS)은 특정 무선 주파수와 가입자 모두에게 데이터링크(datalink)를 경유해서 조종실 혹은 게이트 프린터까지 문자 메시지 형식으로 D-ATIS를 제공하는 시스템이다. 또한, TDLS는 지정된 공항에서 데이터링크를 경유해서 조종실 혹은 게이트 프린터(gate printer)까지 문자 메시지(text message) 형식으로 출발 전 비행인가(pre-departure clearance; PDC)를 제공한다.

【19】 조종사가 IFR 비행계획서를 제출해야 하는 시기는?

만약 기상이 VFR 최저치 미만이라면 관제공역(controlled airspace) 안으로부터 출발하기 전 또는 관제공역으로 진입(entry)하기 전 비행계획서를 제출하고 ATC로부터 인가를 받아야 한다. 출발 인가(departure clearance)를 받는데 지연을 고려해서 출발 30분 전에 제출해야 한다.

【20】 조종사가 IFR 비행계획서를 취소시킬 수 있는 시기는?

A등급 공역 외부에서 VFR 기상으로 운항 중 언제든지 취소(cancel)시

킬 수 있다. 그러나 TRSA, C등급(class) 공역, 또는 B등급 공역과 같이 이들 공역에 적용되는 다른 절차에 주의해야 한다.

【21】 IFR 비행계획서에 "special equipment" 접미사(suffix)를 기입할 때 고려해야 하는 항공기 장비 종류는 무엇이 있는가?

- Radar beacon transponder
- DME equipment
- TACAN-only equipment
- Area Navigation equipment (RNAV) - INS
- Global Positioning System (GPS)/Global Navigation Satellite System (GNSS)
- Reduced Vertical Separation Minimum (RVSM)

【22】 항법보조시설(NAVAIDs)의 제한에 관한 정보를 어디에서 확인할 수 있는가?

Chart Supplement와 NOTAMs에는 최근 NAVAIDs의 제한에 관한 정보가 포함되어 있다. 이들 간행물은 비행 전 계획수립 단계에서 순항항로(enroute)와 목적지 공항 등에 관한 세부 정보를 확인해야 한다.

※ 항법보조시설(Navigational aid; NAVAID)은 항공기의 항법과 항행을 도와주는 무선 및 시각 그리고 불빛 신호 등을 모두 포함한다. 전형적인 NAVAIDs는 VOR, NDB, DME, VORTAC, ILS, marker beacon 등이 있다.

【23】 약식(abbreviated) IFR 인가에 포함되는 요소는 무엇인가?

[CRAFT]

- C - Clearance Limit (destination airport or fix)
- R - Route (initial heading)
- A - Altitude (initial altitude)

- F - Frequency (departure)
- T - Transponder (squawk code)

【24】 비행계획서를 작성할 때 항로 고도는 어떻게 기입해야 하는가?

최초 진입하게 되는 고도를 기입한다.

【25】 비행계획서를 작성할 때 대체공항 필수요건은 무엇인가?

① 도착 1시간 전후, 실링 2,000피트 미만, 그리고 시정 3 SM 미만이라면 대체공항을 계획해야 한다. (1-2-3 규칙이라 한다)

② 대체공항에 IAP가 발행되었다면 이들 최저치를 적용하라. 그렇지 않다면 600/2(정밀접근) 또는 800/2(비정밀접근)를 적용하라.

③ IAP가 발행되지 않았다면 실링과 시정 최저치는 MEA로부터 강하할 수 있어야 하고, 기본 VFR 하에서 접근과 착륙할 수 있어야 한다.

【26】 공항이 표준 대체 최저치(standard alternate minimum) 외의 최저치가 있다면 이를 어떻게 알 수 있는가?

접근차트(approach chart)에 "▲A"와 같은 부호는 조종사가 고려해야 하는 대체 최저치 목록을 참고해야 한다는 것을 나타낸다. 이 부호는 해당 공항에는 표준 대체 최저치(600/2 또는 800/2)가 적용되지 않는다는 것을 나타낸다. 따라서 조종사는 해당 공항의 대체 최저치를 결정하기 위해서 별도로 발행된 대체 최저치 페이지에서 확인해야 한다.

【27】 대체공항으로 활용하기에 적합하지 않은 공항은 어떻게 표기되는가?

이 공항의 접근차트에 "▲A N/A"와 같이 표기된다. 이 공항은 기상보고 시설이 없거나 NAVAIDs가 필수요건을 충족하지 못하기 때문에 대체공항으로 적합하지 않다는 것을 의미한다.

【28】 활주로 사고주의구역(hot spots)의 정의는 무엇인가?

공항이동구역(aerodrome movement area)에서 충돌 또는 활주로 침범(incursion) 사고가 발생했던 장소, 사고 가능성이 큰 장소, 그리고 조종사나 차량 운전자의 주의(attention)가 필요한 장소이다. 지상이동에 어려움을 줄 수 있는 복잡하거나 잠재적으로 혼동할 수 있는 기하학적 구획(geographic layout)을 조종사와 차량 운전자에게 경고하기 위함이다.

【29】 ATC가 조종사에게 활주로에 진입하라고 하는 확실한 지시라고 판단할 수 있는 것은?

① ATC가 지정된 활주로 위로 통과 혹은 활주를 지시했을 때

② ATC가 활주로로부터 이륙을 인가했을 때

③ ATC가 지정된 활주로 정렬과 대기(line-up and wait)를 지시했을 때

【30】 최저치가 규정되어 있지 않은 공항에서 이들 동일 항공기의 IFR 표준 이륙 최저치는 어떻게 적용해야 하는가?

- Part 91; 없음
- 단발엔진과 쌍발엔진 항공기; 시정 1 SM
- 헬리콥터와 3발 엔진 이상 항공기; 시정 1/2 SM

【31】 IFR 비행을 위한 이륙 최저치를 결정하는 "권장실무절차" 에 관해서 설명하시오.

해당 공항을 위한 Instrument Approach에 있는 최저치를 적용하라. 만약 이것이 가용하지 않다면 basic VFR 최저치를 적용하라. (실링 1,000 피트, 시정 3 SM)

【32】 관제탑이 있는 공항에서 IFR 인가는 어떻게 받는가?

지상관제소(ground controller), 인가전달소(clearance delivery) 주파수를 통해서 받을 수 있다.

【33】 관제탑이 없는 공항에서 IFR 인가는 어떻게 받을 수 있는가?

① 무선통신으로 원격통신소(remote communication outlet; RCO) 주파수를 이용해서 또는 전화로 비행인가를 받는다.

② B등급 공역에 있는 위성공항(satellite airport)에서는 주공항의 인가전달소 주파수를 통해서 비행인가를 받을 수 있다.

③ 위의 두 방법이 가용하지 않을 때는 E등급 공역에서 VFR 비행을 유지하면서 FSS/ARTCC로부터 비행인가를 받을 수 있다.

※ ATC 시설이 없는 공항에서 비행인가를 받는 절차는 지형, 기상상태 또는 ATC 통신 시스템 등의 영향을 받을 수 있다. 비행인가를 받을 수 있는 가장 효과적인 방법은 가장 가까운 FSS와 유무선 통신망을 이용하는 것이다.

【34】 공항에서 활주 전 인가는 활주 시작 몇 분 이내에 지상관제소 또는 인가전달소를 호출하여야 하는가?

활주 전 인가(pre-taxi clearance)는 활주를 시작하기 전 10분 이내에 지상관제소 또는 인가전달소(clearance delivery)를 호출하여 IFR 인가를 받을 수 있도록 허용하고 있다.

【35】 관제탑이 없는 공항에서 출발할 때 최소한 몇 분 전에 비행계획서를 제출해야 하는가?

최소한 30분 전에 비행계획서를 제출해야 한다.

【36】 관제탑이 없는 공항에서 출발할 때 인가를 어떻게 요청할 수 있는가?

조종사는 지상에서 전화로 AFSS와 교신하여 받는 것이 가장 좋은 방법이지만, 때로는 이륙하여 주공항 ATC에게 인가를 요청할 수 있다.

【37】 인가무효시간은 무엇인가?

관제탑이 운용되지 않는 공항에서 조종사는 지정된 시간에 출발하지 못했다면 인가가 자동으로 무효(void)가 되는 인가를 받을 수 있고 이를 인가무효시간(clearance void time)이라 한다. 인가무효시간 전에 출발하지 못한 조종사는 가능한 한 빨리 ATC에게 조종사의 의도를 알려야 한다. 이 시간은 30분을 초과해서는 안 된다.

【38】 출발절차(DP)에 상승 경사도(climb gradient)가 200피트/NM를 초과하는 것으로 나타날 때 이것이 갖는 중요성은 무엇인가?

만약 조종사가 활주로에서 어느 방향으로나 선회할 수 있고 장애물에서 벗어나(clear of obstacles) 있다면(diverse departure criteria; 다면출발 기준 충족) 장애물 출발절차(obstacle departure procedure; ODP)는 발행되지 않지만, ATC 목적을 위해서 SID가 제공될 수 있다. 그렇지 않으면 DP는 정상 경사도보다 더 깊게 설계되거나 활주로 종단 가까이 있는 장애물을 피하기 위한 목적으로 출발 비행로(departure route)가 지정될 수 있다.

【39】 출발절차의 제목에 "(Obstacle)" 이 포함된 것은 무엇을 의미하는가?

만약 ODP(obstacle departure procedure)가 그래픽으로 도식된다면 차트의 제목에 "(Obstacle)"와 같은 단어가 포함되어야 한다.

※ Charted(도식); 항공도, 접근차트 등의 간행물에 묘사하거나 그려진 것을 의미한다.

【40】 공항에 ODP가 발행되었는지를 결정하는 것은 누구의 책임인가?

조종사는 비행계획을 수립할 때 출발공항이 ODP가 설정되어 있는지를 확인해야 할 책임이 있다.

【41】 ODP가 설정되는 공항은 어느 곳인가?

ODP는 오직 계기접근절차(IAP)가 발행된 공항에만 설계된다.

【42】 RNAV DP는 무엇을 의미하는가?

RNAV 항공전자(GPS, VOR/DME, DME/DME)를 갖춘 항공기를 위해서 설계되었다. 자동수직항법(automated vertical navigation)이 요구되지 않고, GPS를 필요로 하는 모든 RNAV 절차는 "RADAR REQUIRED"라고 하는 주석(notes)이 함께 표기되어야 한다.

【43】 Radar DP는 무엇인가?

Radar DP는 SID 설계를 위한 항법 유도(navigation guidance)에 사용되는 레이더 절차이다.

【44】 출발이 레이더 유도를 예상할 수 있는 조건에는 무엇이 있는가?

① 출발공항에 출발을 위해서 설정된 출발절차(departure procedure)가 없을 때

② 공항에 설정된 출발절차에 따를 수 없을 때

③ 비행계획서의 비고란에 "No SID"를 요청했을 때

【45】 레이더 유도를 받아 출발할 때 비행에 관한 협조 책임은 누구에게 있는가?

레이더 출발(radar departure)이 인가되었다면 비행에 관한 항공기 간의 분리와 비행난기류 분리(wake turbulence separation) 책임은 관제탑 관제사(tower controller)로부터 출발 관제사(departure controller)에게 인계(hand-off)된 후 항공기가 원하는 코스에 도달하고 "resume own navigation"을 허용할 때까지 ATC에게 있다.

【46】 레이더 유도에서 "radar contact" 과 같은 통보를 받았을 때 조종사는 ATC가 지형과 장애물 통과높이를 제공하는 것으로 생각해야 하는가?

아니다. 항공기는 단지 레이더에 포착되었을 뿐이기 때문에 관제사는 지형과 장애물 통과높이(obstacle clearance)를 제공하지 않는다. 이것은

관제사가 레이더 벡터의 형식에서 항행유도(navigational guidance)를 제공하기 시작할 때까지 조종사의 책임이다.

※ (obstacle) clearance; 일반적으로 없는 것, 깨끗하게 치운 것 등을 의미한다. 항공에서는 승인 혹은 허가를 의미하는 "(비행)인가" 용어가 많이 사용된다. 또한, 장애물이나 육교 밑으로 차량이 통과할 수 있는 통과높이를 의미하기도 한다.

【47】 출발절차(DPs)는 무엇이고 필요한 이유는 무엇인가?

출발절차(departure procedure; DP)는 활주로에서 순항항로(enroute) 구조까지 장애물 통과높이(obstacle clearance)를 제공하는 기계획된 IFR 절차이다. 출발절차는 복잡한 공항에서 장애물 통과높이 보호를 제공한다. 또한, 무선통신 필요성을 줄여주고 출발지연(departure delays)을 감소시켜 공항 효율성을 높여준다. 일반항공 조종사도 야간, MVFR, 그리고 IFR 상태에서 출발하고자 한다면 이들을 적극적으로 활용할 것을 권장한다.

【48】 출발절차는 어떠한 종류가 있는가?

① ODP; 조종사가 장애물을 회피하는 것을 보조하기 위해서 개발된 것으로 문자 혹은 그래픽으로 발행된다. ODP는 조종사 부담을 최소화하는 비행경로를 경유해서 장애물 통과높이를 제공한다.

② SID; ATC 인가를 단순화하기 위해서 개발된 것으로 항상 그래픽으로 발행된다. 장애물 통과높이와 전이(transition), 시스템 향상 그리고 조종사/관제사 업무를 감소시킨다. SID를 수행하기 전에 반드시 ATC 인가를 받아야 한다.

【49】 장애물 출발절차(ODP)는 무엇인가?

ODP(obstacle departure procedure)는 단순히 장애물 통과높이를 제공하기 위한 절차를 제공하기 위해서 설계되었고, ATC와 관련된 상승 필수요건은 포함되지 않는다. 특정 활주로를 위해서 오직 하나의 ODP만 설정된다.

【50】 ODP가 설계되는 장애물 경사도는 얼마인가?

ODP는 장애물이 40:1 출발 OCS(obstacle clearance surface)를 관통할 때 설계된다.

※ 장애물통과높이표면(OCS)는 장애물 평가(obstruction evaluation)를 위해 지정된 영역과 연관된 경사 또는 수평 표면이다.

【51】 ODP의 기본 형식은 무엇인가?

ODP는 문자형식(textual)이다. 그러나 일부 절차는 복잡하므로 절차를 이해하기 쉽게 시각적 표현(visual presentation)이 보충될 수 있다.

【52】 DP가 부여된다면 당신은 반드시 이를 수용해야 하는가?

조종사가 반드시 수용할 의무는 없다. 만약 DP 소책자(booklet)와 그래픽으로 된 간행물(publications)을 소지하고 있지 않다면 이를 수용하지 않아도 되고 조종사는 반드시 이를 ATC에게 통보해야 한다.

【53】 표준계기출발(SID)은 무엇인가?

SID(standard instrument departure)는 항공 교통량(air traffic)이 많은 터미널 지역(terminal area)에서 ATC 관제절차를 간소화하기 위해서 개발된 출발 비행로(departure route)이다.

【54】 SID 설계로 예상할 수 있는 효과는 무엇이 있는가?

① 무선통신(radio communication)을 최소화하여 효율적인 교통흐름(flow of traffic)을 달성한다.

② 소음저감절차(noise abatement procedure)를 통한 환경적 영향을 최소화한다.

③ 터미널 공역의 수용 능력을 증가시키기 위해서 ATC를 지원한다.
④ 전반적인 국가공역체계(national airspace system; NAS)의 효율성이 증대된다.
⑤ 인가전달시간(clearance delivery time)을 감소시킬 뿐만 아니라 출발절차를 단순화한다.
⑥ 조종사의 비행관리(flight management) 요소를 감소시키고 원하는 장소에서 어렵지 않게 IFR 구조를 따라 진행할 수 있다.

【55】 SID의 주목적은 무엇인가?

SID는 출발 비행로 선정에 항상 장애물 보호(obstacle protection)가 고려되지만, 주목적은 항공기를 순항항로 구조(enroute structure)까지 연속 전이(seamless transition)를 제공하는 동안 ATC와 조종사의 업무를 감소시키는 데 있다.

【56】 조종사가 SID를 활용하고자 할 때 인가는 언제 받아야 하는가?

ATC 인가는 SID 출발 전에 받아야 한다.

【57】 조종사가 SID에 따를 수 없을 때 어떻게 해야 하는가?

만약 SID에 따를 수 없고, SID 절차가 도식된 소책자를 소지하고 있지 않았거나 아니면 단순히 SID 활용을 원하지 않는다면 비행계획서의 비고란에 "No SID"를 명확하게 기입해야 한다.

【58】 SID 차트에 그려져 있는 전이항로는 무엇인가?

전이항로(transition routes)는 출발 항공기를 기본 SID의 종료 구간에서 순항항로 구조에 있는 한 위치까지 전이시키는 데 활용되는 비행로이다.
※ Transition(전이, 옮김); 자리나 위치 따위를 다른 곳으로 옮김

【59】 SID에 적용되는 고도는 어떠한 종류가 있는가?

- 의무고도(mandatory altitude)
- 최저고도(minimum altitude)
- 최대고도(maximum altitude)
- 권장고도(recommended altitude)
- 블록고도(block altitude)

【60】 Radar SID는 항공기를 어떻게 유도하는가?

이륙 직후부터 부여된 항로(assigned route) 또는 SID 차트에 도식된 픽스에 도착할 때까지 레이더 벡터(radar vector)를 제공한다.

【61】 Radar SID에서 레이더 벡터를 위한 필수요건에 관해서 간단히 설명하시오.

ATC는 벡터를 제공하기 위해서 항공기와 레이더 교신(radar contact)이 이루어져야 한다. ATC는 조종사가 즉시 레이더 벡터에 따를 수 있을 것으로 예상하고, 만약 레이더 벡터에 따를 수 없다면 이를 즉시 ATC에 통보할 것으로 예상한다.

【62】 Radar SID가 필요한 시기는 언제인가?

ATC가 특정 ATC 항로/비행로의 NAVAIDs 또는 픽스까지 항공기를 레이더로 유도해야 할 필요가 있을 때 활용된다.

【63】 레이더 유도 SID 차트에 표기되어야 하는 것은 무엇인가?

SID 차트에 "RADAR REQUIRED"라고 표기되어야 한다.

【64】 SID가 포함된 인가를 받기 위한 필수요건은 무엇인가?

SID 인가를 받기 위해서는 출발시각에 도식(charted) SID 절차가 포함된 소책자를 소지하고 있어야 한다.

【65】 ATC가 발령한 SID를 받아들이거나 거부하는 것은 누구의 책임인가?

PIC의 책임이다.

【66】 조종사가 SID를 받거나 거부할 수 있는 조건은 무엇인가?

조종사는 다음과 같은 사항을 바탕으로 SID 인가를 받거나 거부(accept or reject)해야 한다.

- 항공기 필수 성능에 따를 수 있는 능력
- 절차에서 필요로 하는 정밀도에 맞게 항행할 수 있는 능력
- 도식 SID 절차의 소지 여부
- SID를 완전하게 이해할 수 있는 조종사 개인의 능력

【67】 SID 또는 레이더 벡터를 이용해서 출발하기 위한 인가를 받았을 때 교통 분리에 대한 책임은 누구에게 있는가?

ATC는 레이더 벡터가 제공되는 동안 교통 분리(traffic separation)에 대한 책임을 갖는다.

【68】 고도 엔코딩 트랜스폰더(Mode C Transponder) 장비를 갖추어야 하는 공역은?

① 고도 10,000피트(MSL) 또는 이상, 단 2,500피트(AGL) 미만은 제외

② B등급 공역 30마일 내부에서 고도 10,000피트(MSL) 아래

③ 모든 C등급 내부과 위, 10,000피트(MSL)까지

④ 특정 공항의 10마일 내부, D등급 지표면 지역 외부와 1,200피트(AGL) 아래는 제외

⑤ 방공식별구역(air defense identification zone; ADIZ)으로 진입, 통과 또는 내부에서 비행하는 모든 항공기

【69】 조종사가 알고 있어야 하는 중요 트랜스폰더 코드는?

- 1200 - VFR

- 7500 – Hijacking
- 7600 – Communications Failure
- 7700 – Emergency
- 7777 – Military interception(군 요격 코드)

【70】 트랜스폰더 통신두절코드는 얼마인가?

비행 중 무선통신이 어떠한 이유로 끊어졌을 때 최대한 고장탐구를 한 후 해결할 수 없다면 트랜스폰더에 코드 7600에 맞춤으로써 ATC에게 통신두절(communication failure)을 경고하는데 사용할 수 있다.

【71】 조종사가 고도계 세팅(altimeter setting)을 잘못했을 때 이것이 당신의 트랜스폰더가 전송한 Mode C 고도 정보에 영향을 주는가?

아니다. Mode C 고도 정보는 29.92에 사전 입력(preset)되어 있다. 따라서 관제사가 제공하는 고도와 고도계 지시가 다르다면 당신의 고도계를 확인해야 한다.

【72】 트랜스폰더 Mode A와 Mode C의 차이점은 무엇인가?

Mode A는 4,096 코드에 맞추는 데 사용된다. Mode C는 Mode A 기능에 자동고도보고(automatic altitude report) 기능이 추가되어 있다.

【73】 트랜스폰더 Mode S는 무엇인가?

Mode S는 고도보고(altitude report) 성능과 함께 항공기 간 데이터 교환(data exchange)을 허용한다. Mode S는 각 항공기에 부여된 고유의 24-비트 어드레스(address)에 따라 항공기의 선택적 질문(selective interrogation)을 허용하는 2차 감시레이더(SSR) 프로세스(Secondary Surveillance Radar process)이다.

【74】 "Cleared as filed" 는 무엇을 의미하는가?

조종사가 제출한 IFR 비행계획서를 ATC가 항로 수정 없이 승인하는 약식(abbreviated) IFR 비행인가이다.

【75】 IFR 비행인가에 포함된 "hold for release" 의 목적은 무엇인가?

ATC는 기상 또는 항공교통관리(traffic management) 등의 이유로 항공기의 출발을 지연(delay)시키기 위한 "해제대기(hold for release)"를 발령할 수 있다. 조종사는 ATC로부터 해제시간(release time) 또는 추가지시(additional instructions)를 받을 때까지 IFR 인가로 출발할 수 없다.

【76】 공항이 비표준 이륙 최저치(nonstandard takeoff minimum)가 발행되어 있다면 계기접근차트(IAP)에 어떻게 표시되는가?

계기접근차트(IAP)의 브리핑 스트립(briefing strip)에 "▼"와 같이 표기된다. 이륙 최저치는 TPP 소책자(booklet) 앞 페이지에 있는 장애물 출발(obstacle departure) 페이지 앞에 수록된다. 이를 "Triangle T or Trouble T"라고도 한다.

【77】 모든 표준계기출발절차을 위한 표준 상승 경사도는 얼마인가?

200ft/NM

【78】 DP에 상승 경사도를 200ft/NM로 지정되었을 때 이것이 조종사에게 어떠한 중요한 의미를 갖는가?

상승 경사도(climb gradient)는 장애물 통과높이가 요구될 때 지정된다. DP에 통과제한(crossing restriction)은 교통 분리 또는 장애물 통과높이를 위해서 설정될 수 있다. 만약 경사도(gradient)가 지정되지 않았다면 조종사는 중간에 통과제한에 의한 수평조작(level-off)이 요구되지 않는 한 MEA까지 최저 200ft/NM로 상승해야 한다는 것을 예측해야 한다.

【79】 대지속도 100노트에서 상승 경사도가 300ft/NM로 지정되었을 때 상승률은 얼마인가?

상승률(rate of climb; ROC)은 다음과 같은 공식(formula)을 적용해서 구할 수 있다.

상승률=(대지속도 ÷ 60)×상승 경사도

= (100 ÷ 60) × 300 = 498 fpm(feet per minute)

【80】 ATC가 부여한 고도까지 상승을 지시했을 때 조종사가 적용해야 하는 상승률에 관한 권장 절차를 설명하시오.

ATC는 어떠한 상승 및 강하 제한(descent limitation)이 있을 때 “조종사 재량(pilot′s discretion)”이란 용어를 사용하지 않기 때문에 조종사는 지시를 받는 즉시 상승해야 한다. ATC가 부여한 고도(assigned altitude)의 1,000피트 위 또는 아래까지는 항공기의 운용 특성에 맞는 최적의 비율로 상승한 후 부여된 고도에 도달할 때까지 분당 500~1,500피트의 비율로 상승을 시도한다.

【81】 기장(PIC)이 ATC 인가를 위반(deviate)할 수 있는 경우는?

오직 비상상황에서만 가능하다.

【82】 비상상황으로 인해서 규정을 위반했다면 조종사는 어떠한 사후 조치가 필요한가?

ATC의 요청이 있을 때만 48시간 이내에 해당 ATC 관리자에게 서면 보고서(written report)를 제출한다.

【83】 IFR 비행 중 무선통신이 두절되었을 때 조종사는 고도를 어떻게 선택해야 하는가? [MEA]

비행하고 있는 각 구간에서 가장 높은 고도를 선택한다.

① Minimum; IFR 운항을 위한 최저고도
② Expected; ATC가 차후인가에서 조언하고자 예상되는 고도/비행고도
③ Assigned; 최종적으로 ATC 인가에서 부여받은 고도/비행고도

【84】 IFR 비행 중 무선통신이 두절되었을 때 조종사는 항로를 어떻게 선택해야 하는가? [AVEF]

① Assigned; 최종적으로 ATC 인가에서 부여된 항로
② Vectored; 레이더 벡터 중이라면 무선통신두절된 지점으로부터 벡터 인가에 명시된 픽스, 항로 또는 항공로까지 직행
③ Expected; ATC가 인가할 것으로 예상하는 항로 선택
④ Filed; 비행계획서에 제출한 항로/항공로 선택

【85】 VFR로 비행 중 쌍방향 무선통신이 두절되었다. 이 상황에서 고도, 항로, 체공 픽스 출발, 접근을 위한 강하, 그리고 접근 선택을 위한 절차를 설명하시오.

조종사는 VFR 하에서 계속 비행하여 가급적 빨리(land as soon as practicable) 착륙한다. 이것은 가능한 한 빨라 착륙(land as soon as possible)하라는 의미와 다르다.

【86】 IFR 비행 중 무선통신이 두절되었을 때 인가한계점(clearance limit)을 출발하는 시기는?

① 인가한계점이 접근이 시작되는 픽스일 때(IAF, FAF)
- EFC를 받았다면 EFC에 가능한 한 근접한 시간에 강하/접근을 시작하라.
- EFC를 받지 못했다면 ETA에 근접한 시간에 도착할 수 있도록 강하/접근을 시작하라.

② 만약 인가한계점이 접근이 시작되는 픽스가 아니라면
- EFC를 받았다면 EFC 시간에 출발하고

• 그렇지 않다면 ETA에 근접한 시간에 도착할 수 있도록 출발하라.

【87】 모든 통신과 항법 장비가 고장 났을 때 따라야 하는 절차에 관해서 간단하게 설명하시오. (complete electrical system failure)

① 통신/항법 시스템이 완전히 고장 났는지 고장탐구(trouble shooting) 절차를 수행하라. 서킷브레이커(circuit breaker), 교류발전기(alternator), 암미터(ammeter) 등을 점검하고 가능한 한 원인을 찾는다.

② 비행 전 기상 브리핑(weather briefing)에서 검토한 가장 가까운 VFR 위치를 찾아라. VFR 고도에서 VFR을 유지하여 진행할 수 있는 헤딩과 고도를 결정하라.

③ 주변에 VFR 상태가 없다면 항공로(airway)에서 이탈하여 장애물이 없는(rural, large lake, ocean) 인적이 드문 지역으로 헤딩을 결정하라.

④ VFR 비행이 가능한 공역을 향한 헤딩을 결정한 후 강하를 시작하여 가장 가까운 공항까지 VFR로 진행하라.

【88】 IFR 비행 전 고도계의 최대 허용오차는 얼마인가?

고도계에 정확한 고도계 수정치(altimeter setting)를 맞추었을 때 표고(elevation)와 75피트 이상의 차이가 발생했다면 그 고도계는 신뢰할 수 없다.

【89】 VOR 계기에서 CDI가 절반 정도 벗어났을 때 VOR 코스로부터 몇도 변화를 나타내는가?

VOR 지시침(needle)이 절반을 지시하고 있을 때(half scale deflection)의 각도는 5°이다. VOR 지시침의 한 눈금(dot)은 2°이고, 전체 눈금 변위(full scale deflection)는 10°이다.

【90】 VOR의 역감지는 무엇인가?

VOR 지시침(CDI)이 정상 작동의 반대로 지시한다. 이 같은 VOR 역감지(reverse sensing)는 ILS 백-코스(back course)에서 인바운드하거나 전면코스(front course)에서 아웃바운드할 때 나타난다.

【91】 VOR 송신소의 등급(class)에 관해서 설명하시오.

- Terminal = 1,000 ~ 12,000 ft AGL; 25 NM
- Low-Altitude = 1,000 ~ 18,000 ft AGL; 40 NM
- High-altitude = 1,000 ~ 14,500 ft AGL; 40 NM
- High-altitude = 14,500 ~ 18,000 ft AGL; 100 NM
- High-altitude = 18,000 ~ 45,000 ft AGL; 130 NM
- High-altitude = 45,000 ~ 60,000 ft AGL; 100 NM

※ H-VORs (high altitude), L-VORs (low altitude)

※ T-VORs (terminal)은 12,000피트와 그 아래에서 25 NM까지 단거리 시설이다. 이 시설은 주로 터미널 지역 또는 공항 주변에서 계기접근에 사용된다.

【92】 VORTAC 송신소에서 매 30초에 한 번 수신된 단일 코드화 식별(coded identification)은 무엇을 나타내는가?

DME 구성품(component)은 작동 중이지만 VOR 구성품은 작동하고 있지 않다. 만약 ID가 수신되지 않는다면 비록 간헐적 또는 일정한 신호가 수신되고 있을지라도 시설은 튠업 또는 수리(tune-up or repair)를 위해서 식별을 제거하였기 때문에 신뢰해서는 안 된다.

【93】 모든 VOR 송신소가 DME를 장착한 항공기에 거리정보를 제공할 수 있는가?

아니다. 오직 VOR/DME, VORTAC, ILS/DME, 그리고 LOC/DME 송신소(station)만 DME를 장착한 항공기에 거리정보를 제공할 수 있다.

【94】 항공기 항법에 사용하는 NDB의 주파수 범위는?

저중 주파수 대역(low/medium frequency band); 190~535kHz

【95】 항법에 NDB를 사용하고 있을 때 제한사항은 무엇인가?

ADF 지시침이 방위(bearing)를 지시할 때 오류를 일으킬 수 있는 번개(lightning), 강수 정전기(precipitation static), 또는 주변 송신소로부터 혼선(interference)이 발생할 수 있다.

【96】 NDB를 이용해서 항법 또는 접근할 때 적용해야 하는 운용상 절차는 무엇인가?

ADF 수신기는 오류 베어링(방위각) 정보가 수신되었을 때 조종사에게 경고할 수 있는 신호 경고기(signal flags) 장치가 없기 때문에 조종사는 지속해서 NDB 코드화 식별(coded identification)을 모니터해야 한다.

【97】 HSI는 무엇인가?

수평상태지시계(horizontal situation indicator; HSI)는 수직 헤딩(vertical heading)과 VOR/ILS 지시기와 같이 두 계기가 조합된 것으로 VOR 코스에 대한 항공기의 상대적 위치를 그림형식(pictorial)으로 지시한다. HSI는 VOR 계기와 같이 역감지(reverse sensing)가 나타나지 않는다.

【98】 RMI는 무엇인가?

무선자기지시계(radio magnetic indicator; RMI)는 회전 방위판(rotating compass card)으로 되어 있고, 단선 베어링 지시침과 복선 베어링 지시침이 있다. RMI는 헤딩, VOR, ADF 기능을 동시에 지시할 수 있다.

【99】 DME는 무엇인가?

거리측정장비(distance measuring equipment; DME)는 VORTAC 또는 TACAN으로부터 거리와 대지속도 정보를 제공한다. DME는 가시선 고도(line-of-sight altitude)에서 199 NM까지 신뢰할 수 있는 신호를 수신할 수 있다. DME는 극초단파 대역(ultra-high-frequency spectrum)에서 운용된다. DME 거리정보는 수평이 아닌 경사거리(slant-range)이다.

【100】 VOR을 이용해서 항행할 때 DME 장비가 필수적으로 요구되는 시기는 언제인가?

FL240 (24,000ft MSL) 또는 이상 비행을 위해서 VOR 항법 장비가 필요하다면 조종사는 DME 또는 적절한 RNAV를 갖추어야 한다. 만약 이 고도 이상에서 DME 또는 RNAV가 고장 났다면 즉시 ATC에 통보해야 하고, 장비의 수리 또는 교환할 수 있는 다음 공항까지 계속 운항할 수 있다.

【101】 DME 경사거리 오차를 최소화하고 정밀한 거리로 고려하기 위해서 시설로부터 대략 얼마나 멀리 있어야 하는가?

DME 경사거리 오차(slant range error)는 안테나 상공에 높은 고도일 때 최대가 된다. 예를 들어 DME 안테나 직상공 약 6,000피트일 때 DME 지시는 약 1 NM을 지시한다. 따라서 항공기는 DME 안테나로부터 저고도 그리고 멀리 있을수록 DME 지시는 정확하다. DME 시설로부터 1 NM 당 1,000피트 고도일 때 정밀한 것으로 고려된다.

【102】 RNAV는 무엇인가?

지역항법(area navigation; RNAV)은 재래식 NAVAIDs와 같이 지상기반(ground-based) 혹은 우주기반(space-based) 범위 내에서 독립보조시설(self-contained aids) 혹은 이들의 결합으로 성능 한계에서 원하는 비행경로를 따라 항행할 수 있는 항법의 한 종류이다. RNAV는 항공기의 위치, 실제 항적(actual track)과 대지속도(ground speed)를 계산하여 비행경로에 대한 유용한 정보를 제공한다. RNAV는 NAVAIDs(INS, VORTAC, VOR/DME, DME/DME 그리고 GPS)를 이용해서 생성된 웨이포인트들 사이를 직항로(direct route)를 구성하여 비행할 수 있는 장점이 있다.

【103】 RNAV를 이용했을 때 지상기반 NAVAIDs 상공을 반드시 통과하지 않아도 되는가?

RNAV의 한 장점은 지상기반 NAVAIDs 시설로부터 공중 웨이포인트를 생성하여 이들을 연결하는 항로를 구성하여 비행할 수 있기 때문에 전형적인 VOR 항법과 같이 NAVAIDs 시설 상공으로 비행하지 않아도 된다.

【104】 RNAV 차트와 관련해서 사용되는 주요 웨이포인트는 무엇이 있는가?

- 플라이-바이(fly-by; FB)
- 플라이-오버(fly-over; FO)

【105】 FB 웨이포인트는 무엇인가?

FB 웨이포인트는 절차의 코스 변경이 예상되는 위치에서 지정된다. 조종사는 웨이포인트에 도착하기 전에 선회를 예상할 수 있는 위치에 지정되기 때문에 좀 더 유연한 전이(smoother transition)를 제공한다. 이것은 조기 선회 개념과 동일하다.

【106】 FO 웨이포인트는 무엇인가?

FO 웨이포인트는 실패접근지점(missed approach point), 실패접근체공지점(missed approach holding point), 또는 상공을 통과해야 하는 다른 특정 지점을 나타내기 위해서 사용된다.

【107】 GPS는 무엇인지 간단히 설명하시오.

GPS(Global Positioning System)는 GPS 수신기를 갖춘 항공기가 지구의 어느 곳에 있더라도 정밀한 위치결정(positioning), 고도(altitude), 그리고 시간(time)을 결정할 수 있도록 신호를 전송하는 위성기반 무선항법 시스템(satellite-based radio navigation system)이다.

【108】 GNSS/GPS를 이용한 항법은 어느 단계까지 적용할 수 있는가?

순항항로 항법(enroute navigation)을 포함하여 전체 비행단계(phase of flight)에서 적용할 수 있다. GPS/GNSS(global navigation satellite system)는 성능기반운용(performance-based operation)을 할 수 있는 위성기반 위치결정(positioning), 항법(navigation), 그리고 시간(time) 정보를 제공한다.

【109】 GPS를 구성하는 3개의 기능성 부문(functional elements)은 무엇인가?

① 위성 부문(Space element). 지구 상공 약 11,000마일에 있는 24개의 Navstar 위성으로 구성된다. 정밀접근을 위해서는 최소한 5개의 위성이 전 시간 가시선에 있어야 한다.

② 관제 부문(Control element). 시스템 정밀도(위치/시계)를 보장하기 위해서 지상기반 GPS 모니터링의 네트워크로 구성된다. 최근 5개의 모니터링 관제소, 3개의 지상 안테나, 그리고 주관제소로 구성된다.

③ 사용자 부문(User element). 사용자에게 위치결정, 속도, 그리고 정밀한 시간을 제공하는 안테나와 수신기-프로세서를 탑재한 항공기이다.

【110】 IFR 하에서 GPS 항법 장비를 활용하고 있다면 비행경로에 적절한 대체 항법 수단이 필요한가?

필요하다. GPS 장착 항공기는 IFR 하에서 운용상 항법 대체 수단을 갖추어야 한다. GPS 수신기가 무결성 모니터링(integrity monitoring)을 위한 RAIM 기능을 갖추고 있을 때 액티브 모니터링(active monitoring)은 요구되지 않는다.

[NOTE] WAAS 수신기를 갖춘 항공기는 주요 항법 수단으로 WAAS를 활용할 수 있고, 이때 다른 추가 장비는 필요하지 않다.

【111】 RAIM의 목적은 무엇인가?

수신기자율무결성모니터링(receiver autonomous integrity monitoring)은 GPS 위성으로부터 수신된 신호의 무결성/유용성(integrity/usability)을 자체적으로 점검한다. RAIM을 위해서 최소한 5개의 위성이 가시선(line of sight)에 있거나 4개의 위성 그리고 기압 고도계(Baro-aiding)로 보충되어야 위성 신호의 이상을 탐지할 수 있다.

【112】 IFR 순항항로 비행 또는 접근 중 RAIM 기능을 상실하였다면 GPS 정보를 활용한 비행을 계속할 수 있는가?

없다. RAIM 기능을 상실했을 때 GPS 정보는 더 이상 필수 정밀도를 제공하지 못하기 때문이다.

【113】 조종사는 RAIM 가용성 정보를 어디에서 얻을 수 있는가?

민간항공 조종사는 비행 전 브리핑 중 비정밀접근 절차를 위한 GPS RAIM 가용성 정보를 AFSS에 GPS 항공정보를 요청해서 확인할 수 있다. 이때 브리퍼는 조종사가 특정 시간대를 요청하지 않는 한 ETA 1시간 전후 RAIM 정보를 제공한다.

【114】 VFR 운항을 위해서 승인된 휴대용 GPS 수신기와 시스템을 IFR 운항을 위해서 사용할 수 있는가?

없다. GPS 수신기(handheld GPS receivers)는 오직 상황인식을 보조하기 위한 목적으로 사용되어야 한다. 이들 장비를 IFR에 사용할 수 없는 이유는 다음과 같다.

① RAIM capability(기능); VFR GPS 수신기와 모든 휴대용 장비는 RAIM 경고 기능이 없다.

② Database currency(데이터베이스 유효기간); IFR-승인 GPS 시스템은 주기적으로 데이터베이스를 업데이트해야 사용할 수 있다.

③ Antenna location(안테나 위치); IFR-승인 GPS 시스템은 위성 신호

의 수신을 최대화하기 위해서 안테나를 정밀하게 테스트하여 설치하지만, 휴대용 VFR 안테나는 편리성을 우선하기 때문에 수신이 불량할 수 있다.

【115】 ADF 또는 DME의 대체 수단으로 GPS의 사용에 적용되는 제한은 무엇인가?

GPS 데이터베이스는 최신(current) 것이어야 하고 웨이포인트, 픽스, 교차점, 그리고 시설 위치를 검색(retrievable)할 수 있어야 한다. 그렇지 않으면 대체(substitution)로 허용되지 않는다.

【116】 GPS를 사용할 때 비행계획서에 대체공항을 제출하는 것과 관련해서 고려해야 하는 제한은 무엇인가?

대체공항은 ETA에 정상 작동할 것으로 예상하는 non-GPS 접근이 있어야 한다. 만약 DME/ADF가 필요하다면 항공기는 백업 non-GPS DME를 갖추어야 한다.

【117】 GPS의 이상신호를 보고할 때 포함할 것을 권장하는 내용은?

이상신호(anomalies)가 발생한 장소와 고도(location and altitude)를 포함해 주어야 한다. 이상신호가 발생한 위치를 세부적으로 보고하고 필요하다면 이상신호가 잡힌 지속시간(duration)을 포함해야 한다.

【118】 WAAS는 무엇인가?

광역증대시스템(Wide Area Augmentation System)은 GPS 표준 위치결정서비스(Standard Positioning Service; SPS)를 보강하는 위성항법(satellite navigation)이다. WAAS는 GPS SPS보다 높은 무결성, 정밀도, 가용성, 그리고 연속성을 제공한다. WAAS의 운용 방식은 GPS에서 수신된 데이터를 정밀하게 수정하여 이를 지구정지위성에 전송한다. 정지위성에서 항공기에 정밀하게 수정한 데이터를 단말 사용자(terminal user)에게 전송하는 방식이다.

【119】 지상기반증대장치(GBAS)는 무엇인가?

GBAS(ground-based augmentation system)는 정밀접근, DP(출발절차), 그리고 터미널 지역(terminal area) 운용을 위한 공항 지역(약 20~30마일 반경)에서 서비스를 제공하도록 하는 GPS에 관한 지상기반 증대 시설이다. LAAS는 미국에서 사용하는 초기 GBAS 버전이다.

【120】 GBAS 운용 원리에 관해서 간단히 설명하시오.

GBAS는 지상에 설치된 발신기(transmitter)로부터 VHF 무선 데이터링크를 경유해서 GPS 수정 메시지(correction message)를 전송한다. GBAS는 CAT I, II, III 정밀접근에 필수적인 매우 높은 정밀도(accuracy), 가용성(availability), 그리고 무결성(integrity)을 얻을 수 있고, 융통성(flexible)과 곡선접근경로(curved approach path)를 위한 능력을 제공한다.

【121】 GBAS를 구성하는 지상 장비는 무엇이 있는가?

지상 장비는 4개의 기준 수신기(reference receiver), GBAS 지상시설, 그리고 VHF 데이터 전송 발신기로 구성된다.

【122】 GBAS가 수정 메시지를 수신할 수 있는 대략적인 범위는?

국지지역(약 20~30마일 반경)에 전송한다.

【123】 필수항법성능(RNP)의 운용상 장점을 간단히 설명하시오.

RNP(required navigation performance)는 RNAV보다 더욱 정밀한 항법과 더 낮은 최저치를 제공할 수 있는 탑재 성능 모니터링과 경고 시스템(onboard performance monitoring and alerting system)을 갖춘 RNAV이다.

【124】 RNP를 적용했을 때 이점은 무엇이 있는가?

① RNP DA는 3/4 SM 정도의 낮은 시정에서 250피트까지 낮아질 수

있다.

② 조종사의 업무량을 감소시키면서 장애물 통과높이 제한 능력을 향상시킨다.

③ RNP 성능을 갖춘 항공기는 정밀하게 반복된 경로(repeatable path)를 비행할 수 있다.

④ RNP 접근절차의 핵심 구성요소는 곡선(curved) 비행경로이다.

【125】 필수항법성능(required navigation performance; RNP)이란 무엇인가?

RNP는 탑재(onboard) 항법 모니터링과 경고(monitoring and alerting) 시스템을 갖춘 RNAV이다.

【126】 RNP의 탑재 모니터링과 경고의 장점은 무엇인가?

RNP의 탑재 모니터링과 경고 능력은 ATC 개입(intervention)을 최소화하거나 운용 전반에서 안전을 달성하기 위한 항로 분리(route separation)를 달성할 수 있다.

【127】 RNP Level은 어떻게 결정되는가?

RNP Level은 의도하는 절차, 항로, 또는 경로의 중앙선(centerline)으로부터 거리(NM) 값으로 표기된다. 또한, RNP 적용(application)은 일부 다종 RNP Level에서 잠재적 오차(potential error)를 반영한 것이다. (예를 들어 RNP 수준의 2배와 같이)

【128】 A등급 공역은 무엇인가?

18,000피트(MSL)~FL600(포함)

【129】 B등급 공역은 무엇인가?

주공항 주변으로 지표면(surface)~10,000피트(MSL), B등급 공역은 3

단 케이크를 뒤집어놓은 모양과 비슷하다. ATC 인가를 받아야 하고, VFR은 구름에서 벗어나(clear of cloud) 있어야 한다.

【130】 C등급 공역은 무엇인가?

공항 반경(radius) 5 NM 안에서 지표면(surface)~4,000피트(AGL), 공항 반경 5~10 NM에서 공항 표고 상공 1,200~4,000피트까지이다.

【131】 D등급 공역은 무엇인가?

관제탑이 운영되고(operational control tower) 있는 공항 주변(4 NM) 지표면(surface)~2,500피트(AGL)이다. 관제탑이 업무를 종료했을 때 E등급 공역으로 전환되어 700피트까지 낮아지고 그 이하는 G등급 공역이다.

【132】 E등급 공역에 관해서 설명하시오.

A, B, C, 또는 D등급 공역 외의 관제공역이다. E등급 공역은 지표면이나 아니면 지정된 고도(700피트 AGL 또는 1,200피트 AGL)에서 관제공역 상공까지이다. 대부분 14,500피트(MSL)에서 시작된다. IAP가 발행된 공항과 관련해서 하한고도(floor)는 700피트(AGL)이고, 항공로와 관련해서 하한고도는 1,200피트(AGL)이다. E등급 공역은 항공로, 전이구역(transition area) 등으로 활용된다.

【133】 G등급 공역은 무엇인가?

비관제공역(uncontrolled)이다. 지표면~관제공역 상공(대부분 E등급 공역이 시작되는 14,500 ft MSL)까지이다.

【134】 공역 등급에서 IFR 인가를 받지 않고 운항할 수 있는 공역?

관제공역에서 IFR 운항을 위해서는 ATC 인가를 받아야 한다. G등급 공역은 비관제공역이다.

【135】 오직 계기한정(instrument rating)만 승인되는 공역은?

A등급 공역은 오직 계기비행만 승인된다.

【136】 B등급 공역에서 운항하기 위한 최소한의 조종사 자격증명은?

자가용 조종사(private pilot) 자격증명, 조종훈련생(student pilot)은 교관의 배서를 받거나 배서(endorsement)를 받아야 비행할 수 있다.

【137】 비행 방식(VFR or IFR)과 관계없이 E등급 공역에서 비행하기 위해서는 쌍방향 무선통신(two-way communication) 요건을 갖추어야 하는가?

아니다. 오직 IFR 항공기만 이 조건을 갖추면 된다.

【138】 금지구역(prohibited area)은 무엇인가?

항공기의 비행이 허용되지 않는 구역이다. 국가안보에 중요한 구역 혹은 대통령이나 중요 인사의 집무실 주변에 설정된다.

【139】 제한구역(restricted area)은 무엇인가?

VFR 비행은 관제기관(controlling agency)으로부터 허가를 받아야 하고, IFR 비행은 이들 주변 또는 관통할 수 있도록 레이더 벡터를 예상해야 한다. 이 구역을 무단으로 진입했을 때 포병사격이나 미사일과 같은 보이지 않는 위험에 처할 수 있다.

【140】 군작전구역(military Operations area; MOA)은 무엇인가?

IFR 비행은 통과하거나 우회하도록 인가된다. VFR 비행은 극도의 주의가 요구되지만, 허가가 필요하지 않다. 항공교통과 특정 군 훈련 활동을 분리하기 위해서 지정된다.

【141】 경고구역(warning area)은 무엇인가?

허가가 필요하지 않고 비행계획서 제출을 권고한다. 해안(coast) 3 NM부터 영해 또는 공해(domestic or international waters) 쪽으로 확장된다. 이 구역은 위험을 초래할 수 있는 활동이 있을 수 있다.

【142】 경계구역(alert area)은 무엇인가?

허가가 필요하지 않다. IFR 비행은 통과하거나 우회하도록 인가된다. VFR 비행은 주의가 요구된다. 경계구역은 많은 조종사 훈련과 공중활동이 수행되는 공역이다.

【143】 사격통제구역(controller firing areas; CFAs)은 무엇인가?

항공도(aeronautical chart)에 표기되지 않는다. 정찰기(spotter aircraft), 레이더, 또는 지상 관측소에서 접근하고 있는 항공기를 발견했을 때 사격활동은 중지된다.

【144】 국가안보구역(National Security Area)은 무엇인가?

NSAs는 국가안보(national security)와 안전에 필요할 때 임시로 비행을 금지할 수 있도록 지정된 구역이다. 조종사는 이들 구역의 비행을 자발적으로 피해서 비행해야 한다. NSA는 수직과 가로 한계로 지정된다.

【145】 임시비행제한구역(TFR)은 무엇인가?

TFR(temporary flight restrictions)은 위험을 확대, 변경, 확산 또는 복잡하게 할 수 있는 저고도 비행 항공기가 있을 때 현존 또는 임박한 위험(existing or imminent hazard)으로부터 공중 또는 지상에 있는 사람과 재산을 보호한다. NOTAM이 발령될 것이다.

(e.g. Space flight, sports game, etc)

【146】 자세계기비행을 위한 3가지의 기본 기술은 무엇인가?

계기 교차점검(cross-check), 계기 판독(interpretation), 그리고 항공기 조종(aircraft control)이 있다.

【147】 자세계기비행은 항공기 성능과 마찬가지로 조종 기능과 관련해서 계기별로 구분할 수 있다. 주요 피치계기(primary pitch)는 어느 것인가?

자세계, 고도계, 속도계, 승강계

【148】 자세계기비행은 항공기 성능과 마찬가지로 조종 기능과 관련해서 계기별로 구분할 수 있다. 주요 경사계기(primary bank)는 어느 것인가?

자세계, 기수방위 지시계(방향성 자이로), 선회코디네이터

【149】 자세계기비행은 항공기 성능과 마찬가지로 조종 기능과 관련해서 계기별로 구분할 수 있다. 주요 동력계기(primary power)는 어느 것인가?

속도계, 엔진회전계, 매니폴드압 게이지(manifold pressure gauge)

【150】 자세계기비행에서 주요와 보조 계기의 구분에 관해서 설명하시오.

기초 자세계기비행(attitude instrument flying)에서 주요와 보조 계기는 다음과 같다.

① 주요 계기(primary instrument): 피치, 경사, 동력 조종이 명확하게 특정 계기에 의해서 지시되거나 지속적이고 필수 정보를 제공하는 계기들

② 보조 계기(secondary instrument): 예비로 사용되는 계기 또는 주요 계기에서 나타내는 정보를 보조하는 계기들

【151】 자세계기비행의 기본 기술을 설명하시오.

① 원하는 피치, 경사, 동력을 세팅하고 성능 계기를 확인하여 수정이 필요한 만큼 피치, 경사, 동력을 재설정하는 것을 반복한다.

② 자세계기비행을 하는 동안 공간정위상실(spatial disorientation)을

피하고 이를 극복하기 위해서는 잘못 전달되는 신체감각을 무시하고 비행계기(flight instruments)를 신뢰하는 방법을 익혀야 한다.

【152】 자세계기비행 중 교차점검을 강조하는 이유는 무엇인가?

① 항공기 자세계와 성능의 변화를 인지해야 한다.

② 고착(fixations), 생략/빠뜨림(omission), 집착(emphasis)하지 않도록 해야 한다.

【153】 자세계기비행 중 계기판독의 중요성은 무엇인가?

계기판독(instrument interpretation)은 성능 계기에 나타난 수치 및 데이터를 명확하게 인식할 수 있어야 한다.

【154】 자세계기비행 중 항공기 조종의 중요성은 무엇인가?

① 피치, 경사, 동력을 조절하여 정확하게 항공기를 조종한다.

② 트림(trim)은 항공기의 주요 조종면(control surfaces) 중 하나로 부적절한 트림(improper trim)은 교차점검을 방해하는 요인이 되고 급격하거나 엉뚱한 기동을 초래할 수 있다.

【155】 수평직선비행에서 피치, 경사, 동력을 위한 주요 계기는 무엇인가?

수평직선비행(straight and level flight)에서 주요 계기는 다음과 같다.

① 피치: 고도계

② 경사: 기수방위지시계

③ 동력: 속도계

【156】 계기비행 훈련 후 계기비행시간을 기록할 때 매 기입(entry)에 포함되어야 하는 것은 무엇인가?

비행기록부에 계기비행시간을 기록(logging instrument time)할 장소, 완료한 각 계기접근의 종류와 안전 조종사(safety pilot)의 성명이 기록되어야 한다.

【157】 비행기록부에 계기비행을 기입할 수 있는 조건은 무엇인가?

실제 또는 모의계기비행(simulated instrument flying) 조건에서 오직 계기만을 참고하여 항공기를 비행한 시간만을 기입해야 한다.

【158】 계기비행 훈련 후 비행기록부에는 계기비행(IFR) 시간을 기입할 때 무엇을 포함해야 하는가?

수행한 계기접근의 장소와 형태 그리고 가용하다면 안전 조종사(safety pilot)의 성명을 기입해야 한다.

【159】 실제 계기비행시간을 기입하기 위한 기상조건은 무엇인가?

실제 계기비행시간(actual instrument flight time)은 계기기상상태(IMC)에서의 비행한 시간으로 볼 수 있으며, IMC는 시계기상상태(VMC)에서 규정된 최저치 이하의 기상조건이다.

【160】 계기비행시간을 기록할 때 "actual" 은 어떠한 상태를 의미하는가?

FAA는 "actual" 계기비행시간에 관한 용어를 정의하지 않았다. 14 CFR Part 61에서 "instrument flight time"을 정의하였고, 여기서 "actual" 용어에 관한 합리적 의미를 유추할 수 있다. 이에 따르면 실제 IMC에서 오직 계기만을 참고하여 항공기를 조종한 것이라고(controlling aircraft solely with reference to instrument) 정의하고 있다. (below VFR minimums of 1,000ft ceilings, 3 SM visibility)

【161】 VOR 계기의 정밀도(accuracy)를 측정하는 방법은 무엇이 있는가?

① VOR 테스트 시설 신호(VOR test facility signal; VOT)

② VOR 체크포인트 신호(checkpoint signal)

③ 복식(dual) VOR 점검

④ 공중(airborne) VOR 점검

【162】 VOT를 이용한 점검 방법으로 간단히 설명하시오.

① VOR 수신기에 VOT 주파수를 맞춘다.

② VOR에서 OBS를 0°에 맞추고 CDI는 중앙(center)을 지시해야 한다. TO/FR 지시기는 FR을 지시해야 한다.

③ VOR에서 OBS를 180°에 맞추고 CDI는 중앙(center)을 지시해야 한다. TO/FR 지시기는 TO를 지시해야 한다.

【163】 VOT 시스템을 위한 오차 한계는 얼마인가?

최대 방위 오차(maximum bearing error)는 ±4°이다. 오차가 4° 이상이라면 VOR 수신기는 허용오차 범위를 초과한 것이다.

【164】 VOR 체크포인트(check point)를 이용한 점검 방법을 간단히 설명하시오.

① VOR 수신기에 정확한 VOR 주파수에 맞추어라.

② VOR 주파수를 식별하라.

③ OBS를 돌려 발행된 레디얼을 맞추어라.

④ CDI가 중앙이 되도록 조정하라.

⑤ 각 방향으로 OBS를 10° 돌려 지시침 민감도를 확인하라.

⑥ 반대 레디얼에 맞추고 TO/FR 지시가 바뀌는지 확인하라.

⑦ 항공기 장비와 지정 레디얼 사이의 최대 오차는 4° 그리고 공시된 거리는 0.5 NM이다.

【165】 복식 VOR 점검의 최대 허용오차 한계는 얼마인가?

2개의 VOR 사이의 차이가 4° 이상일 때 수신기의 하나는 허용오차 범위를 초과하고(out of tolerance) 있음을 나타낸다.

【166】 공중 VOR 점검의 최대 허용오차 한계는 얼마인가?

발행된 레디얼로부터 6° 이상 허용오차(tolerance) 범위를 초과한다면 IFR 항법에 사용할 수 없다.

【167】 RNAV 정밀도 점검을 위한 일반적인 방법을 간단히 설명하시오.

다음은 비행 전 RNAV 시스템의 정밀도를 점검할 때 일반적인 점검 항목을 나열한 것이다.

① 시스템 초기화(initialization); 조종사는 항법 데이터베이스가 최신 것인지 그리고 항공기의 현재 위치(aircraft present position)가 정확하게 입력되었는지 확인해야 한다.

② 액티브 비행계획 점검; 액티브 비행계획(active flight plan)은 지도 디스플레이와 함께 항공도, 출발 및 도착절차, 그리고 다른 적용할 수 있는 문서와 비교해서 점검해야 한다.

③ 이륙 전 RNAV 시스템이 가용한 지 확인하라. 항공기 위치가 변하고 있을 때 시스템이 업데이트되고 있는지 점검하라.

【168】 웨이포인트는 무엇인가?

웨이포인트(waypoint)는 RNAV 항로 또는 RNAV를 사용하고 있는 항공기의 비행경로를 지정하기 위해서 위도/경도 좌표(latitude/longitude coordinates) 혹은 NAVAIDs 송신소(bearing/distance)에 관한 기결정된 지리적 위치(predetermined geographical location)이다. 비행진행보고(flight progress report) 등을 위해서도 활용된다.

【169】 웨이포인트로 지정할 수 있는 것은 무엇인가?

웨이포인트는 공중에 단순하게 명칭이 부여된 지점(named point)일 수 있고 혹은 현재 사용되고 있는 NAVAIDs, 교차점(intersections), 또는 픽스가 될 수 있다.

【170】 웨이포인트의 사용 목적은 무엇인가?

웨이포인트는 대부분 비행경로 선상에서 방향, 속도, 또는 고도의 변화를 참고하거나 지시하는 데 사용된다. 대부분 웨이포인트는 항법 목적을 위해서 NAVAIDs 항공로를 따라가지 않는 하늘 고속도로라고 할 수 있는 인위적 항공로(artificial airways)를 생성하는 일련의 GPS 지점으로 구성된다.

【171】 재래식 항공로와 직접 관련이 없는 공간점에 있는 공역 픽스를 나타내는 것은 무엇인가?

플로팅 웨이포인트(floating waypoint) 또는 보고지점(reporting point)은 재래식 항공로와 직접 관련이 없는 공간점(point in space; PinS)에 있는 공역 픽스를 나타낸다.

【172】 플로팅 웨이포인트의 주요 목적은 무엇인가?

이들 대부분은 ATC 미터링 픽스(metering fix), 체공지점(holding point), RNAV-직항로, 게이트웨이(gateway; 공항 발착지가 되는 관문) 웨이포인트, 순항항로 구조에서 이탈하는(leaving) STAR 원점(origination point), 그리고 순항항로 구조와 연결되는(joining) SID 종점(terminating point)과 같은 목적으로 설정된다.

【173】 컴퓨터항법픽스(CNF)는 무엇인가?

컴퓨터항법픽스(computer navigation fix; CNF)는 공중탑재 컴퓨터 시스템(GPS or FMS)을 위한 항행 항적(navigation track)을 지정하기 위한 목적으로 사용된 지점이다.

【174】 CNF는 차트에 어떻게 표기되는가?

CNF는 재래식 보고지점, 픽스, 교차점(intersection), 그리고 웨이포인트로부터 구분하기 위해서 도식된다. CNF 명칭은 지정된 CNF 옆에 괄호(예, MABEE) 속에 표기된다.

【175】 CNF의 활용에 대해서 주의해야 할 것은 무엇인가?

CNF 명칭은 비행계획서를 제출하거나 항공기와 ATC 무선통신에는 사용되지 않는다. 이들 픽스를 언급할 때 정확한 구절(시설 명칭, 레디얼, 거리...)을 사용하여야 한다.

【176】 순항항로 비행단계는 무엇인가?

순항항로 비행단계(en route phase of flight)는 출발절차의 종료 지점에서 도착절차(arrival procedure)의 시작 지점까지 비행 구간이다.

【177】 저고도 순항항로 차트의 측방한계는 얼마인가?

저고도 순항항로 차트(low enroute chart)에서 항로의 중앙선 양 측면으로 4 NM의 공역을 포함한다.

【178】 "T" 그리고 "Q" 항로는 무엇인가?

RNAV 항로(route)는 청색(blue)으로 발행된다. IFR 항공기를 위한 직항로(direct route) 항로배정을 제공하고 항로 체계의 안전과 효율성(safety and efficiency)을 향상한다.

- T-routes; 1,200 ft AGL to 18,000 ft MSL(포함하지 않음)
- Q-routes; 18,000 ft MSL to FL450(포함)

【179】 표준 IFR 레이더 분리 최저치는 얼마인가?

레이더 안테나(radar antenna)로부터 40 NM 이내에 있는 항공기는 3마일(터미널 구역), 이 거리를 벗어난 위치에 있는 항공기는 5마일(순항항로)로 분리(separation)된다.

【180】 저고도 순항항로 차트의 코스는 자침의(magnetic) 코스인가 아니면 진북(true north) 코스인가?

자침의 코스(magnetic course)

【181】 Low enroute chart의 발행주기와 표기되는 데이터는 무엇인가?

56일, IFR low en route chart는 다음과 같은 데이터가 수록되어 있다.

- Air Traffic Services
- Airports(IAP or 3000' runway)
- Airways/Route Data
- Cruising Altitudes
- Fixes/ATC Reporting Points
- Limits of controlled airspace
- Military Training Routes
- OROCA
- Radio aids to navigation
- RNAV Routes
- SUA
- Tabulations

【182】 픽스 후방에 더 높은 MEA가 존재하는 픽스로 접근 중일 때 상승 절차(climb procedure)를 설명하시오.

픽스 후방에 더 높은 MEA가 있을 때 상승은 픽스 상공을 통과한 후 시작할 수 있다.

【183】 MCA로 지정된 픽스에 접근 중일 때 상승 절차를 설명하시오.

조종사는 그 전에 상승을 시작해야 교차점(intersection)을 통과하는 시점에 MCA에 도달할 수 있다. MCA(더 높은 MEA로 전환)는 통상 급경사 지형(steeply rising terrain)으로 접근할 때를 나타내고, 장애물 통과 높이와 신호 수신(signal reception)이 절충(compromised)될 수 있다.

【184】 Low enroute chart에서 VHF/UHF와 LF/MF 구간 항로에 대한 자료는 어떤 색으로 그려지는가?

① VHF/UHF: 검은색

② LF/MF: 갈색

【185】 통상 항공로 폭과 VFR 수직분리 고도는 얼마인가?

항공로(airway)의 폭은 8 NM(14km)이고, 비행고도(airway FL)는 VFR에서 운항 중일 때 항공기로부터 위와 아래로 최소한 500피트 수직분리(vertical separation)가 유지되어야 한다.

【186】 IFR에서 운항 중일 때 지표면과 FL 290 사이에 수직 분리 고도는?

IFR에서 운항 중일 때 지표면과 FL 290 사이에 수직으로 1,000피트 이내에 항공기가 없어야 한다.

【187】 수직분리축소최저치(RVSM)가 적용되는 고도에서 분리 고도는 얼마인가?

수직분리축소최저치(reduced vertical separation minimum)에서 IFR 항공기는 1,000피트 수직분리(지표면~FL 290 또는 RVSM)를 유지해야 한다.

【188】 저고도 항공로는 무엇인가?

저고도 항공로(low altitude airways)는 NAVAIDs를 이용해서 항행하고, Vector Airway라 한다. 대략 지표면 상공 1,200피트(AGL)부터 18,000피트(MSL; 포함하지 않음)까지 고도를 포함한다. (예, V-123)

【189】 고고도 항공로는 무엇인가?

고고도 항공로(high altitude airways)는 모두 J-문자(J123)로 시작되고 제트항로(Jet Routes)라 한다. J-Routes는 18,000피트부터 45,000피트 고도를 포함한다.

【190】 항로교통관제소(ARTCC)는 무엇인가?

ARTCC(air route traffic control center)는 관제공역 내에서 순항항로 비행단계 중 IFR 비행계획으로 운항하는 조종사에게 항공교통관제

(ATC)를 제공하기 위해서 설립된 시설이다. 이를 통상 센터(Center)라 한다.

【191】 우선 IFR 항로는 무엇인가?

우선 IFR 항로(preferred IFR route)는 시스템 효율성(efficiency)과 수용능력(capacity)을 증가시키기 위해서 주요 공항들 사이에 개설된다. 우선 IFR 항로는 비행승무원(flight crews), 그리고 운항관리사(dispatcher)에게 비행경로를 계획하는 데 도움이 되고, 항로 변경을 최소화할 뿐만 아니라 항공로(airways)를 이용하고 있는 항공교통의 효율적이고 질서 있는 관리(orderly management of air traffic)에 도움이 된다.

【192】 관제탑 순항항로 관제(TEC)는 무엇인가?

TEC(tower en route control)는 대도시 지역(metropolitan area)으로 향하거나 나오는(to and from) 항공기에 관제 서비스를 제공하는 ATC 프로그램이다.

【193】 관제탑 순항항로 관제(TEC)의 주목적은?

TEC는 신속하고 원활한 항공교통 흐름을 촉진하고 조종사와 관제사 사이의 통신요건을 감소시키는 데 기여한다.

【194】 최저순항항로고도는 무엇인가?

최저항로고도(MEA; minimum enroute altitude)는 무선 픽스 사이에 무선항법신호통달범위(signal coverage)를 수신할 수 있고 장애물 통과높이(obstacle clearance) 필수조건을 보장하기 위해서 발행된 최저고도이다.

【195】 최저장애물통과높이고도(MOCA)는 무엇인가?

MOCA(minimum obstruction clearance altitude)는 전체 항공로/항로 구간(airway/route segment)에서 장애물 통과높이 필수요건을 충족하

는 VOR 항공로, 비항공로(off-airway), 또는 항로 구간에 있는 픽스들 사이에 발행된 가장 낮은 고도이다.

※ Off-airway; 항공로(airway)로 지정되지 않는 항로 또는 비행로를 이용해서 비행하는 것이다. 직항로(direct route)와 유사하다.

【196】 MOCA는 VOR로부터 얼마의 거리에 있을 때 항법 신호 통달을 보장하는가?

VOR의 22 NM 이내에 있을 때만 항법 신호 통달범위를 보장한다.

【197】 최저선회고도(MTA)는 무엇인가?

MTA(minimum turning altitude)는 특정 픽스, NAVAID, 웨이포인트, 그리고 도식된 항로 구간의 상공에서 선회기준(turn criteria)을 바탕으로 수직과 가로 장애물 통과높이를 제공하기 위해서 표기되는 고도이다.

【198】 산악지역에서 비행할 때 준수해야 하는 최저 IFR 고도(MIA)는?

산악지역에서 최저 IFR 고도(minimum IFR altitude; MIA)는 비행하고자 하는 코스로부터 수평거리 4 NM 안에서 가장 높은 장애물로부터 2,000피트 이상, 그리고 그 외의 지역에서는 비행하고자 하는 코스로부터 수평거리 4 NM 안에서 가장 높은 장애물로부터 1,000피트 이상의 고도를 유지하거나 행정관이 다르게 승인했거나 ATC가 부여한 고도를 유지해야 한다.

【199】 최저벡터링고도(MVA)는 무엇인가?

최저벡터링고도(minimum vectoring altitude; MVA)는 IFR 항공기가 레이더 관제사에 의해서 유도될 수 있는 가장 낮은 MSL 고도이고, IFR 장애물 통과높이 기준을 충족한다. MVA는 항로 또는 제트-항로 구간에 발행된 MEA보다 낮을 수 있다. 레이더 관제사의 결심으로 항공기를 레이더로 유도하는 데 적용된다. 차트에 도식된 MVA는 관제사에게만 가용할 뿐 조종사에게 적용되는 것은 아니다. MVA는 평지에서 가장 높은 장애물로부터 1,000피트 통과높이를 제공하고 산악지역에서는 가장 높은 장애물로부터 2,000피트의 통과높이를 제공한다.

【200】 비항로 장애물 통과높이 고도(OROCA)는 평지와 산악지형에서의 기준은 얼마인가?

OROCA(off-route obstruction clearance altitude)는 평지에서 1,000피트 그리고 산악지역에서 2,000피트의 장애물 통과높이 완충고도(buffer altitude)를 제공하는 비항로 고도(off-route altitude)이다.

【201】 OROCA는 지상기반 NAVAID, ATC 레이더, 또는 통신 등의 신호 통달범위를 제공하지 못한다. (O, X)

맞다. OROCA는 지상기반 NAVAID, ATC 레이더, 또는 통신 등의 신호 통달범위(signal coverage)를 제공하지 못한다. 또한, 순항항로 차트에 도식된 OROCA는 관제공역 혹은 비관제공역에서 비항로(off-route), 랜덤 RNAV 직항로 비행(direct route flight) 목적으로 조종사에게 지형과 장애물 통과높이를 활용할 수 있는 고도를 제공하지 않는다.

【202】 OROCA의 주요 활용 목적은 무엇인가?

OROCA는 주로 비상상황과 상황인식(SA)을 위한 조종사의 수단으로써 사용하고자 함이다.

【203】 최저통과고도는 무엇인가?

최저통과고도(MCA; minimum crossing altitude)는 항공기가 더 높은 최저순항항로고도(MEA)로 향할 때 반드시 통과(crossing)해야 하는 특정 픽스에서의 최저고도이다.

【204】 최저수신고도는 무엇인가?

MRA(minimum reception altitude)는 픽스를 결정하는 항로 그리고 비항로(off-route) NAVAID 시설을 위한 항법 신호를 수신할 수 있는 최저고도를 설정하기 위해서 전체 항로를 통과 비행하면서 수행하는 비행검사(flight inspection)를 통해서 결정된다.

【205】 최대승인고도는 무엇인가?

MAA(maximum authorized altitude)는 공역 구조 또는 항로 구간에서 적용할 수 있는 최대 고도/비행고도(flight level; FL)를 나타내기 위해서 지정된다. MAA는 항공로(airway), 제트항로, RNAV 저고도/고고도 항로, 또는 MEA가 적절한 항법 신호를 보장하도록 지정된 다른 직항로에서 가장 높은 고도이다.

【206】 OROCA를 적용할 때 주의해야 하는 것은?

비항로 장애물 통과높이 고도(off-route obstruction clearance altitude; OROCA)는 평지에서는 장애물로부터 1,000피트 그리고 산악지역에서는 2,000피트의 장애물 통과높이 고도를 보장한다. 그러나 항법신호, 레이더 또는 무선통신 통달범위를 보장하는 것은 아니다.

【207】 마일리지 단절 지점은 무엇인가?

항공로(airway)에서 교차점(intersection)이 아닌 곳에 항공로가 분리된 부분에 "x"로 표시된다. 이것이 마일리지 단절(mileage breakdown) 또는 컴퓨터 항법 픽스(computer navigation fix; CNF)이고 코스 변경이 있을 수 있음을 나타낸다.

【208】 만약에 항로에 MEA or MOCA와 같은 최저고도가 지정되지 않았을 때 IFR 운용을 위한 최저고도를 어떻게 적용해야 하는가?

① 산악지역: 비행하고자 하는 항로의 4 NM 수평거리 이내에서 가장 높

은 장애물 상공 최저 2,000피트

② 기타 지역: 비행하고자 하는 항로의 4 NM 수평거리 이내에서 가장 높은 장애물 상공 최저 1,000피트

【209】 관제공역 내에서 IFR 비행 중 장비가 고장 났을 때 보고해야 하는 장비는 무엇인가?

① VOR, TACAN, ADF 또는 저주파 항법 수신기 성능의 고장

② ILS 수신기의 부분 또는 완전 기능고장

③ 공지통신장비 고장

④ 안전에 영향을 주거나 IFR 운용에 영향을 줄 수 있는 장비의 기능고장

【210】 순항항로 비행 중 예보되지 않은 악기상을 만났을 때 보고해야 하는가?

맞다. 순항항로 비행 중 예보되지 않은 악기상(unforecasted weather)을 만났을 때 관제기관에 보고해 주어야 후속 항공기에 관련 정보를 제공하여 대비하거나 회피할 수 있다. 이외에도 기상기관에 통보하여 기상현상을 연구하는 데 활용할 수 있다.

【211】 관제사가 IFR 고도를 부여할 때 사용하는 "maintain and cruise"의 차이를 설명하시오.

① Maintain: 최종적으로 부여된 고도를 유지하라.

② Cruise: 조종사에게 최저 IFR 고도(MIA)부터 Cruise 인가에 지정된 고도를 포함한 고도까지 공역의 블록(block of airspace)을 할당하는 것이다. 조종사는 이 블록 내의 중간 어느 고도에서나 수평비행하고 조종사의 재량(pilot's discretion)으로 상승 및 강하를 할 수 있다. 그러나 일단 강하를 시작하여 그 고도를 이탈할 때 구두로(verbally) 보고하고, 이후 추가 ATC 인가(clearance) 없이는 그 고도로 되돌아갈 수 없다.

【212】 "cruise" 인가가 발령될 수 있는 시기는?

① "cruise" 인가(cruise clearance)는 목적지 공항이 관제공역 내/하단/외부에 있고 표준계기접근절차(SIAP)가 발행되지 않은 공항으로 직행하거나 강하 그리고 접근 착륙을 할 수 있도록 허용하고자 할 때

② 악기상이나 난기류 같은 조건을 회피할 수 있도록 조종사에게 더욱 융통성을 부여하기 위하여 허용하고자 할 때

【213】 조종사가 운상시계비행(VFR-on-TOP) 인가를 요청할 수 있는 시기는?

VFR 기상상태에서 IFR 비행계획으로 운항 중인 조종사는 부여된 고도에 관해서 운상시계비행을 요청할 수 있다. 조종사는 난기류 등을 피하고자 더 유리한 상층풍(wind aloft)을 이용할 수 있는 고도/비행고도를 선택할 수 있는 융통성(flexibility)을 갖는다.

【214】 운상시계비행에 적용되는 비행방식?

VFR-on-TOP은 IFR 인가이다.

【215】 VFR-on-TOP이 금지되는 공역은?

A등급 공역

【216】 운상시계비행(VFR-on-TOP)으로 비행할 때 조종사가 준수해야 하는 운용상 절차를 설명하시오.

① 적절한 VFR 고도로 비행한다.

② VFR 시정과 구름으로부터의 거리 기준을 준수(comply with)한다.

③ IFR 규정 준수; 최저 IFR 고도(MIA), 위치보고, 무선통신, 항로, ATC 비행인가를 준수(comply with)한다.

【217】 인가한계점(clearance limit)은 무엇이고 언제 발령되는가?

IFR로 비행 중인 항공기가 예상차후인가(expect further clearance; EFC)를 받거나 아니면 IFR 비행계획을 종료하기 위한 선택을 하지 않은 한 IFR 인가한계점을 넘어 IMC에서 더 이상 비행할 수 없는 지점을 나타낸다. 일반적으로 인가한계점은 목적지 공항이 지정되지만 때로는 목적지 공항 전 인근(실제 공항은 아님)에 있는 픽스까지 인가될 수 있다. 따라서 인가한계점이 지정되었을 때 예상차후인가를 예상하거나 EFC가 없다면 비행계획에 제출된 ETA에 맞추어 접근을 시작해야 한다.

【218】 관제사는 인가한계점 혹은 픽스에서 지연이 예상될 때 인가한계점 또는 픽스에 도착(ETA)하기 최소한 몇 분 전에 체공 인가를 발령하는가?

인가한계점 또는 픽스(clearance limit or fix)에 도착(ETA)하기 최소한 5분 전에 체공 인가를 발령한다.

【219】 단거리 비행인가 절차(short-range clearance procedure)는 무엇인가?

ATC와 완전한 인가(complete clearance)를 협조하고 얻는(coordinating and obtaining) 동안 IFR 출발 항공기를 목적지에서 가까운 특정 픽스까지 IFR 비행을 승인하는 인가이다.

【220】 공중항법의 목적을 달성하기 위해서 설정된 3개의 고정(fixed) 항로 시스템은 무엇이 있는가?

- VOR (low victor airways, high jet routes)
- NDB (low or medium frequency)
- RNAV route system

항공로(airways)는 V-airway, 제트항로(j-routes), 그리고 RNAV 항로(routes)로 구성되지만, 일부 저중 주파수(L/MF) 항공로와 항로 역시 사용되고 있다.

【221】 IFR 순항항로 항법 정보가 발행되는 차트의 종류는?

- IFR en route low altitude chart
- IFR en route high altitude chart
- Terminal Area Chart(TAC)

【222】 터미널 지역 차트(TAC)는 무엇인가?

터미널 지역 차트(Terminal Area Chart; TAC)는 조종사의 안전한 항행과 지역 관제 요건을 쉽게 판단할 수 있도록 지정된 대도시 공역을 확대해서 보여주는 항공도(1:250,000 scale)이다. TAC는 B, C등급 공역과 주변 데이터가 Sectional Charts보다 더 세밀하게 그려져 있다.

【223】 순항항로 저고도 차트는 어느 공역을 위한 차트인가?

En route low altitude chart는 고도 18,000피트(MSL) 미만 IFR 상태에서 항법을 위한 항공정보(aeronautical information)를 제공한다.

【224】 IFR 순항항로 저고도 차트에서 VOR-airway는 어떻게 표기되는가?

VOR-airway는 V-자 다음에 항로 번호를 부여하여 V123과 같은 방법으로 표기된다.

【225】 LF/MF 항공로는 어떻게 표기되는가?

LF/MF 항공로(airway)는 컬러 명칭과 번호로 식별되기 때문에 컬러 항공로(colored airway)라고도 한다. (예, Amber One은 A1과 같이 도식됨)

※ Frequency Range는 다음과 같다.

- *Very Low Frequency(VLF); 3 kHz ~ 30 kHz*
- *Low Frequency(LF); 30 kHz ~ 300 kHz*
- *Medium Frequency(MF); 300 kHz ~ 3 MHz*
- *High Frequency(HF); 3 MHz ~ 30 MHz*
- *Very High Frequency(VHF); 30 MHz ~ 300 MHz*

- *Ultra High Frequency(UHF) 300 MHz ~ 3 GHz*
- *Super High Frequency(SHF) 3 GHz ~ 30 GHz*
- *Extremely High Frequency(EHF); 30 GHz ~ 300 GHz*

【226】 녹색과 적색 LF/MF 항공로가 설정되는 방향은?

녹색과 적색 항공로(green and red airway)는 동-서 방향 항로를 지정하는 데 사용된다.

【227】 황갈색-청색 LF/MF 항공로가 설정되는 방향은?

황갈색-청색 항공로(amber-blue airway)는 남-북 항공로를 지정하는 데 사용된다.

【228】 LF/MF 항공로의 색깔은?

이들의 컬러 식별과 관계없이 LF/MF 항공로(airways)는 갈색(brown)으로 그려진다.

【229】 VOR, VORTAC 그리고 LF/MF NAVAIDs를 기반으로 한 모든 항공로/항로 레디얼 혹은 베어링의 TO or FROM은 어느 방식인가?

① VOR, VORTAC NAVAIDs; 아웃바운드 레디얼(outbound radial)

② LF/MF NAVAIDs; 인바운드 베어링(inbound bearing)

【230】 저고도 RNAV 항로는 어떻게 그려지는가?

접두사(prefix) T-자와 3자리 숫자(예, T-000)로 식별된다. RNAV 항로는 청색으로 그려지고 다음과 같은 데이터가 포함된다.

- Route line(항로선)
- Identification boxes(식별 박스)
- Mileages(마일리지; 거리)
- Waypoints(웨이포인트)

- Waypoint names(웨이포인트 명칭)
- Magnetic reference bearings(자기참조방위)
- MEAs(최저순항항로고도)

【231】 GNSS MEA가 보장하는 것은 무엇이고, 어떻게 식별되는가?

GNSS MEA는 장애물 통과높이(obstacle clearance)와 무선통신 수신을 보장하기 위해서 설정된다. 모든 MEAs는 접미사 "G"를 붙여 식별한다.

【232】 Victor/RNAV 항로의 결합은 어떻게 표기되는가?

Victor/RNAV 항로의 결합(joint Victor/RNAV routes)은 벡터 항공로는 검은색 그리고 RNAV 항로는 청색으로 그려지고, 각각을 위한 식별박스(identification box)는 서로 인접해서 표기된다.

【233】 제트항로는 어떻게 표기되는가?

제트항로(jet routes)는 "J"-자와 함께 항로 번호(J24)가 부여되고 VOR 또는 VORTAC NAVAIDs를 기반으로 설정된다.

【234】 RNAV "Q-route" MEA는 어떻게 표기되는가?

RNAV "Q-route" MEA는 18,000피트 이상일 때 적용된다. GNSS RNAV 항공기를 위한 MEA는 접미사 "G"를 붙여 식별한다.

【235】 벡터 항공로는 무엇인가?

벡터 항공로(Victor airway)는 한 VOR 송신소(station)에서 다른 VOR 송신소까지 지정된 VOR 레디얼을 연결해서 설정된 항로 시스템이다.

【236】 COP는 무엇인가?

Change over point는 항법에 필요한 무선 주파수가 변경되는 2개의 인접한 무선항법보조시설 또는 웨이포인트 사이의 비행로 또는 항로 선상에서 항법유도(navigation guidance)를 수신하기 위해서 주파수 변경이 필수적인 지점을 나타낸다.

【237】 COP를 준수함으로써 예상할 수 있는 효과는 무엇인가?

COP는 항공로 또는 항로 구간으로 나누어지고 최저순항항로(MEA) IFR 고도에서 지속적인 항법 신호의 수신을 보장한다. 또한, 이들은 항공로 또는 항로의 동일 구간 안에서 운용하고 있는 다른 항공기가 비행 방향과 관계없이 동일 항법 시설로부터 일정한 방위 신호(consistent azimuth signal)를 수신하도록 보장한다.

【238】 VOR 시설 사이 신호 통달범위가 MEA에서 중첩되는 곳의 COP는?

2개의 VOR로부터 신호 통달범위가 MEA에서 중첩(overlap)되는 곳의 COP는 통상 중간지점(midpoint)으로 지정된다.

【239】 직항로 비행은 무엇인가?

직항로 비행(Direct route flight)은 설정된 항공로 또는 항로의 레디얼 혹은 코스를 따라서 비행하지 않고 원하는 NAVAIDs, Fix, 교차점 또는 공항까지 직행으로 항행하는 방식이다.

【240】 직항로는 통상 어떠한 방법으로 설정되는가?

직항로 비행은 항공기가 통과하게 될 상공의 무선 픽스(radio fix)를 결정하는 방법으로 지정된다. 항로를 지정하기 위해서 선택된 픽스는 항공기의 위치를 정확하게 결정할 수 있는 픽스 상공이어야 한다.

【241】 직항로를 위해서 선정된 픽스는 관제사가 다르게 지시하지 않는 한 어떻게 처리되는가?

이들 픽스는 ATC가 다르게 지시하지 않는 한 비행을 위해서 자동으로 필수보고지점(compulsory reporting point)이 된다.

【242】 RNAV 항로는 무엇인가?

RNAV 항로(routes)는 RNAV 성능을 갖춘 항공기의 비행을 계획할 수 있도록 설계된 영구 항로(fixed, permanent routes)이다.

【243】 MEA 항행 코스 갭(navigational course gap)은 무엇인가?

항법 신호 통달범위에 갭(gap; 간격)이 존재하는 항공로 또는 항로 구간에 있는 거리이다.

【244】 용어 "cruise" 가 의미하는 것은 무엇인가?

항공기에 공역 블록(block of airspace)을 할당하기 위해서 "maintain" 대신에 사용될 수 있다.

【245】 순항인가 고도 블록에서 기동 방법을 간단히 설명하시오.

공역 블록(airspace block)은 최저 IFR 고도(MIA)에서부터 순항인가(cruise clearance)에 지정된 고도(포함하여)까지 확장된다. 조종사는 순항인가에 지정된 공역 블록 내의 중간고도에서 수평비행을 위한 조작(level off)을 할 수 있다.

【246】 순항인가 고도 블록에서 기동에 대한 조종사의 책임은 무엇인가?

이 공역 안에서 조종사의 재량(pilot′ discretion)으로 상승 혹은 강하가 허용된다. 그러나 조종사가 강하를 시작했고 ATC에게 구두로 공역 블록에 있는 고도를 이탈(leaving)한다고 보고했다면 또 다른 ATC 인가를 받지 않는 한 그 고도로 되돌아갈 수 없다.

【247】 순항인가(cruise clearance)는 목적지 공항에서 접근을 실행할 수 있도록 승인하는 것으로 볼 수 있는가?

그렇다, 순항인가는 목적지 공항에서 접근을 실행할 수 있도록 승인하는 것이다.

【248】 고도 18,000피트(MSL) 미만에서 순항 비행할 때 고도계 세팅 절차에 관해서 간단히 설명하시오.

고도계 세팅(altimeter setting)은 조종사의 위치로부터 100 NM 이내에 있는 관측소(station)에서 최근 보고된 것을 이용해야 한다.

【249】 최근 고도계 세팅의 책임은 누구에게 있는가?

ATC는 IFR 비행 중 주기적으로 최근 고도계 세팅(current altimeter setting)을 조언하지만, 적시 적절한 방법으로 고도계 세팅을 업데이트하는 것은 조종사 혹은 운항승무원(flight crew)의 책임이다.

【250】 고도 18,000피트(MSL) 또는 그 이상의 FL에서 운항할 때 고도계 세팅 절차는?

고도계 수정치(altimeter setting)를 29.92"Hg에 맞추고 운항해야 한다.

【251】 최근 보고된 고도계 수정치를 적용해야 하는 조건은?

대기압이 31.00"Hg 또는 그 미만이고 조종사가 고도 18,000피트(MSL) 아래에 있을 때 최근 보고된 고도계 수정치(altimeter setting)를 사용하라.

【252】 QNE, QNH, 그리고 QFE로 구분되는 기준 표면에 따라 다른 점은 무엇인가?

QNE, QNH 그리고 QFE의 기준은 다음과 같다.

① QNE Height above sea level at standard setting 1013 (Flight Level)

② QNH Height above sea level(Altitude; AMSL)

③ QFE Height above airfield(AGL); Not used for altimeter settings or Field Elevation or Height(AGL)

【253】 QFE는 무엇인가?

지표면 상공 고도(QFE; AGL)이다. 대기압과 등가의 국지 고도계 세팅(local altimeter setting)은 통상 사용되고 있는 활주로의 접근 종단을 나타내는 공항 고도계 데이텀(airport altimeter datum)에서 측정된다.

【254】 전이고도 아래에서 고도계를 QFE에 맞추었을 때 공항 지표면에서 어떻게 지시해야 하는가?

전이고도(transition altitude) 또는 그 아래 그리고 전이수평 아래에서 운용하는 동안 QFE 고도측정의 사용이 요구된다면 고도계는 QFE에 맞추어야 한다. 이때 고도계는 공항 지표면에서 "0"을 지시할 것이다.

【255】 QNE는 무엇인가?

표준 고도계 세팅을 위한 대기압(QNE; FL)은 전이고도(transition altitude) 또는 그 이상에서 (순항항로) 고도계 세팅을 적용하라. QNE 고도를 위한 고도계 세팅은 항상 29.92″Hg/1013.2 hPa이다.

【256】 QNH는 무엇인가?

국지 고도계 세팅(local altimeter setting)을 위한 대기압(QNH; MSL)이다. 국지 고도계 세팅은 공항 고도계 데이텀에서 측정하고 해수면 기압으로 수정한 대기압과 등가이다. 공항 고도계 데이텀에서 QNH에 맞춘 고도계는 평균해수면(MSL) 위의 공항 표고(airport elevation)를 지시한다. 전이고도(transition altitude) 또는 그 아래 그리고 전이층(transition layer) 아래에서 운용하는 동안 고도계는 QNH에 맞추어야 한다.

【257】 전이고도, 전이수평, 전이층은 각각 무엇인가?

① 전이고도(transition altitude)는 항공기의 수직 위치가 고도(altitude)를 참고해서 관제되고 있는 고도 또는 그 이하의 고도

② 전이수평(transition level)은 전이고도 이상에서 사용할 수 있는 가장

낮은 비행고도(FL)

③ 전이층(transition layer)은 전이고도와 전이수평(transition level) 사이의 공역

【258】 레이더 교신을 상실했거나 종료되었다면 조종사는 어디에서 위치보고를 해야 하는가?

만약 레이더 교신(radar contact)을 상실했거나 종료되었다면 조종사는 ATC에게 지정된 VOR 상공 그리고 항로 선상의 교차점(intersection)에서 위치보고(position report)할 것을 규정하고 있다.

【259】 필수보고지점은 어떻게 알 수 있는가?

필수보고지점(compulsory reporting point; ▲)은 삼각형 부호로 IFR 순항항로 차트에 그려져 있다. VOR, TACAN, VORTAC 부호 역시 검은색으로 처리된다.

【260】 비필수보고지점은 어떻게 알 수 있는가?

속이 빈 삼각형 부호(△)로 표시되는 픽스 상공 보고지점은 비필수보고지점(non-compulsory)이고 ATC의 요청이 있을 때만 보고하면 된다.

【261】 VOR을 이용해서 위치보고를 할 때 정확한 위치를 보고하는 시기는 언제인가?

VOR 무선시설을 통과하면서 위치보고(position report)를 해야 할 때 보고하는 시간은 TO/FR 지시기가 완전히 반대로 바뀐 시점으로 판단해야 한다. 참고로 ADF를 이용해서 위치보고를 할 때는 지시침이 완전히 반대로 바뀐(complete reversal) 시점에 보고해야 한다.

【262】 조종사가 위치보고에 포함해야 하는 주요 내용은 무엇인가?

항공기의 위치보고에는 다음 사항들을 포함해야 한다.

① Aircraft identification(항공기 식별)

② Position(위치)

③ Time(시간)

④ Altitude or flight level(고도 또는 비행고도)
(VFR-on-top 인가로 운항 중 실제 고도 또는 비행고도)

⑤ Type of flight plan(비행계획의 종류-VFR/IFR, ARTCC 또는 접근관제소에 직접 IFR 위치보고를 하지 않는다)

⑥ ETA and name of next reporting point
(다음 보고지점의 ETA와 명칭)

⑦ The name only of the next succeeding reporting point along the route of flight(항로를 따라서 다음 후속 보고지점의 명칭)

⑧ Pertinent remarks(기타)

【263】 특별히 ATC의 요청이 없어도 전 시간 ATC 또는 FSS 시설에 보고해야 하는 내용은 무엇인가?

다음 사항들은 특별히 ATC의 요청이 없어도 전 시간 ATC 또는 FSS 시설에 보고해야 한다.

① 새로 할당된 고도 또는 비행고도를 위해서 이전에 부여된 고도 또는 비행고도를 이탈할 때

② VFR-on-top 인가로 운항 중 고도 변경을 할 때

③ 최저 분당 500피트(fpm)로 상승 혹은 강하할 수 없을 때

④ 실패접근을 실행했을 때(대체공항, 다른 접근 등 특정 행동을 위한 인가를 요청했을 때)

⑤ 평균 진대기속도(순항고도에서)가 비행계획서에 제출한 것과 5% 또는 10노트 이상 차이가 있을 때(어느 것이든 큰 것)

⑥ 체공 픽스 또는 인가된 지점에 도착한 시간 그리고 고도 또는 비행고도

⑦ 부여된 체공 픽스 또는 지점을 이탈할 때

⑧ 관제공역에서 VOR, TACAN, ADF, 저주파수(low frequency) 항법

수신기 성능의 상실, IFR-승인 GPS/GNSS 수신기를 장착하고 운용 중 GPS 이상신호, ILS 수신기의 완전 혹은 부분 상실 또는 공/지 통신 성능의 장애(impairment of air/ground communication capacity) 등을 보고해야 한다. 보고에는 항공기 식별, 영향을 받는 장비 ATC 시스템에서 IFR로 운용하기 위한 성능의 정도, 그리고 ATC로부터 원하는 조력 방법과 범위가 포함되어야 한다.

⑨ 예보되지 않은 기상 또는 위험한 상태에 조우했을 때

【264】 비레이더 상황에서 ATC에게 보고해야 하는 사항은?

① 최종접근경로(비정밀접근)에서 최종접근픽스(final approach fix; FAF)를 출발할 때

② 최종접근경로(정밀접근)에서 외부마커(외부마커를 대신해서 사용되는 픽스)를 출발할 때

③ 이전에 제출된 예상 시간(estimated estimate)이 3분 이상 차이가 확실할 때

【265】 순항항로 인가 혹은 지시에 포함된 "IMMEDIATELY" 단어는 무엇을 의미하는가?

안전에 필수적인 임박한 상황(imminent situation)을 피하고 신속한 반응을 위해서 긴급하게 전달하기 위해서 사용된다.

【266】 ATC 인가의 고도 정보에 "...climb at pilot′ s discretion..." 와 같은 지시를 받았다면 이는 무엇을 의미하는가?

조종사는 원하는 시기에 상승을 시작할 수 있는 선택권(option)을 갖고, 원하는 상승률 그리고 원하는 중간고도에서 일시적으로 수평전환이 승인되지만 일단 당신이 고도를 이탈(vacate)했다면 조종사는 ATC로부터 추가 인가를 받지 않는 한 그 고도로 복귀할 수 없다.

【267】 순항항로에서 부여된 고도까지 상승하는 절차를 간단하게 설명하시오.

조종사는 할당된 고도(assigned altitude) 아래 1,000피트까지 항공기의 운용 특성에 적합한 최적 상승률(optimum rate of climb)로 상승하고, 다음 부여된 고도에 도달할 때까지 분당 500피트와 1,500피트(fpm) 사이의 상승률로 상승한다.

【268】 순항항로 상승에서 분당 500피트로 상승할 수 없다면 어떻게 해야 하는가?

ATC에게 통보하라. 또한, 상승 중 중간고도에서 수평전환(level-off)이 필요하다면 ATC에게 통보해야 한다.

【269】 "...expedite climb..." 은 무엇을 의미하는가?

조종사에게 항공기를 다루고 있는 특성에서 예외적 변경(exceptional change) 없이 대략 최상의 상승률을 적용할 것을 나타낸다.

【270】 지시속도의 조절은 얼마로 지시되는가?

속도조절은 FL 240 또는 그 이상에서 마하수(Mach number) 0.01 간격으로 지시하는 경우를 제외하고 지시속도(indicated airspeed) 10노트 증분(increment)으로 지시한다.

【271】 조종사가 속도조절에 응할 때 얼마의 속도를 적용해야 하는가?

만약 속도조절에 응해야 한다면 조종사는 그 속도의 ±10노트 또는 마하 ±0.02 범위 내에서 유지되어야 한다. ATC가 마하수를 이용한 속도조절은 터보제트 항공기로 제한된다.

【272】 체공패턴이 도식되지 않은 픽스에서 체공을 지시받았을 때 ATC가 제공하는 정보는 무엇인가?

① 픽스로부터 체공 방향(N, NE, E, SE, S, SW, S, NW)

② 체공 픽스(holding fix)

③ 인바운드 코스; 항공기가 체공할 레디얼, 코스, 베어링 또는 항로

④ DME 또는 RNAV의 경우는 구간 거리(마일)

⑤ 선회 방향(left turns nonstandard)

⑥ 예상차후인가(expect further clearance; EFC) 시간과 부가 지연 정보

【273】 체공패턴이 절차선회 대용(in lieu of a procedure turn)으로 지시되었을 때 따라야 하는 절차를 설명하시오.

체공패턴은 IAF 또는 FAF 상공에 설정될 수 있다.

① 최대 체공 대기속도를 적용하라.

② 기동은 적절한 진입(teardrop, parallel, direct)을 실행한 후 인바운드 코스에 들어섰을 때 완료하라.

③ 조종사가 그렇게 하기로 선택한 경우(예; 고도를 낮추기 위해) 추가 체공이 필요하지 않을지라도 ATC에게 알려야 한다.

【274】 체공 중 허용된 최대 대기속도는 얼마인가?

[FAA 체공 대기속도 제한은 다음과 같다.]

- MHA~6,000 ft; 200 KIAS
- 6,001~14,000 ft; 230 KIAS
- 14,001 ft 이상; 265 KIAS

[ICAO 체공 대기속도 제한은 다음과 같다.]

- Up to 14000 ft: 230kts
- 14000 ft to 20000 ft: 240kts
- 20000 ft to 34000 ft: 265kts
- Above 34000 ft: M0.83

※ *Minimum Holding Altitude(MHA); 최저체공고도*

【275】 표준과 비표준 체공의 차이점은 무엇인가?

표준 체공(standard holding)은 우선회이고, 비표준 체공(non-standard holding)은 좌선회이다.

【276】 체공 패턴에서 측풍 수정을 위한 아웃바운드 바람수정각 적용은 얼마인가?

체공 중 측풍 수정(crosswind correction)은 아웃바운드(outbound) 구간에서 인바운드(inbound) 바람수정각의 3배를 적용한다.

【277】 체공 픽스에 접근 중일 때 속도가 최대 체공속도를 초과할 것으로 예상할 때 적절한 조치는?

체공 픽스(holding fix)로부터 3분 또는 그 이내에서 감속을 시작해야 한다. 이보다 더 빨리 감속할 수 있지만, 이 경우 ATC에게 통보해야 한다.

【278】 최초 체공 지시를 받을 때 예상차후인가(EFC) 시간을 받는 것이 조종사에게 어떠한 의미가 있는가?

EFC는 체공 중 무선통신이 두절되었다면 지정된 시간에 체공 픽스를 출발할 수 있도록 허용된 시간이다. 조종사는 가능한 한 정확한 시간에 픽스를 출발할 수 있도록 마지막 구간을 조절해야 한다.

【279】 표준 체공패턴에서 구간 길이는 얼마인가?

① 14,000피트 또는 그 이하: 인바운드 1분

② 14,000피트 이상: 인바운드 1 1/2분

【280】 DME/GPS 체공이 부여되었을 때 적용해야 하는 절차는 무엇인가?

시간(time) 대신 거리(NM)를 적용하는 것 외에 동일한 진입과 체공 절차로 수행된다. 관제사 또는 IAP 차트에 아웃바운드 구간의 거리가 지정된다. 이 구간의 끝은 DME 디스플레이의 거리로 결정한다.

【281】 체공 패턴에서 아웃바운드 구간을 위한 시간을 재기 시작해야 하는가?

픽스 상공 또는 어빔(abeam)에서 시간을 재기 시작한다. (어느 것이든 늦은 것) 만약 어빔 위치를 결정할 수 없다면 아웃바운드로 선회가 완료되었을 때 시간을 재기 시작하라.

【282】 체공 표준 선회방향은?

좌선회(left turn)가 부여되지 않는 한 우선회(right turn)로 체공해야 한다.

【283】 모든 체공지시에 포함되어야 하는 것은 무엇인가?

EFC(expect further clearance) 시간이 반드시 포함된다.

【284】 체공지시에서 EFC는 무엇인가?

EFC는 쌍방향 통신두절이 발생했을 때 조종사에게 지정된 시간(define time)에 체공 픽스를 출발하도록 허용한다.

【285】 체공패턴의 크기는 무엇에 따라 달라질 수 있는가?

항공기 속도에 비례한다.

【286】 ATC가 보호하는 공역의 크기를 제한하기 위해서 최대체공속도는 무엇으로 지시되는가?

최대체공속도(maximum holding speed)는 지시속도(indicated airspeed; KIAS)로 특정 고도 범위에 지정된다.

【287】 항공기 체공패턴에서 표준율 선회를 위한 경사각 한계는 얼마인가?

경사각이 30°를 초과한다면 항공기 체공패턴에서 표준율 선회(standard rate of turn)를 할 수 없다.

【288】 체공에 플라이트 디렉터를 사용하고 있다면 경사각 제한은 얼마인가?

플라이트 디렉터(flight director; FD)를 사용하고 있다면 경사각(bank angle)은 25°로 제한된다.

【289】 Enroute에서 IAF까지의 지정되는 비행로는 무엇인가?

지선항로(feeder route; transition route + arrival route)

【290】 지선항로는 무엇인가?

지선항로(feeder route)는 순항항로 구조에서 IAF로 진행하기 위한 항로를 지정하기 위해서 계기접근절차(IAP) 차트에 그려진 항로이다. 또한, 지선항로는 접근 전이(approach transition)로 고려되지만, 접근구간이 아니면서 대부분의 IAP와 통합 부분(integral part)이다.

【291】 순항항로 구간과 최초접근구간 사이를 어떻게 항행해야 하는가?

이 구간에서는 지선항로(feeder route) 또는 레이더 벡터로 수행된다. 지선항로는 항공기를 항로구조에서 최초접근픽스(IAF)까지 진행할 수 있도록 접근절차 차트에 도식되어 있으며, 모든 지선항로는 최저고도, 코스 그리고 거리가 표기되어 있다.

【292】 계기접근을 위한 4개의 접근구간은 무엇인가?

① 최초접근구간(initial approach segment; IAF)
② 중간접근구간(intermediate approach segment; IF)
③ 최종접근구간(final approach segment; FAF)
④ 실패접근구간(missed approach segment; MAP)

【293】 SIAP의 각 계기접근 구간에서 일반적으로 보장되는 장애물 통과높이 기준은 어떻게 되는가? (stabilized approach criteria)

① 최초접근구간(initial approach segment): 코스 양 측면으로 4마일

이내에서 1,000피트 장애물 통과높이

② 중간접근구간(intermediate approach segment): 최초접근구간에서부터 최종접근코스의 폭까지 점점 좁아지는 보호 구역 내에서 500피트 장애물 통과높이

③ 최종접근구간(final approach segment): 접근의 형태에 따라 다르고 ILS의 경우는 최저 200피트의 장애물 통과높이를 제공한다. NDB의 경우는 일반적으로 350피트 이상의 장애물 통과높이를 제공해야 한다.

【294】 IAP에서 최초접근구간은 어느 구간인가?

최초접근구간(initial approach segment)은 최초접근픽스(initial approach fix; IAF)와 중간접근픽스 또는 최종접근픽스(중간접근픽스가 없는 경우) 사이의 구간이다.

【295】 IAP에서 중간접근구간은 어느 구간인가?

중간접근구간은 중간접근픽스(IF)와 최종접근픽스(final approach fix; FAF) 사이 또는 역코스(reverse course), 레이스트랙 또는 추측 트랙 절차와 최종접근픽스 사이의 구간이다.

【296】 IAP에서 최종접근구간은 어느 구간인가?

최종접근구간(final approach segment)은 FAF와 활주로, 공항, 또는 실패접근지점 사이의 구간이다. 이 구간은 착륙을 위한 활주로 정렬과 강하가 완료되는 계기접근절차의 구간이다.

【297】 IAP에서 실패접근구간은 어느 구간인가?

실패접근구간(missed approach segment)은 실패접근지점(missed approach point; MAP) 또는 결심고도/높이(DA/DH)에서 도착한 지점과 규정 고도에서 실패접근 픽스 사이의 구간이다.

【298】 표준터미널도착비행로(STAR)는 무엇인가?

표준터미널도착비행로(standard terminal arrival route; STAR)는 특정 공항으로 제한된 IFR 도착 항공기를 위해서 설정된 ATC-코드화된 IFR 도착 비행로이다. 이는 비행인가 전달(clearance delivery) 절차를 간소화하고 순항항로에서부터 계기접근절차 사이의 전이(transition)를 쉽게 한다.

【299】 STAR의 주목적은 무엇인가?

STAR는 인가전달절차(clearance delivery procedure)를 단순화하여 조종사가 사용할 수 있도록 그래픽과 문자형식(graphic and text form)으로 발행된 기계획된(pre-planned) IFR ATC 도착절차이다. 또한, 계기접근절차와 중단 없는(seamless) 가로와 수직 전이를 보장하기 위함이다.

【300】 SID/DP 그리고 STAR의 주요 차이점은 무엇인가?

SID/DP는 공항 활주로에서 시작되어 순항항로 구조까지 연결하는 절차이다. STAR는 순항항로 구조(en route structure)에서 시작되지만, 활주로까지 이어지는 것은 아니다. STAR는 통상 레이더 벡터가 시작되는 픽스 또는 ATC가 지정한 NAVAIDs에서 종료된다.

【301】 STAR 절차는 10,000피트(MSL) 또는 그 이상에서 표준 강하 경사도는 얼마인가?

STAR 절차(procedure)는 10,000피트(MSL) 또는 그 이상에서 NM 당 318피트(FPNM; feet per nautical mile), 또는 3°의 표준 강하 경사도(standardized descent gradient)이다.

【302】 STAR 절차는 10,000피트(MSL) 미만에서 표준 강하 경사도는 얼마인가?

고도 10,000피트(MSL) 이하에서 최대 강하율은 330 FPNM, 또는 약

3.1° 표준 강하 경사도이다.

【303】 RNAV를 위해서 지정된 STAR는 어떠한 차이가 있는가?

재래식 STAR와 동일한 목적으로 활용되지만, 오직 FMS 또는 GPS를 장착한 항공기만 사용할 수 있다.

【304】 STAR의 효율성 중 하나는?

STAR는 복잡한 인가(complex clearance)를 단순화하고 주파수 혼합(frequency congestion)을 감소시키는 데 사용된다.

【305】 STAR를 어떻게 요청할 수 있는가?

ATC는 조종사가 STAR를 요청하지 않아도 STAR를 부여할 수 있다는 것에 유의하라. 조종사는 STAR를 사용하기 위해서 최소한 승인된 차트를 갖추고 있어야 한다.

【306】 RNAV STAR 적용에 주의해야 할 사항은 무엇인가?

RNAV STAR는 항공기 데이터베이스에서 절차명칭(procedure name)으로 검색(retrievable)할 수 있어야 하고 도식 절차에서 확인해야 한다.

【307】 조종사가 STAR를 원하지 않는다면 어떻게 조치해야 하는가?

만약 조종사가 STAR를 원하지 않는다면 비행계획서의 비고란에 "No STAR"를 기입해야 한다. 또한, 조종사는 ATC가 구두로 STAR를 지정했을 때 거부할 수 있으나 조종사는 사전에 ATC에게 빨리 통보할수록 시스템의 효율을 기대할 수 있다.

【308】 STAR 절차를 위해서 조종사가 준비해야 하는 것은 무엇인가?

이를 실행하기 위해서는 STAR 절차를 기술한 소책자(booklet)를 소지하고 있어야 한다.

【309】 ATC로부터 "...resume normal speed..." 와 같이 지시를 받았다. 이는 무엇을 의미하는가?

ATC는 속도조절이 더 이상 필요하지 않다는 것을 의미한다.

【310】 만약 부여된 속도조절이 이들 한계를 초과하게 되는 원인이 된다면 이를 어떻게 조치해야 하는가?

이를 ATC에게 통보하는 것은 조종사의 책임이다.

【311】 고도 10,000피트(MSL) 미만에서 속도 제한은 얼마인가?

250노트(KIAS)

【312】 B등급 공역에서 속도 제한은 얼마인가?

250노트(KIAS)

【313】 C, D등급 공역에서 속도 제한은 얼마인가?

200노트(KIAS)

【314】 B등급 공역 아래에서 속도 제한은 얼마인가?

조종사는 공항에 지정된 B등급 공역 구역 아래에 놓여(underlying) 있는 공역에서 200노트(KIAS)를 준수하는 것으로 예상해야 한다. B등급 공역은 마치 3단 케이크를 뒤집어놓은 것과 같고 그 아래에 놓여 있는 공역은 200 KIAS로 속도가 제한된다.

【315】 접근 인가는 무엇인가?

접근 인가(approach clearance)는 조종사가 표준 또는 특별 계기접근을 실행(execute)할 수 있는 위치까지 유도하도록 하고, 그 접근으로 비행하도록 승인/인가하는 것이다.

【316】 ATC가 "...cleared for approach..." 와 같이 단순한 구절을 사용해서 인가를 발령하였다. 이것은 무엇을 의미하는가?

오직 1개의 접근절차(particular instrument approach)만 있거나, 혹은 조종사가 선택한 접근절차의 실행을 ATC가 승인하는 것이다.

【317】 만약 ATC가 특정 접근(specific approach)으로 제한하고자 한다면 관제사는 어떻게 접근을 인가하는가?

관제사는 "...cleared ILS Runway 35 Right approach..."와 같이 인가에 접근명칭이 지정된다.

【318】 착륙이 비행 중인 접근과 정렬되지 않는 활주로일 때 관제사는 어떻게 접근을 인가하는가?

관제사는 "...cleared for VOR runway approach, circle to land runway 23..."와 같은 서클링 접근인가(circling approach clearance)를 발령한다.

【319】 서클링 접근으로 지정되는 경우는 언제인가?

최종접근구간(final approach segment)이 착륙 활주로 정렬로부터 30° 이상 차이가 있는 접근은 서클링 접근(circling approach)으로 지정된다.

【320】 ATC는 "...direct..." 또는 "...proceed direct..." 와 같은 용어를 사용해서 인가를 지시했다면 이는 무엇을 의미하는가?

항공기를 IAF까지 직행으로 비행할 수 있도록 인가하는 것이다.

【321】 접근을 위한 레이더 벡터 중 "cleared for the approach..." 를 받았다면 당신의 마지막으로 부여된 고도에서 더 낮은 고도까지 강하를 시작할 수 있는 지점은 어디인가?

IAP가 없는 공항에서는 ATC가 착륙을 위한 인가를 했을 때 강하할 수 있다. IAP가 발행된 공항에서는 발행된 차트에 따라 통상 픽스를 통과한 후 지정된 지점에서 강하를 시작한다.

【322】 VDP란 무엇인가?

시각강하점(visual descent point; VDP)은 비정밀 직진접근 절차의 최종접근코스 선상에서 MDA로부터 활주로 착지대(touchdown point)까지 정상적인 강하가 시작될 수 있도록 조종사에게 그 활주로의 접근 시단 또는 접근 등화 및 다른 식별 가능한 표지(marking)를 시각적으로 명확하게 제공되는 지점이다. 만약 VDP(예, DME)를 확인할 수 있는 장비를 갖추고 있지 않다면 VDP가 없는 것으로 생각하고 진행한다. 접근차트의 측면도에 VDP는 "V" 표시로 식별된다.

【323】 수직강하각은 무엇인가?

수직강하각(vertical descent angle; VDA)은 비정밀접근에서 FAF와 고도로부터 발행된 TCH에서 활주로 시단까지 계산된 경로를 보여주는 각도이다. 최적 각도는 3.00°이다. 이것은 조종사에게 FAF 또는 스텝다운 픽스에서 TCH까지 안정강하(stabilized descent)를 확립할 수 있는 수단을 제공한다.

【324】 GPS 오버레이 프로그램은 무엇인가?

GPS Approach Overlay Program은 IFR 하에서 지정된 NPAs로 비행할 수 있도록 조종사에게 GPS 항공전자의 사용을 승인하는 것이다. (예외, LOC, LDA와 SDF)

【325】 GPS 단독 접근은 무엇인가?

GPS 단독 접근은 지점 대 지점 항적(point-to-point track)을 지정하기 위한 연속 웨이포인트로 구성된다. 이들 연속 웨이포인트는 최초접근, 중간접근, 최종접근, 실패접근, 실패접근 선회(missed approach turning),

그리고 실패접근 체공 웨이포인트가 포함된다. 활주로 시단에 있는 실패 접근을 제외한 모든 웨이포인트는 5-문자 알파벳 문자 명칭이 부여된다.

【326】 LNAV/VNAV의 착륙 최저치는 DH or DA인가?

전자 활공경로를 이용해서 비행하기 때문에 DA 최저치를 적용한다.

【327】 APV는 무엇인가?

APV(approach with vertical guidance)는 수직유도를 제공하는 새로 분류된 접근절차이지만, ICAO Annex 10의 정밀접근표준에 충족하지 못한 항법 시스템이다. 때로는 기압 수직항법(barometric vertical navigation; Baro-VNAV)으로 보충되어야 한다. 예를 들어 Baro-VNAV, LDA with glideslope, LNAV/VNAV, 그리고 LPV는 APV 접근이다.

【328】 LPV는 무엇인가?

LPV(localizer performance with vertical guidance)는 수직유도 접근을 수행할 수 있는 WAAS의 높은 정밀도와 무결성 장점이 있는 LNAV/VNAV 외에 또 다른 APV 접근이다. LPV 최저치는 시정 최저치가 1/2마일 정도의 낮은 상태에서 착지대 상공에서 200피트의 낮은 결심고도로 설계된다. 이것은 ILS와 등가의 접근 최저치이다.

【329】 LPV 접근이 가능한 WAAS의 장점은 무엇이 있는가?

① LPV 절차는 공항에 지상기반 송신시설을 갖추지 않아도 된다.

② 항법시설을 설치하기 위한 장소, 시설 주변 정비를 위한 지대, 또는 정비를 위해서 시설에 접근하기 위한 장소가 필요하지 않다.

③ LPV 접근은 ILS와 관련된 신호영향구역을 설정할 필요가 없다.

④ LPV 접근은 ILS와 유사하지만 WAAS는 ILS보다 더 안정적이다.

⑤ WAAS를 장착한 사용자는 RNAV 그리고 LPV 절차와 함께 기본 필수항법성능(RNP) 절차로 비행할 수 있고, 제공되는 총 항법 솔루션을 고

려했을 때 항공전자 비용은 상대적으로 저렴하다.

【330】 항공기가 WAAS LPV 접근으로 비행하기 위한 조건은 무엇인가?

WAAS-LPV 항공전자를 갖추어야 한다.

【331】 WAAS 접근은 어떠한 종류가 있고 적용되는 최저치는 무엇인가?

- LPV(localizer performance with vertical guidance); DA
- LP(localizer performance); MDA

【332】 만약 어떠한 이유로 WAAS 서비스가 가용하지 않다면 모든 GPS 또는 WAAS를 탑재한 항공기 조종사는 어떻게 조치해야 하는가?

모든 GPS 또는 WAAS를 탑재한 항공기는 LNAV MDA로 전환할 수 있다.

【333】 당신의 항공기가 LPV 접근절차를 비행할 수 있는 장비를 갖추었는지 어떻게 알 수 있는가?

수신기가 LP 절차를 비행할 수 있는지는 Flight Manual Supplement 또는 Approved Supplemental Flight Manual에 다른 WAAS와 GPS 접근절차를 위한 기능과 함께 LP 기능을 갖추고 있음이 기술되어 있는 세부 설명서(statement)가 있어야 한다.

【334】 LP(localizer performance)는 무엇인가?

LP는 가로 유도(lateral guidance)를 각도(angular)로 지시되기 때문에 지시침 민감도는 MAP에 가까워질수록 증가한다. 반면 전형적인 LNAV 접근에서 CDI 민감도(sensitivity)는 FAF에서 MAP까지 직사각형과 같이 동일하다. 그러나 ILS or LPV 접근과 달리 LP 접근은 글라이드 슬롭이 제공되지 않는다. 이것은 마치 로컬라이저 접근과 유사하다.

【335】 LNAV/VNAV 장비는 무엇인가?

LNAV/VNAV(lateral navigation/vertical navigation) 장비는 가로와 수직 접근코스유도 모두를 제공한다는 점에서 ILS와 유사하다.

- WAAS
- Baro-VNAV(기온 제한을 받을 수 있다.)

【336】 LNAV/VNAV 최저치를 갖는 접근에서 수직유도를 위해서 필요한 것은 무엇인가?

LNAV/VNAV 최저치를 갖는 접근은 수직유도를 위해서 인증된 대기압(certified barometric) VNAV(baro-VNAV)를 갖추거나 아니면 이 목적을 위한 GPS 정밀도를 향상시키기 위한 WAAS(wide area augmentation system)를 사용해야 한다.

【337】 민간 항공기가 실제 시정(actual visibility)이 접근차트에 발행된 최저치 미만일 때 착륙하는 것은 합법(legal)인가?

아니다. 규정(Part 91)에 따르면 조종사는 비행시정이 최저치 미만일 때 착륙할 수 없도록 규정하고 있다. (단, 군용 항공기는 예외)

【338】 활주로에 동일한 종류의 접근 유도와 함께 2개 혹은 그 이상의 직진 접근이 있을 때 이들은 접근 표제에 어떻게 지정되는가?

접근 표제(approach title)에 문자 접미사(suffix)를 붙여 구분한다. 문자는 Z부터 역순으로 부여되고, 통상 Z는 접근 Y보다 더 낮은 최저치를 갖는다. 최종접근구역 장애물 평가에서 다르기 때문에 RNAV (GPS) Z RWY 13C가 가장 낮은 최저치로 지정된다. 예, RNAV (GPS) Z RWY 13C and RNAV (RNP) Y RWY 13C at MDW

【339】 특정 접근명칭에 접미사 "A" 가 붙어 있는 것은 무엇을 의미하는가?

이것은 직진접근 기준(straight-in criteria)에 적합하지 않고 오직 서클

링 최저치만 가용하다는 것을 나타낸다. (예, VOR DME A)

【340】 SIAPs는 항상 최종접근픽스(FAF)가 지정되는가?

아니다. FAF가 지정되지(designated) 않았을 때(e.g. on-airport VOR or NDB) 최종접근지점(final approach point; FAP)이 지정되고, 이것은 통상 절차선회가 최종접근코스 인바운드와 교차하는 지점이 된다.

【341】 일부 접근차트에서 볼 수 있는 "radar required" 는 무엇을 의미하는가?

On charts/plates 그리고 FDC NOTAMs에서 계기접근절차 또는 항로구간(segments)에 NAVAIDs가 없거나 신뢰할 수 없어 항행이 가용하지 않다는 것을 조종사에게 경고하는 것이다. 조종사는 레이더 항행 유도(radar navigational guidance)를 예상할 수 있다.

【342】 스텝다운 픽스는 무엇인가?

Step-down fix는 계기접근절차의 구간 안에서 접근경로 선상에 있는 현저한 장애물을 안전하게 통과할 수 있는 지점을 식별함으로써 마치 계단과 같이 추가 강하를 허용하는 픽스이다. 만약 Step-down fix(SDF)를 식별할 수 있는 능력을 갖추고 있지 않다면 그 픽스에서 수평비행으로 접근해야 한다. 일반적으로 SDF는 최종접근픽스(final approach fix)와 실패접근지점(missed approach point; MAP) 사이에 한 개만 설정된다.

【343】 항공기가 접근을 계속 진행할 수 있는지를 결정하는 지배적 요소는 무엇인가?

접근을 계속하기 위한 지배적 요소(controlling factor)는 시정이다.

【344】 공항 접근에 서클링 접근이 설계되는 때는 언제인가?

① 활주로 중앙선과 최종접근코스의 정렬이 30°를 초과할 때

② 강하 경사도(descent gradient)가 FAF에서 시단통과높이(threshold crossing height; TCH)까지 NM 당 400피트(FPNM)보다 클 때
③ 공항에서 활주로가 명확하게 지정되지 않았을 때

【345】 접근관제소는 무엇인가?

접근관제소(approach control)는 담당 공역에서 운항하고 있는 모든 계기비행 항공기에 대한 관제 책임을 갖는다. 접근관제소는 한 개 혹은 그 이상의 공항을 담당한다.

【346】 조종사는 최종접근코스에 진입이 임박했다는 것을 알았지만 관제사로부터 접근 인가를 받지 못했다면 어떻게 해야 하는가?

조종사는 접근 인가(approach clearance)가 발령되지 않는 한 최종코스에서 인바운드 선회(inbound turn)를 해서는 안 된다.

【347】 IAP에서 직진접근은 어떻게 식별되는가?

IAP에서 직진접근(straight-in approach)은 최종접근을 유도하는 항법시설과 활주로 번호를 이용해서 식별된다. (예, VOR RWY 13)

【348】 IAP에서 서클링 접근은 어떻게 식별되는가?

서클링 접근(circling-only approach)은 최종접근을 유도하는 항법 시설과 문자로 식별된다. (예, VOR A)

【349】 차트의 표제에 "/" 로 분리된 것은 무엇을 나타내는가?

한 개 이상의 항법 시스템이 한 종류 이상의 장비가 최종접근을 실행하는 데 함께 사용된다는 것을 나타낸다. (예, VOR/DME RWY 31)

【350】 차트의 표제에 "or" 로 분리된 것은 무엇을 의미하는가?

한 항법 시스템 이상이 최종접근을 실행하는 데 어느 한 종류의 항법 시

스템이 사용될 수 있음을 나타낸다. (예, VOR or GPS RWY 15)

【351】 계기접근을 위해서 규정된 고도는 무엇이 있는가?

① 최저고도(minimum altitude); 해당 고도에 밑줄을 그려 구분한다. 항공기는 이 고도 또는 그 이상 고도를 유지해야 한다. (예, $\underline{3000}$)

② 최대고도(maximum altitude); 해당 고도에 윗줄을 그려 구분한다. 항공기는 이 고도 또는 그 이하 고도를 유지해야 한다. (예, $\overline{4800}$)

③ 의무고도(mandatory altitude); 해당 고도에 윗줄과 밑줄 모두를 그려 구분한다. 항공기는 이 고도를 유지해야 한다. (예, $\overline{\underline{5500}}$)

④ 권장고도(recommended altitude); 밑줄과 윗줄 없이 고도만 표기된다. (예, 3000)

⑤ 블록고도(block altitude); 2개의 고도에 윗줄과 밑줄을 그어 최대고도와 최저고도 한계를 지정한다.

【352】 IAP 차트에 있는 MSA는 무엇인가?

최저안전(섹터)고도(minimum safe/sector altitude; MSA)는 비상상황에서 사용할 수 있도록 발행된다.

【353】 MSA의 장애물 통과높이는 얼마인가?

MSA는 모든 장애물로부터 1,000피트의 통과높이를 제공하지만, 수신가능 항법 신호 통달범위(acceptable navigation signal coverage)를 보장하지 않는다.

【354】 재래식 항법 시스템을 위한 MSA는 어느 시설이 기준이 되는가?

통상 IAP가 포함된 주요 전방향 시설(omnidirectional facility; VOR)을 기반으로 하지만 적합한 시설이 없다면 공항기준점(airport reference point; ARP)을 기준으로 설정된다.

【355】 공항기준점은 무엇인가?

ARP(airport reference point)는 공항의 모든 가용한 활주로 표면의 대략적인 지리적 중심(geographic center)이고, 공식적인 위도와 경도를 이용해서 지정되는 지점이다. 공항도형(airport diagram)에서 십자선(crosshairs)의 중심이 정확한 ARP 중심이다. ARP가 활주로 중앙에 있다면 화살표로 표기된다.

【356】 RNAV 접근을 위한 MSA는 어떻게 설정되는가?

RNAV 웨이포인트를 기준으로 설정된다. 통상 MSA는 25 NM의 반경을 갖지만, 재래식 항법 시스템에서 이 반경은 공항 착륙 표면을 포함하는데 필요하다면 30 NM까지 확장될 수 있다.

【357】 최저강하고도(MDA)는 무엇인가?

최저강하고도(minimum descent altitude; MDA-feet MSL)는 전자 글라이드슬롭(electronic glideslope)이 제공되지 않는 표준계기접근절차(SIAP)의 실행 중 최종접근(비정밀접근)에서 가장 낮게 강하가 승인된 고도 또는 서클링 착륙 기동(circle-to-land maneuvering) 중 가장 낮게 강하가 승인된 고도이다.

【358】 결심고도(DA)는 무엇인가?

결심고도(decision altitude; DA-feet MSL)는 정밀접근에서 접근을 계속하기 위한 필수 시각 참조물(required visual reference)이 확인되지 않았을 때 실패접근을 실행하도록 지정된 고도이다.

【359】 CAT I 정밀접근을 위한 착지대상공높이(HAT)에서 통상 착지대 표고는 얼마인가?

CAT I 정밀접근을 위한 착지대상공높이(height above touchdown; HAT)는 통상 착지대 표고(touchdown zone elevation; TDZE) 상공 200피트이다.

【360】 DA/DH 또는 MDA에서 실패접근절차를 실행하기 위한 결심이 지연되었다. 이는 어떠한 결과를 초래할 수 있는가?

조종사가 어떠한 이유로 DA/DH 또는 MDA에서 실패접근절차를 실행하기 위한 결심이 지연되었을 때 시각 장애물 통과높이 표면을 관통하면서 지형 혹은 장애물에 충돌할 수 있는 위험에 빠뜨릴 수 있다는 것을 확실하게 인식해야 한다.

【361】 IAP의 시계구간은 어디까지 계속되고 시계구간을 비행하기 위한 수단으로 무엇이 있는가?

IAP의 시계구간(visual segment)은 DA/DH 또는 MDA에서 시작되어 활주로까지 계속된다. 시계구간에서 운용하기 위한 두 가지 수단이 있다. 하나는 자연시각(natural vision)을 활용하는 것이고, 다른 하나는 증강비행시각시스템(enhanced flight vision system; EFVS)을 활용하는 것이다.

【362】 RNAV (GPS) 접근에서 접근 최저치를 구성하는 4줄은 무엇인가?

현재 사용되고 있는 RNAV (GPS) 접근에서 접근 최저치는 다음과 같이 4줄로 구성된다.

① LPV

② LNAV/VNAV

③ LNAV

④ Circling

【363】 당신의 항공기에 오직 GPS 수신기만 장착하고 있다. 어느 최저치까지 비행할 수 있는가?

일부 항공기가 오직 GPS 수신기만 장착하고 있다면 이들은 LNAV MDA까지 비행할 수 있다.

【364】 Baro-VNAV은 무엇인가?

조종사에게 수직유도경로(vertical guidance path)를 계산하여 보여주기 위해서 항공기의 기압고도계로부터 고도 정보를 이용하는 RNAV 시스템 기능(system function)이다. WAAS 또는 Baro-VNAV 없이 GPS만으로는 약 ±460피트의 수직 오차(vertical error)가 발생하기 때문에 신뢰할 수 없다. Baro-VNAV은 FMS에 고도계 정보를 입력해서 수직 항법 솔루션을 제공한다. Baro-Aiding(VNAV) 방식은 GPS 위성이 가용하지 않은 장소에서 매우 유용하다.

【365】 LNAV/VNAV 최저치까지 운용하기 위한 조건은 무엇인가?

Baro-VNAV을 위한 운용적 승인(operational approval)을 얻어야 한다. 일부 접근에는 국지 고도계 정보(local altimeter source)를 제공할 수 없거나 다른 요소들로 인해서 Baro-VNAV은 승인되지 않는다.

【366】 "uncompensated Baro - VNAV NA below -11℃(12°F) or above 49℃(120°F)" 는 무엇을 나타내는가?

Baro-VNAV 운용을 승인하는 절차에서 최저 그리고 최고 기온 한계(minimum and maximum temperature limit)가 표기된다. 기온제한은 "uncompensated Baro-VNAV NA below -11℃(12°F) or above 49℃(120°F)"와 같이 표기된다.

【367】 컨택접근과 IFR 기상상태에서 안정접근을 형성하기 위한 고도는?

컨택접근(contact approach)과 IFR 기상상태에서 모든 직진 계기접근을 위한 접근은 공항 또는 TDZE 상공 1,000피트 아래로 강하하기 전 안정되어야 한다.

【368】 시계접근과 VFR 기상상태에서 안정접근을 형성하기 위한 고도는?

시계접근(visual approach)과 VFR 기상상태에서 직진 계기접근을 위한 접근은 공항 표고 상공 500피트 아래로 강하하기 전 안정되어야 한다.

【369】 서클링 접근 기동 중이다. 최종접근구간에서 안정접근을 위한 고도는 얼마인가?

공항 표고 또는 MDA 상공(어느 것이든 더 낮은 것) 500피트 아래로 강하하기 전 안정되어야 한다. 이들 조건은 접근을 위한 착지가 안정접근(stabilized approach)으로 고려될 때까지 접근 전 과정에서 유지되어야 한다. 또한, 이것은 접근 중 비정상적인 상태를 알려주는 윈드시어 상황(wind shear situation)을 인지하는 데 도움이 된다.

【370】 계기접근 중 시계비행으로 전환 절차를 간단하게 설명하시오.

DA/DH, 또는 MDA에 도착하기 전 100~200피트에서 활주로를 위한 최소한 한 개의 시각 참조물을 육안으로 확인하기 위해서 모니터링 조종사(PM) 주의력은 항공기 외부로 집중되어야 한다.

【371】 RNAV 접근을 위한 측면도의 MDA로부터 활주로 부호까지 재색 음영 선이 그려진 것은 무엇을 의미하는가?

이 음영 선은 MDA 아래 시계구간(visual segment)이 34:1 경사에서 장애물 통과높이에 있음을 나타낸다.

【372】 MDA로부터 활주로 부호까지 재색 음영 선이 그려져 있지 않다면 무엇을 의미하는가?

MDA 아래 시계구간(visual segment)이 34:1 OCS는 장애물로부터 안전하지 않다는(장애물 관통이 있을 수 있음) 것을 나타낸다.

【373】 실패접근을 실행해야 하는 이유에 관해서 간단히 설명하시오.

① IAP에 규정된 필수 비행시정이 적용되는 자연시각이 존재하지 않을 때
② EFVS를 사용하고 있을 때 필수증대시정(required enhanced visibility)

이 IAP에 규정된 시정보다 낮을 때

③ DA/DH, 또는 MAP에 도착했을 때 활주로를 위한 필수 시각 참조물이 보이지 않을 때

【374】 조종사가 접근차트에 발행된 실패접근절차에 따를 수 없는 조건은?

ATC가 대체 실패접근 지시(alternate missed approach instructions)를 부여했을 때이다.

【375】 계기접근을 실행 중 지시침(CDI)이 완전히 벗어나 실패접근을 실행해야 한다면 이 같은 상황에서 권장 실행 절차를 간단히 설명하시오.

실패접근을 위한 장애물 통과높이는 조종사가 MAP에서 실패접근을 실행한 것을 기초로 하기 때문에 조종사는 어떠한 선회 기동을 실행하기 전 MDA 또는 DA/DH 이상에서 실패접근지점까지 비행해야 한다.

【376】 접근 중 MAP을 통과한 후 실패접근을 실행해야 한다면 이때 권장 행동은 무엇인가?

실패접근지점에서 상승을 시작하지 못한 것을 보상할 수 있도록 더 빠르고 높은 상승률로 상승할 수 있도록 이륙 절차와 같이 적용하라.

【377】 정밀접근 중 항공기는 어느 위치까지 레이더 유도를 예상해야 하는가?

항공기는 계기접근절차(IAP) 차트에 지정된 정확한 활공경사/활공경로(glideslope/glidepath) 인터셉트 고도까지 레이더로 유도된다.

【378】 정밀접근에서 MAP은 어디인가?

정밀접근에서 MAP은 항공기가 활공경사를 인터셉트하면서 DA/DH에 도달하는 지점이다.

【379】 비정밀접근에서 MAP을 결정하는 방법을 간단히 설명하시오.

① 주요 NAVAID가 공항에 있고, VOR 혹은 NDB 접근 중 하나가 실행되고 있다면 통상 MAP은 항공기 NAVAID를 통과하는 지점이 된다.

② 일부 비정밀접근에서 MAP은 항공기의 대지속도를 기초로 FAF에서 MAP까지 비행시간을 이용한 고정거리(fixed distance)로 지정된다.

③ 대부분의 비정밀접근은 MAP으로 특정 픽스(specific fix)가 지정된다. 이들은 코스와 DME, VOR로부터 교차 레디얼(cross radial), 또는 RNAV (GPS) 웨이포인트로 식별할 수 있다.

【380】 전이 또는 터미널 항로는 무엇인가?

IAF가 순항항로 구조의 한 부분이고 지선항로가 필요하지 않을 때 전이 또는 터미널 항로(transition or terminal route)는 항공기를 IAF에서 중간픽스(intermediate fix; IF)까지 진행하는 데 필요하다.

【381】 터미널 항로는 IAF에서 시작되기 때문에 이들 항로는 최초접근구간이다. (O, X)

맞다. 지선항로(feeder route)와 같이 터미널 항로는 IF까지 코스, 최저고도, 그리고 거리가 표기된다. 지선항로는 IAF에서 종료되는 반면 터미널 항로(terminal route)는 IAF에서 시작된다.

【382】 지선항로는 접근구간에 속하지 않지만, DME 아크(arc)는 접근 코스까지 전이를 제공하고 접근구간에 속한다. (O, X)

맞다. DME 아크가 설정되었을 때 항공기는 순항항로 단계를 출발해서 접근을 시작하고 접근의 중간 또는 최종접근구간에 진입할 수 있도록 기동해야 한다.

【383】 DME 아크가 설정되는 항법보조시설은 무엇인가?

VOR

【384】 절차선회 또는 절차선회 대용체공이 허용되지 않는 경우는 언제인가?

① 최초구간에 "No PT"라고 표기되어 있을 때,

② 최종접근코스까지 RADAR VECTOR가 제공되고 있을 때

③ 절차선회(procedure turn) 대신 체공패턴이 발행되었을 때

④ 체공픽스로부터 시간차 접근(timed approach)이 수행되고 있을 때

⑤ 절차선회가 승인되지 않았을 때

【385】 표준 절차선회 제한은 무엇이 있는가?

표준 절차선회 제한(procedure turn limitations)은 다음과 같다.

① 도식 측면(depicted side)에서 선회하라.

② 도식된 최저고도를 준수하라.

③ 측면도에 지정된 거리 이내에서 기동을 완료하라.

④ 최대속도 200노트(IAS)를 준수하라.

【386】 절차선회(PT) 픽스의 10 NM 안에서 항공기가 중간 혹은 최종접근구간에서 인바운드에 들어설 수 있도록 하기 위한 절차는 무엇이 있는가?

조종사는 통상 절차선회(PT) 픽스의 10 NM 안에서 항공기가 중간 혹은 최종접근구간에서 인바운드에 들어설 수 있도록 절차선회(procedure turn; PT) 또는 다른 역코스(course reversal) 절차를 수행해야 한다.

【387】 절차선회 중 최대 지시대기속도는 얼마인가?

200노트(KIAS), 이 속도는 첫 역코스 IAF를 통과할 때부터 장애물 통과높이 지역 안에서 봉쇄(containment)를 보장하기 위한 전체 절차선회 기동을 통해서 준수해야 한다.

【388】 절차선회는 무엇인가?

절차선회(procedure turn)는 중간 혹은 최종접근코스에서 항공기 인바운드를 확립하기 위해서 역코스를 수행하도록 지정된 기동이다.

【389】 절차선회에 지정된 고도는 무엇을 의미하는가?

항공기가 인바운드 코스에 들어설 때까지 최저고도이다.

【390】 측면도(profile view)에 그려진 절차선회를 실행하기 위한 기동 거리는 통상 얼마인가?

기동은 측면도(profile view)에 지정된 거리 내에서 마쳐야 하고 이 거리는 통상 10 NM이다. CAT A 혹은 헬리콥터에는 5 NM까지 감소할 수 있고, 고성능 항공기를 수용하기 위해서 15 NM까지 증가할 수 있다.

【391】 최초접근픽스(IAF)의 목적은 무엇인가?

최초접근픽스(initial approach fix)는 항공기를 중간(IF) 혹은 최종접근픽스(FAF)로 정렬시킬 수 있게 하고 정렬 중 강하를 허용하기 위함이다.

【392】 중간접근구간의 목적은 무엇인가?

항공기를 공항까지 최종 강하를 위한 위치까지 유도하기 위해서 설계된다. 중간접근구간(intermediate approach segment)은 통상 IF 또는 중간지점에서 시작해서 최종접근구간의 시작 지점까지이고, 최종접근구간의 30° 이내에서 정렬된다.

【393】 수직유도접근(APV) 또는 정밀접근을 위한 최종접근구간의 목적은 무엇인가?

최종접근구간(final approach segment)은 활공경사가 접근차트에 발행된 최저 활공경사 인터셉트 고도(intercept altitude)를 인터셉트하는 지점에서 시작된다.

【394】 최종접근지점(FAP)은 무엇인가?

최종접근지점(final approach point; FAP)은 공항에 있는(on-airport) VOR 또는 NDB와 통합된 접근과 같이 FAF가 지정되지 않았을 때 이 지점을 통상 절차선회가 최종접근코스 인바운드와 교차하는 곳이다. 이 지점은 최종접근지점(FAP)이라 한다.

【395】 최종접근구간은 어디에서 종결되는가?

최종접근구간은 지정된 MAP 또는 착륙하자마자 종결된다.

【396】 최종접근코스 유도를 기초로 3종류의 절차는 무엇이 있는가?

① 정밀접근(precision approach; PA)

② 수직유도접근(approach with vertical guidance; APV)

③ 비정밀접근(non-precision approach; NPA)

【397】 정밀접근(PA)은 무엇인가?

정밀접근(precision approach; PA)은 ICAO Annex 10의 정밀접근표준에 충족해야 하는 코스와 활공경로 편차 정보를 제공하는 항법 시스템을 기반으로 한 계기접근이다. 예를 들어 PAR, ILS, 그리고 GLS는 정밀접근이다.

【398】 수직유도접근(APV)은 무엇인가?

수직유도접근(approach with vertical guidance; APV)은 ICAO Annex 10의 정밀접근표준에 충족하지 못한 항법 시스템을 기반으로 한 계기접근이지만 코스와 활공경사 편차(glideslope deviation) 정보 모두를 제공한다. 예를 들어 Baro-VNAV, LDA with glideslope, LNAV/VNAV, 그리고 LPV는 APV 접근이다.

【399】 비정밀접근(NPA)은 무엇인가?

비정밀접근(non-precision approach; NPA)은 코스 편차 정보를 제공하지만, 활공경사 편차 정보를 제공하지 않는 항법 시스템을 기반으로 한 계기접근이다. 예를 들어 VOR, TACAN, LNAV, NDB, LOC, SDF LDA

그리고 ASR 접근은 NPA 절차의 사례이다.

【400】 실패접근구간은 어느 구간인가?

MAP에서 시작해서 최초접근픽스(IAF) 또는 순항항로 구간이 시작되는 지점 또는 픽스까지이다.

【401】 접근 인가를 발령하는 기초는 무엇인가?

ATC 접근 인가(approach clearance)는 알려진 교통(known traffic)을 기반으로 발령한다.

【402】 계기접근에서 "on course" 는 무엇을 의미하는가?

용어 "on course"는 항공기가 항로 중앙선(route centerline)에 들어섰다는 것을 의미한다.

【403】 시계접근은 누가 요청할 수 있는가?

시계접근(visual approach)은 조종사 또는 관제사는 시계접근을 위한 요청을 할 수 있다.

【404】 시계접근 인가를 발령하기 위한 조건은?

조종사가 공항을 육안으로 볼 수 있지만(in sight) 선행하는 항공기(preceding aircraft)를 볼 수 없다면 ATC는 시계접근 인가를 발령하고 항공기와 비행난기류 분리(wake turbulence separation)를 위한 책임을 갖는다.

【405】 조종사가 선행 항공기를 볼 수 있다고 보고했다면 분리와 비행난기류 회피에 대한 책임은 누구에게 있는가?

조종사는 분리와 비행난기류 회피(wake turbulence avoidance)에 대한 책임을 갖는다.

【406】 당신에게 “cleared for visual” 이라는 인가가 발령되었을 때 어떤 절차로 비행해야 하는가?

시계접근은 IFR 비행계획을 유지하면서 시각적으로 그리고 구름이 없는 상태(clear of cloud)에서 공항까지의 진행을 승인하는 것이다. 조종사는 공항이나 지정된 전방 항공기를 시각적으로 확인하면서 비행해야 한다. 시계접근은 공항의 실링이 1,000피트 이상과 시정 3마일 이상일 때 항공교통관제시설에서 승인하고 관제한다.

【407】 시계접근은 IAP로 볼 수 있는가?

없다. 시계접근은 IFR 비행계획에서 착륙하고자 하는 공항까지 항공기를 시각적으로 진행하도록 하기 위한 ATC 승인이다. 따라서 이것은 IAP가 아니고 실패접근구간도 없다.

【408】 시계접근을 위한 실링과 시정 조건은?

실링이 최저 1,000피트(AGL) 그리고 시정이 최저 3 SM 이상 되거나 예상될 때 승인된다.

【409】 조종사는 시계접근을 수행하는 동안 구름으로의 거리는 얼마나 떨어져 있어야 하는가?

전 시간 구름에서 벗어나 있어야(clear of cloud) 한다.

【410】 시계접근을 수행하는 동안 안전한 장애물 통과높이를 유지해야 하는 책임은 누구에게 있는가?

조종사는 시계접근(visual approach)을 수행하는 동안 안전한 장애물 통과높이를 유지해야 하는 책임을 갖는다.

【411】 비행인가에서 “contact approach” 란 무엇인가?

IFR로 비행 중인 항공기가 비행시정 최저 1마일 이상에서 구름이 없고 목적지 공항까지 계속 비행할 수 있을 때 승인되는 접근으로 계기접근절차에 관계없이 지상의 시각 참고점(visual reference)을 이용하여 목적지 공항까지 진행하기 위한 것이다. 이 접근은 조종사의 요청과 목적지 공항의 지상시정(ground visibility)이 최저 1SM 이상일 때만 승인된다.

【412】 컨택접근은 누가 요청할 수 있는가?

조종사는 상황이 허락한다면 컨택접근(contact approach)을 요청할 수 있고 관제사는 이를 승인할 수 있다.

【413】 컨택접근은 ATC가 요청할 수 있는가?

없다.

【414】 컨택접근을 위한 기상상태는 얼마가 되어야 하는가?

공항에서 보고된 지상시정(reported ground visibility)이 최저 1 SM 그리고 SIAP가 발행되어야 하고, 조종사가 접근 전 과정을 통해서 최소한 1 SM 구름에서 벗어나 있다면(clear of cloud) 도착 흐름을 촉진하기 위해서 발행된 절차 대신 사용될 수 있다.

【415】 시계접근과 컨택접근 사이의 주요 차이점을 간단하게 설명하시오.

조종사만 컨택접근을 요청할 수 있고, 시계접근은 조종사의 요청 또는 ATC가 제안할 수 있다. 컨택접근은 비행이 구름에서 벗어나 있다면 시정이 최소한 1마일과 함께 승인되고, 시계접근은 조종사가 공항을 볼 수 있거나 선행하는 항공기를 따라갈 수 있을 때 승인된다. 이때 실링은 최소한 1,000피트(AGL), 그리고 시정은 최소한 3 SM 이상이 되어야 한다.

【416】 도식시계비행절차(CVFR)는 무엇인가?

도식시계비행절차(charted visual flight procedure; CVFR)는 관제탑이 있는 일부 공항에서 항공안전과 항공교통운용의 효율성을 위해서 필수적일 때는 물론이고 환경과 소음(environment and noise)을 고려해야 할 때 설계된다.

【417】 터미널 도착 지역(TAA)은 무엇인가?

터미널 도착 지역(terminal arrival area; TAA)은 RNAV 시스템을 갖추고 있는 항공기에 조종사와 관제사의 인터페이스(interface)를 최소화하면서 순항항로 구조에서 터미널 환경까지 전이(transition)를 제공한다.

【418】 GPS 접근과 관련해서 TAA는 무엇인가?

Terminal Arrival Area는 순항항로에서 접근으로 전환하는 데 활용하고 있는 항공기에 NoPT를 제공하고 3개의 표준 구역(straight-in, left base, and right base)으로 나누어진다.

【419】 TAA가 설정된 공항에 접근할 때 항공기에 보장하는 것은 무엇인가?

TAA는 항공기가 TAA 경계 안에서 운용 중일 때 표준 장애물 통과높이와 함께 최저고도를 제공한다.

【420】 TAA에서 RNAV 절차의 기본 설계는 무엇인가?

기본 설계(basic design)는 통상 "T" 모양이고 이를 "Basic T"라고도 한다. 이 "T" 설계는 2개의 IAF 그리고 중간 픽스와 최초접근픽스 역할을 하는 이중 목적(dual purpose) IF/IAF로 구성된다. T-형상은 IF/IAF에서 FAF까지 그리고 MAP까지 계속된다.

【421】 기본 T-설계를 기준으로 표준 TAA는 IAF 구간 그리고 IF/IAF에서 시작되는 중간구간코스로 지정되는 3개의 구역은 어떻게 나누어지는가?

표준 TAA는 IAF 구간 그리고 IF/IAF에서 시작되는 중간구간코스로 지정되는 3개의 구역으로 구성된다. 이들 구역은 직진(straight-in), 왼쪽

베이스(left-base), 오른쪽 베이스(right-base) 구역이라 한다.

【422】 TAA 측면 경계는 어떻게 식별되는가?

IF/IAF로 향한(TO) 마그네틱 코스(magnetic course TO the IF/IAF)로 경계가 지정된다.

【423】 섹터 또는 절차 구간에 "No PT" 라고 표기되어 있을 때 이것이 의미하는 것은 무엇인가?

조종사는 섹터 또는 절차 구간에 "No PT"라고 표기되어 있을 때 HILO 역코스 절차를 실행해서는 안 된다.

※ HILO; Hold-in-lieu of Procedure Turn

【424】 TAA 안에 발행된 고도는 무엇을 대신하는가?

MSA(minimum sector altitude) 고도를 대신한다.

【425】 MSA 고도와 달리 TAA 고도가 다른 점은 무엇인가?

TAA 고도는 운용상 사용할 수 있는 고도(operationally usable altitude)이다. 이들 고도는 최소한 1,000피트 장애물 통과높이 그리고 산악지역에서는 그 이상의 장애물 통과높이를 제공한다.

【426】 항공기가 TAA의 어느 구역으로 진입할 것인지 어떻게 결정해야 하는가?

조종사는 IF/IAF 라벨이 붙은 픽스를 향한(TO) 항공기의 마그네틱 베어링(magnetic bearing)을 이용해서 결정할 수 있다.

【427】 RNAV 계기접근기준은 어떠한 종류가 있는가?

① GPS overlay of pre-existing non-precision approaches(기존 비정밀접근의 GPS 중첩)

② VOR/DME based RNAV approaches(VOR/DME 기반 RNAV 접근)
③ Stand-alone RNAV (GPS) approaches(단독 RNAV 접근)
④ RNAV (GPS) approaches with vertical guidance
⑤ RNAV (GPS) precision approaches (WAAS and LAAS)

【428】 RNAV (GPS)와 같은 접근 표제는 무엇을 의미하는가?

RNAV (GPS) 접근은 접근 표제(title)에 쓰인 것과 같이 GPS 혹은 RNAV 중 어느 하나를 사용할 수 있는 공중탑재 항법 데이터베이스의 명칭이다.

【429】 ILS CAT I 정밀접근은 얼마의 저시정에서 접근할 수 있는가?

TDZE 상공 200피트 그리고 RVR 1,800의 저시정에서 접근할 수 있다.

【430】 VOR 접근에 관해서 간단히 설명하시오.

VOR 접근은 재래식 항법과 접근에 가장 많이 사용되고 있는 비정밀접근(non-precision approach)의 한 종류이다.

【431】 레이더 접근은 어떠한 종류가 있는가?

① 정밀레이더접근(precision radar approach; PAR)
② 공항감시레이더(airport surveillance radar; ASR)

【432】 정밀접근레이더(PAR)는 무엇인가?

PAR은 ILS와 아주 유사하게 수직과 가로유도(vertical and lateral guidance), 그리고 거리 모두를 제공함으로써 정밀한 레이더 접근을 제공한다.

【433】 공항감시레이더(ASR)는 무엇인가?

ASR 접근은 통상 ATC의 운용상 필수요건이 있거나 비정상적 또는 비상상황에 필수적으로 필요로 할 때만 승인된다.

【434】 공항감시레이더(ASR)에서 제공하는 정보는 무엇인가?

비록 관제사가 활주로로부터 거리를 기초로 항공기가 위치해 있는 고도를 조종사에게 조언하지만, 이 종류의 접근은 오직 기수방위와 거리(heading and range)만을 제공한다.

【435】 ASR 접근절차는 언제 서비스를 받을 수 있는가?

ASR 접근절차는 안테나가 공항으로부터 20 NM 안에 있어야 하고 장비 필수요건에 충족하는 모든 레이더 시설에 설정될 수 있다.

【436】 로컬라이저를 활용한 접근은 무엇이 있는가?

① LOC 접근

② LOC/DME 접근

③ LOC 후면코스 접근(back course approach)

④ LDA(localizer-type directional aid)

【437】 로컬라이저 접근이 제공하는 정보는 무엇인가?

로컬라이저(localizer)는 ILS 시스템의 한 부분으로 정밀접근을 위한 수평유도(horizontal guidance)를 제공한다.

【438】 로컬라이저형 방향보조시설(LDA)은 무엇인가?

로컬라이저형 방향보조시설(localizer-type directional aid; LDA)은 사용과 정밀도 면에서 로컬라이저와 비교할 수 있을 정도이지만 완전한 ILS 시설의 한 부분이 아니다.

【439】 LDA 접근 코스는 얼마인가?

LDA 코스는 단순방향시설(simplified directional facility; SDF)보다 더

정밀한 접근 코스를 제공하고, 통상 접근 코스는 3°~6° 폭을 갖는다. LDA는 활주로와 정렬되지 않는다. (ILS; 3°~6°, SDF; 6° 또는 12°)

【440】 단순방향시설(SDF)은 무엇인가?

단순방향시설(simplified directional facility; SDF)은 ILS 로컬라이저와 유사한 최종접근코스를 제공한다. 이것은 글라이드슬롭 정보를 제공하지 않는다.

【441】 Standard ILS의 기본 구성요소는 무엇인가?

① 유도정보(guidance information): 로컬라이저, 활공각 지시기

② 거리정보(distance information): 마커비컨, DME

③ 시각정보(visual information): 접근등화, 착지대와 중앙선등화, 활주로등화

【442】 Standard ILS를 위한 시각 정보를 제공하는 것은?

- Approach lights system
- Touchdown and centerline lights
- Runway lights

【443】 착륙 시단부터 외부마커, 중간마컨, 그리고 내부마커까지 거리는?

- Outer: 4~7 NM
- Middle: 3,500 ft
- Inner: Middle marker와 시단(threshold) 사이

【444】 ILS 접근에서 글라이드 슬롭과 대기속도를 조종하는 방법은?

- Airspeed: power (throttle)
- Glide slope: pitch (attitude)

【445】 최종접근경로에서 윈드시어(wind shears)가 뒷바람에서 무풍 또는 맞바람이 되었을 때 대기속도, 피치, 그리고 고도의 변화는?

- Pitch; 증가(높아짐)
- Required thrust; 감소한 다음 증가
- Vertical speed; 감소한 다음 증가
- Airspeed; 증가한 다음 감소
- Reaction; 초기 동력을 감소시킨 다음 증가

【446】 최종접근경로에서 윈드시어(wind shears)가 맞바람(headwind)에서 무풍 또는 뒷바람(calm or tailwind)이 되었을 때 대기속도, 피치, 그리고 고도는 어떠한 변화가 예상되는가?

- Pitch; 감소(낮아짐)
- Required thrust; 증가한 후 감소
- Vertical speed; 증가한 후 감소
- Airspeed; 감소한 후 증가
- Reaction; 초기 동력을 증가한 다음 감소

【447】 Standard ILS의 외부마커를 통과할 때 시각과 청각 지시는?

청색 등화와 대시음(- - - -)

【448】 Standard 표준 ILS의 중간마커를 통과할 때 시각과 청각 지시는?

주황색 등화와 대시-도트음(- • - - • - - • - - •)

【449】 Standard ILS의 내부마커를 통과할 때 시각과 청각 지시는 ?

백색 등화와 도트음(• • • • • •)

【450】 내부마커는 언제 사용되는가?

일반적으로 외부마커(outer marker; OM)와 중간마커(middle marker;

MM)가 사용되나 Category II ILS에서 내부마커(inner marker; IM)가 활용된다.

【451】 LOC 접근은 무엇인가?

① 비정밀접근(non-precision approach)이다.

② MDA 최저치를 적용한다.

③ 수직유도(vertical guidance)를 제공하지 않는다.

【452】 외부마커(outer marker; OM)를 대체할 수 있는 것은?

- 컴퍼스 로케이터(compass locator; 365 kHz)
- 모든 마커비컨 주파수는 75 MHz이다.

【453】 ILS 접근에서 활공경로와 원하는 속도를 유지하기 위해서 어떻게 동력과 피치를 활용해야 하는가?

조종사는 활공경로(glide slope)는 피치(pitch)의 변화로 그리고 접근속도는 동력(power) 변화로 조절한다.

【454】 로컬라이저 주파수 운용 범위는 얼마인가?

108.10~111.95 MHz

【455】 로컬라이저 송신기는 어디에 설치되는가?

접근 활주로의 반대쪽 끝단

【456】 활공경사 안테나는 어디에 설치되고 가용 범위는 얼마인가?

활공경사 송신기(glide slope transmitter)는 활주로의 접근 끝단으로부터 750피트와 1,250피트 사이에 설치되고, 250피트에서 650피트까지 측면에 설치(offset)된다. 활공경사 송신기는 10 NM까지 가용하다.

【457】 표준 로컬라이저의 운용 범위는 얼마인가?

안테나 사이트로부터 18 NM

【458】 로컬라이저 신호의 송출 각도는 얼마인가?

신호는 활주로 접근 시단에서 700피트 선형 폭을 제공하는 데 필요한 3°~6° 사이의 폭을 제공한다.

【459】 표준 ILS의 활공경사 각도는 얼마인가?

일반적으로 3°의 투사각으로 송출되고, 이 신호는 약 200피트에서 MM에 그리고 약 1,400피트에서 OM과 접할 수 있도록 설치된다.

【460】 VOR에 동조된 CDI와 비교했을 때 로컬라이저에 동조된 CDI의 감도는 어떠한가?

VOR의 경우는 중심으로부터 왼쪽 또는 오른쪽으로 10°의 변위를 지시한다. 그러나 로컬라이저에 동조(tuned)되었을 때는 이의 4배인 2.5°의 변위(displacement)를 지시한다.

【461】 결심높이(DH)는 무엇인가?

결심높이(decision height; DH-AGL)는 ILS, PAR IAP 중 항공기의 운용과 관련해서 접근을 계속할 것인지 아니면 실패접근을 실행할(to execute a missed approach) 것인지를 결심을 내려야 하는 높이를 의미한다.

【462】 계기접근절차에 따라 접근 중일 때 MDA 또는 DH 이하로 강하할 수 있는 시기는?

① 항공기가 의도하는 활주로상에 착륙하기 위한 강하가 정상적인 기동으로 정상적인 강하율을 적용할 수 있는 위치에 있어야 한다.

② 비행시정(flight visibility)이 활용하고자 하는 표준계기접근절차에 기술된 시정 이상이어야 한다.

③ 착륙하고자 하는 활주로의 시설을 최소한 하나 이상 확실하게 시각적으로 식별할 수 있어야 한다.

【463】 계기접근절차에 따라 접근 중일 때 MDA 또는 DH 이하로 강하할 수 있는 활주로 시설은 무엇이 있는가?

- 접근등화시설(approach light system; ALS)
- 활주로 시단(runway threshold)
- 시단 표지 또는 등화(threshold marking and lighting)
- REIL
- VASI
- 착지대 표지 또는 등화
- 활주로와 활주로 표지
- 활주로 등화

【464】 ILS 외부마커와 중간마커를 대신할 수 있는 것은 무엇인가?

① 외부마커: 컴퍼스 로케이터, PAR, ASR 또는 DME, VOR과 계기접근절차로 승인된 NDB 픽스

② 중간마커: 컴퍼스 로케이터(compass locator) 또는 PAR

【465】 컴퍼스 로케이터는 무엇인가?

컴퍼스 로케이터(compass locator)는 ILS 접근을 위한 로컬라이저에서 항공기의 위치를 판단하는 데 도움을 주기 위해서 중간마커 또는 외부마커와 병설되어 있는 저중 주파수 무지향성 무선비컨이다.

- Outer marker; Outer compass locator
- Middle marker; Middle compass locator

【466】 PAR과 ASR 접근의 차이점은 무엇인가?

PAR은 관제사가 정밀한 접근 방위와 활공각 유도를 제공하는 레이더 접근의 형태로 정밀접근(precision approach)으로 분류된다. ASR은 관제사가 접근 방위각(approach azimuth) 정보만 제공하는 레이더 접근의

형태로 비정밀접근(non-precision approach)으로 분류한다.

【467】 "No-gyro" 접근은 무엇인가?

자이로-컴퍼스 또는 방향성 자이로(gyro-compass or directional gyro)가 고장 났을 때 제공되는 레이더 접근 및 벡터(radar vector)의 형태이다. 관제사는 조종사에게 비행할 헤딩을 부여하기보다 레이더 항적을 관찰하면서 "turn left/right or stop turn..."과 같이 조종할 것을 지시하여 유도하는 방법이다.

【468】 "No-gyro" 접근 절차에서 선회율은 얼마를 적용해야 하는가?

- 최종접근경로 전; 초당 3°의 표준율 선회(standard rate of turn)
- 최종접근경로; 초당 1.5°의 반표준율 선회(half-standard rate)

【469】 ASR을 이용해서 접근하고 있다면 DH 또는 MDA 중 어느 최저치를 적용해야 하는가?

ASR(airport surveillance radar)은 비정밀접근이다. 따라서 MDA를 적용해야 한다.

【470】 IAP에서 항상 최종접근픽스가 설정되는가?

NDB와 VOR 접근을 주요 항법보조시설로 사용하는 공항에는 최종접근픽스(final approach fix; FAF)가 설정되지 않을 수 있다.

【471】 만약 FAF가 설정되지 않았다면 비정밀접근에서 최종접근구간이 시작되는 지점은?

최종접근구간(final approach segment)은 절차선회가 최종접근코스 인바운드에 접하는 지점이다.

【472】 계기접근절차에서 "straight-in" 최저치가 발행되는 것을 볼 수 있다. 이는 무엇을 의미하는가?

직진(straight-in) 최저치는 IAP에서 최종접근코스가 활주로 중앙선과 정렬이 30° 범위에 있고 활주로 표면까지 정상적인 강하가 수행될 수 있다는 것을 의미한다.

【473】 VASI 시스템이 제공하는 것은 무엇인가?

시각접근경사지시기(visual approach slope indicator)는 통상 3°의 시각 활공경로(visual glide path)를 제공하여 활주로까지 접근 중 시각 강하 유도(visual descent guidance)를 제공한다. VASI는 활주로로부터 4 NM까지 연장된 활주로 중앙선의 ±10° 범위에서 안전한 장애물 통과높이(obstacle clearance)를 보장한다.

【474】 서클링-착륙 접근은 무엇인가?

서클링-착륙 접근(circle-to-land approaches)은 전형적인 접근 형태는 아니지만 SIAP로부터 직진착륙(straight-in landing)이 가능하지 않거나 원하지 않을 때 착륙을 위해서 항공기와 활주로를 정렬시키기 위해서 수행되는 기동이다. 이 기동을 수행할 때 ATC 승인을 받아야 하고 조종사는 공항까지 시각 참고(visual reference)가 유지되어야 한다.

【475】 특정 공항에서 왜 서클링 최저치만 발행되는가?

최종접근코스가 활주로 중앙선 사잇각이 30°를 초과하여 직진 최저치가 발행되지 않았을 때 서클링 최저치가 적용된다. 때로는 최저강하고도(MDA)로부터 정상 강하율(rate of descent)이 초과할 때도 서클링 최저치가 적용된다.

【476】 서클링 최저치만 발행된 공항에서 직진착륙이 가능한가?

가능하다. 만약 사용 중인 활주로를 육안으로 확인할 수 있고 정상접근을 위한 충분한 시간이 있다면 직진착륙(straight-in land)이 발행되지 않았더라도 가능하다. 이 같은 상황에서 ATC가 해당 활주로에 대한 착륙접근을 인가했을 때 비록 서클링 최저치만 발행되었다 할지라도 직진착륙이 가능하다.

【477】 서클링 접근 중 언제 강하를 시작해야 하는가?

① 항공기가 정상적인 기동으로 정상적인 강하율을 유지하여 원하는 활주로에 강하할 수 있는 위치에 있어야 한다.

② 비행시정(flight visibility)은 활용하고자 하는 표준계기접근에 기술된 시정 이상이어야 한다.

③ 활주로에 착륙하기 위한 활주로 시각 참조물(visual reference)을 최소한 한 개 이상 시각적으로 명확하게 식별할 수 있어야 한다.

【478】 서클링 착륙 중 활주로 시각 참조물을 볼 수 없게 되었다. 대략적인 위치는 기초경로 구간이고 선회 중 MDA에서 시각접촉을 상실했을 때 취해야 하는 절차에 관해서 간단히 설명하시오.

만약 서클링 착륙 중 시각접촉(lost of visual contact)이 상실되었다면 조종사는 즉시 활주로를 향하여 상승 선회(climbing turn)를 시작하고 실패접근 코스에 진입할 때까지 계속 선회한다. 이는 시각접촉이 상실되었을 때 항공기의 위치에 따라 서클링 기동이 다른 방향에서 수행되고 있기 때문에 실패접근 코스에 진입하기 위해서는 상이한 패턴이 요구된다. 항공기는 선회와 실패접근 장애물 통과높이 구역 내에서 수행될 수 있도록 절차를 준수해야 한다.

【479】 서클링 접근 기동 중 장애물 통과높이를 보장받을 수 있는 지역은?

모든 서클링 접근(circling approach)에서 서클링 최저치는 서클링 접근 구역 내에서 300피트의 장애물 통과높이 고도를 제공한다. 이 구역의 크기와 운용되는 항공기의 범주(category)에 따라 다음과 같다.

① Category A: 반경 1.3마일
② Category B: 반경 1.5마일
③ Category C: 반경 1.7마일
④ Category D: 반경 2.3마일
⑤ Category E: 반경 4.5마일

【480】 항공기 접근범주(aircraft approach category)를 결정할 때 고려되는 것은 무엇인가?

착륙참조속도(reference landing speed; VREF), 또는 VREF가 지정되지 않았다면 최대승인착륙중량에서 1.3 VSO를 기준으로 항공기 그룹을 지정한 것이다.

※ 착륙참조속도(reference landing speed; VREF); 항공기의 계산된 성능을 달성할 수 있다고 했을 때 이 속도는 착륙 활주로 시단을 50피트 높이로 통과하는데 필요한 속도이다. 이 속도는 통상 항공기 무게와 착륙형상(landing configuration)에서 실속속도(stalling speed)의 1.3배에 해당하는 속도이다.

※ VSO; 착륙형상에서 실속속도(stalling speed) 또는 최저지속비행속도(minimum steady flight speed)이다.

【481】 당신의 항공기가 현재 Category B에 적용받고 있으나 서클링 착륙이 요구되어 이 범주를 초과할 것으로 예상한다면 어느 최저치를 적용해야 하는가?

항공기는 오직 1개의 접근범주에만 적용되어야 한다. 만약에 기동 중에 현재의 범주 속도를 초과할 것으로 예상할 때 조종사는 다음 상위 접근범주(approach category)를 적용하여야 한다.

【482】 조종사가 실패접근을 실행해야 하는 시기에 관해서 설명하시오.

① 실패접근지점(missed approach point; MAP)에 도착하여 활주로 주

변 시설을 육안으로 확인하지 못했을 때

② 결심높이(DH)에 도착했을 때 활주로 주변 시설을 육안으로 확인하지 못했을 때

③ 안전한 착륙이 가능하지 않다고 판단될 때

④ 서클링 착륙에서 시각접촉이 상실되었을 때

⑤ ATC 지시가 있을 때

【483】 비정밀접근 중 실패접근지점(MAP)을 어떻게 결정할 수 있는가?

일반적으로 지정된 대지속도로 FAF로부터 시간을 체크하여 지정된 시간 동안 비행한 것으로 MAP을 결정한다. MAP은 DME 또는 접근차트에 승인된 VOR, ADF, RNAV의 특정 픽스를 통해서도 결정할 수 있다.

【484】 지리적으로 직진 비정밀접근 경로상의 MAP은 어디로 볼 수 있는가?

일반적으로 비정밀접근에서 MAP은 활주로 시단 상공이다.

【485】 만약 FAF가 기술되지 않았다면 MAP을 어떻게 결정하는가?

통상 MAP은 공항으로 지정된다. (공항에 NAVAID이 설비된 경우)

【486】 정밀접근에서 MAP는 어디인가?

활공경사/활공경로 선상의 DA/DH 지점이다.

【487】 계기접근 절차를 실행 중이다. 만약 계기 지시침이 완전히 벗어나 실패접근을 해야 할 상황에서는 어떠한 행동이 권장되는가?

실패접근을 위한 장애물 통과높이 구역은 접근 포기가 MAP(MDA 또는 DH 이상)에서 시작된다는 가정하에 예측할 수 있다. 정상적인 기동을 위한 충분한 완충 고도(buffer altitude)가 제공되지만, 비정상적으로 조기에 선회를 시작하는 것은 고려되지 않았다. 따라서 조기에 실패접근을 실행할 때 조종사는 접근경로를 따라 MDA 또는 DA/DH 이상으로 MAP

까지 비행한 후 실행하여야 한다.

【488】 Low approach는 무엇인가?

저고도 접근(low approach or low pass)이란 접근 다음에 수행되는 복행(go-around) 기동이다. 착륙이나 착지(touchdown) 후 이륙 대신에 연습계기접근(practice instrument approach)과 같은 특정 운용을 신속하게 진행할 수 있도록 하기 위한 복행(go-around)이다. ATC의 승인이 없는 한 저고도 접근은 수평 직진으로 수행되어야 하고, 조종사는 구역 내에서 다른 항공기를 확실하게 확인하지 않는 한 선회 또는 상승해서는 안 된다.

【489】 "Cleared for the Option" 은 무엇을 의미하는가?

선택인가(cleared for the option)는 조종사, 교관, 시험관에게 착지 후 이륙(touch and go), 저고도 접근(low approach), 실패접근(missed approach), 정지 후 이륙(stop and go), 완전착륙(full stop landing) 중 선택할 수 있도록 허용하는 것이다. 조종사는 계기접근 중에 FAF를 통과하면서 이 절차를 요청할 수 있다.

【490】 FAF가 가용하지 않을 때 발행된 MDA까지 최종 강하를 시작해야 하는 시기에 관해서 간단히 설명하시오.

① 전체 접근을 따라 비행할 때; 절차선회를 완료하고 최종접근 인바운드 코스에 들어섰을 때 강하를 시작한다.

② 레이더 벡터 중일 때; 인바운드 코스에서 NAVAID로부터 지정된 거리 내에서 강하한다.

【491】 ILS RWY 16L 접근을 위한 최종접근구간이 시작되는 곳은 어디인가?

모든 정밀접근(precision approaches; PAs)에서 최종접근구간은 글라이드 슬롭(glide slope)이 글라이드 슬롭 고도에서 인터셉트할 때 시작된다. 비정밀접근(nonprecision approaches; NPAs)이라면 최종접근구간은 Maltese cross(✠)에서 시작된다.

【492】 TCH는 무엇인가?

시단통과높이(threshold crossing height)는 글라이드 슬롭 지시기가 착륙 시단(landing threshold)을 통과하는 높이이다.

【493】 접근 중 글라이드 슬롭이 고장이 발생했고 고장이 발생한 시점에 로컬라이저에 확립되었다면 ILS 접근을 계속할 수 있는가? 그 이유를 간단히 설명하시오.

접근을 계속할 수 있다. LOC 접근으로 전환하고 DH는 MDA를 적용해야 한다는 것을 ATC에게 통보하는 한 접근을 계속할 수 있다. 이후 접근은 시간이라든지 DME를 이용한 MAP과 함께 비정밀접근 절차가 된다.

【494】 모든 표준계기접근 절차는 FAF가 지정되는가?

아니다. 일부 비정밀접근은 FAF가 없다. 일반적으로 공항에 위치해 있는 NAVAID를 기준으로 설정된 접근의 경우이다.

【495】 FAF가 없는 경우 조종사는 언제 발행된 MDA를 향해서 강하하기 시작해야 하는가?

이 경우 강하는 절차선회를 완료하자마자 그리고 인바운드 최종접근코스에 진입했을 때 강하를 시작해야 한다. 레이더 벡터를 받는 중이라면 강하는 NAVAID로부터 지정된 거리 내에 있을 때 그리고 인바운드 코스 선상에 진입했을 때 수행되어야 한다.

【496】 표준계기접근절차가 가용한 공항에서 대체공항으로 미승인되는 시기는 언제인가?

① ATC 시설이 NAVAID를 모니터할 수 없을 때

② 기상보고를 제공할 수 없는 공항일 때

【497】 착륙을 위한 필수 실링이 요구되는가?

착륙을 위한 실링(ceiling)은 요구되지 않는다. DA/DH 또는 MDA에서 항공기는 구름 속에 있거나 구름에서 벗어나 있을 수 있으나 활주로 주변 시설을 육안으로 볼 수 있어야 착륙이 승인된다.

【498】 활주로 시정치(RVV)는 무엇인가?

활주로 시정치(runway visibility value; RVV)는 특정 활주로에서 시정측정계를 이용해 측정된 시정이다. 이 시정측정계(transmissometer)는 연속적으로 시정(SM 또는 분수형식 마일 값)을 지시한다. RVV는 특정 활주로를 위한 최저치를 결정할 때 우시정 대신에 사용될 수 있다.

【499】 계기비행을 위한 시정은 어떻게 측정되는가?

시정(visibility)은 대기 상태를 결정하는 것과 같이 주간에는 현저한 비등화 물체(unlighted object) 그리고 야간에는 현저한(prominent) 등화 물체(lighted object)를 보고 식별할 수 있는 능력이다. 시정은 육상 마일(SM; statute mile), 피트(feet), 또는 미터(meter)로 표기된다.

【500】 우시정은 무엇인가?

우시정(prevailing visibility)은 최소한 수평 반원과 동등하거나 그 이상에서 가장 멀리 볼 수 있는 수평 시정(horizontal visibility)이다. 이때 반원은 반드시 연속될 필요는 없다. 우시정은 육상 마일 또는 분수형식(3/4) 마일로 보고된다.

【501】 관제탑 시정은 무엇인가?

관제탑 시정(tower visibility)은 지표면 시정(surface visibility)을 보고하는 장소에 있는 항공교통 관제탑(control tower)에서 측정된 우시정

(prevailing visibility)이다.

【502】 활주로가시범위(RVR)는 무엇인가?

활주로가시범위(runway visual range; RVR)는 표준 보정(standard calibration)을 기반으로 조종사가 접근 종단(end of approach)에서 활주로의 고광도활주로등(HIRL)이나 뚜렷한 시각 참조물을 내려다볼 수 있는 수평거리를 제공할 수 있도록 투광측정계(transmissometer)로 측정된 시정이다.

【503】 RVR 시각 범위의 기초가 되는 것은?

RVR은 고광도 활주로등(high intensity runway light) 혹은 다른 물체의 시각적 대비(visual contrast) 중 하나에서 어느 것이든 더 멀리 볼 수 있는 시각 범위를 기초로 한다. 우시정과 RVV와 달리 RVR은 움직이고 있는 항공기에서 조종사가 활주로를 내려다볼 수 있는 시정을 기초로 한다.

【504】 RVR이 얼마 이상이면 생략되는가?

6,000피트(1,500m) 이상

【505】 실링은 무엇인가?

실링(ceiling)은 브로큰(broken), 오버캐스트(overcast)로 보고된 지표면 위의 가장 낮은 구름층, 또는 엷은 혹은 부분으로(thin or partial) 보고되지 않은 차폐 현상(obscuring phenomena)이다.

【506】 실링의 기준이 되는 운량은 얼마인가?

브로큰(broken), 오버캐스트(overcast)

【507】 GPS 웨이포인트 정보는 얼마의 주기로 업데이트되는가?

매 28일

【508】 RNAV에서 사용하는 데이터베이스에서 이용할 수 있는 정보에 관해서 간단하게 설명하시오.

데이터베이스(database)는 다양한 RNAV에서 사용할 수 있도록 많은 위치, 항로, 그리고 공역 구간에 관한 데이터를 제공한다. 데이터베이스는 조종사에게 공항, 항공교통관제 주파수, 활주로, 그리고 특별사용공역(SUA)에 관한 정보를 제공하고 있기 때문에 탑재항법 데이터베이스(airborn navigation database)가 없는 RNAV의 기능은 크게 제한된다.

【509】 FMS 입력에 사용되는 시설로는 무엇이 있는가?

FMS 입력(input)에 사용되는 시설로는 DME 신호, 관성항법(inertia navigation system; INS/IRU), GPS 수신기, 그리고 다른 RNAV 장비의 조합으로 항공기의 현재 위치를 정밀하게 계산한다.

【510】 경로와 터미네이터 개념은 무엇인가?

경로와 터미네이터 개념(path and terminator concept)은 터미널 구역 절차, SID, STAR 그리고 접근절차의 코딩(coding; 부호화, 정보를 계산 조작에 편리한 부호로 바꾸는 일)을 허용하기 위한 수단이다. 항로 또는 터미널 절차의 문자 기술(textual description)은 RNAV 시스템에서 사용할 수 있는 형식(format)으로 전환된다.

【511】 관제탑이 운용 중인 공항에 착륙했을 때 비행계획서를 어떻게 종결시켜야 하는가?

관제탑이 운용 중인 공항이라면 비행계획서를 관제탑에서 자동으로 종결시키기 때문에 조종사가 별도로 비행계획서를 종결시킬 필요가 없다. 그러나 관제탑이 없는 공항이라면 착륙하기 전에 FSS를 호출하여 종결시키거나 착륙 후 유선망을 이용하여 조종사 자신이 종결시켜야 한다.

【512】 당신은 관제탑이 운영되고 있지 않은 공항에 IFR로 운항 중이고 착륙 후 비행계획서를 종결시키는 것을 망각했다. 항공관제에 어떠한 영향을 줄 수 있는가?

당신의 비행상태가 확인될 때까지 그 공항 주변 공역은 다른 IFR 항공기가 사용할 수 있도록 하지 못한다.

[헬리콥터 계기비행]

【513】 헬리콥터 IFR 운용을 위해서 갖추어야 하는 기본 비행계기와 항법 장비에 포함되는 것은 무엇이 있는가?

- Clock(시계)
- Airspeed indicator(속도계)
- Sensitive altimeter(정밀 고도계; 대기압을 위해서 조절할 수 있고, 고도 눈금이 20피트 간격으로 설계된 고도계)
- Magnetic direction indicator(마그네틱 방향 지시계)
- Free-air temperature indicator(외기기온 지시계)
- Rate-of-climb (vertical speed) indicator(승강계)
- Magnetic gyroscopic direction indicator (마그네틱 자이로 방향 지시계)
- Stand-by bank and pitch (attitude) indicator(예비 자세계)
- Non-tumbling gyroscopic bank and pitch (attitude) indicator (넌-텀블링 자이로 자세계)
- Speed warning device (필요에 따라 속도경고장치)

【514】 헬리콥터의 접근절차를 위한 최종접근각도 또는 강하 경사도는 얼마인가?

헬리콥터 최종접근각도(final approach angle) 또는 강하 경사도는 7.5°/795 FPNM 정도로 비행기에 비해서 높다. 이것은 무풍에서 지시속도 70 KIAS일 때 분당 925피트의 강하율과 등가이다.

【515】 Copter" 핀스(point - in - space; PinS) 접근절차는 헬리콥터를 최종접근각도/강하 경사도에 충족하는 최대 V_{MINI}는 얼마로 제한되는가?

70노트(KIAS)의 최대 V_{MINI} 그리고 IFR 접근 각도로 제한한다.

【516】 "Copter" PinS 최종접근구간은 얼마로 제한되는가?

"Copter" PinS 최종접근구간은 70 KIAS까지 제한된다. 이것은 선회봉쇄(turn containment)와 MAP부터 헬리포트까지 감속 거리가 더 빠른 속도에는 적절하지 않기 때문이다.

【517】 Point in Space(PinS)는 무엇인가?

통상 IFR 헬리포트 설계 표준에는 적합하지 않지만, VFR 헬리포트를 위한 표준에는 적합한 헬리포트에 설정된다. 헬리콥터 PinS 접근은 재래식 NAVAIDs 또는 RNAV 시스템을 이용해서 개발된다. 이들 절차는 MAP과 착륙지역 사이에 VFR 또는 시계구간 중 하나가 설정된다. 절차에는 MAP으로부터 헬리포트까지 코스와 거리가 지정되고, MAP에서 헬리포트까지 VFR 또는 시계비행으로 진행하거나 혹은 실패접근을 위한 주석이 포함된다.

【518】 Part 91 운용자(헬리콥터)를 위한 대체공항 요건은 무엇인가?

도착예정시간(estimated time of arrival; ETA) 그리고 1시간 후 실링이 공항표고 상공 최소 1,000피트 또는 가장 낮은 적용가능 접근 최저치(lowest applicable approach minima) 위로 400피트(어느 것이든 더 큰 값), 그리고 시정이 최소한 2 SM이라면 대체공항(alternate airport)을 제출할 필요가 없다. (1-1-2 규칙)

【519】 만약 계기접근절차(IAP)가 대체공항을 위해서 발행되지 않았다면 실링과 시정 최저치는 어떻게 적용해야 하는가?

기본 VFR 상태에서 MEA로부터 접근, 그리고 착륙하기 위한 강하를 허용해야 한다.

【520】 Part 135 운용자(헬리콥터)를 위한 대체공항 필수요건은 무엇인가?

ETA 최소한 1시간 전과 후 실링이 가장 낮은 서클링 접근 최저치 강하고도(lowest circling approach minimum descent altitude; MDA) 위로

최소한 1,500피트라면 대체공항을 제출할 필요가 없다.

【521】 접근구간과 실패접근구간에서 헬리콥터 최대 대기속도는 얼마인가?

모든 접근구간과 실패접근구간에서 헬리콥터 최대 대기속도는 90노트(KIAS)로 제한된다.

【522】 Copter GPS 또는 WAAS SIAP로 비행하고 있는 조종사는 최초접근구간과 중간접근구간에서 속도와 최종접근구간과 실패접근구간에서의 속도 제한은 얼마인가?

Copter GPS 또는 WAAS SIAP로 비행하고 있는 조종사는 최초접근구간과 중간접근구간에서 90노트(KIAS)까지 제한되고 최종접근구간과 실패접근구간에서 70노트(KIAS)로 제한된다.

【523】 만약 체공이 지시되어 있다면 체공속도 제한은 얼마인가?

헬리콥터 체공패턴을 위해서 제공되는 좁은 공역 안에서 헬리콥터를 수용할 수 있도록 체공속도 역시 90 KIAS까지로 제한된다.

【524】 일반항공 헬리콥터의 대체공항 조건은?

Part 91하에서 운용되는 헬리콥터 역시 유사한 규칙이 적용된다. 만약 ETA 그리고 ETA 1시간 후 실링이 공항 표고 상공 최저 1,000피트 미만, 또는 가장 낮은 적용가능 접근 최저치(lowest applicable approach minima) 위로 최저 400피트 중(어느 것이든 높은 최저치), 그리고 시정이 최소 2 SM 미만이라면 IFR 비행계획서에 대체공항을 기입해야 한다.

【525】 헬리콥터 운항을 위한 대체 기상 최저치는 어떻게 적용되는가?

헬리콥터 운항을 위한 대체 기상 최저치는 비행하고자 하는 접근에 지정된 최저치보다 200피트 더 높은 실링, 그리고 시정은 최소 1 SM이지만 비행하고자 하는 접근을 위한 최저 시정보다 결코 낮아서는 안 된다.

【심화학습】

【1】 항공기의 지상사고를 방지하기 위해서 유도로와 활주로 정보 외에 가용한 정보를 어떤 간행물에서 확인할 수 있는가?

항공기 지상사고(ground accidents)를 방지하기 위한 정보들은 IFR 터미널 절차 간행물(terminal procedure publication; TPP)과 차트 보충간행물(Chart Supplement) 등에서 확인할 수 있다.

【2】 VFR과 IFR 비행에 관한 모든 공항에 관한 문자형식 정보를 제공하는 소책자는 무엇인가?

차트 보충간행물(Chart Supplement)은 VFR과 IFR 비행에 관한 모든 공항에 대해서 문자형식 정보(textural information)를 제공하는 소책자이다. 차트 보충간행물에는 활주로 길이와 폭, 활주로 표면, 지지하중(load bearing capacity), 활주로 경사, 활주로공시거리(runway declared distance), 공항업무, 그리고 조류충돌(bird strike)과 시정 감소와 같은 위험 요소들이 서술되어 있다.

【3】 공항 이동구역에서 "Hot Spot" 에 관한 정보를 확인하고자 한다면 어느 간행물을 확인해야 하는가?

Chart Supplement에는 활주로 침범 프로그램(runway incursion program)을 보조하기 위해서 전체 페이지 공항도형(airport diagram)과 "Hot Spot" 부호가 포함된다. 이들 차트는 IFR TPP에 발행된 것과 동일하고 복잡한 활주로 또는 유도로 구획(taxiway layout)을 확인하기 위해서 인쇄해서 확인해 볼 수 있다.

【4】 SMGCS는 무엇인가?

지상이동유도관제시스템(surface movement guidance control system; SMGCS)은 정기운항 항공사(scheduled air carrier)가 취항하는 공항에서 항공기와 차량의 안전하고 신속한 이동을 보조하기 위해서 개발된 시스템이다.

【5】 Category A 활주로 침범 사고는 무엇을 의미하는가?

실제 충돌이 발생했거나 충돌을 가까스로 피할 수 있었던 심각한 준사고이다.

【6】 Category D는 활주로 침범 사고는 무엇을 의미하는가?

활주로 침범의 정의에 해당하지만, 안전에 즉각적으로 영향을 주지 않는 준사고이다. 활주로 침범(runway incursion)은 다음과 같이 4개의 범주로 분류한다.

① Category A; 실제 충돌이 발생했거나 충돌을 가까스로 피할 수 있었던 심각한 준사고

② Category B; 거리가 점점 가까워지고 충돌 회피를 위한 수정/회피 반응을 위한 시간이 충분하지 않은 잠재적 충돌이 있을 수 있는 준사고

③ Category C; 충돌을 피하기 위한 충분한 시간 또는 거리가 있는 준사고

④ Category D; 활주로 침범의 정의에 해당하지만, 안전에 즉각적으로 영향을 주지 않는 준사고

【7】 공항에 설정된 표준 유도로 경로는 무엇인가?

표준 유도로 경로(standardized taxi route)는 대형 항공기들이 많이 운용되고 있는 공항에서 안전하고 원활하게 지상관리(ground management)가 이루어지도록 계획된 기결정된 이동 경로(predetermined movement path)이다.

【8】 공항에 설정된 표준 유도로 경로의 목적은?

ATC는 관제사와 조종사가 모두 잘 알고 있는 특정 명칭이 부여된 경로(named route)를 사용함으로써 무선통신(radio communication)을 간소화하고 활주 지시를 잘못 이해하는(misunderstanding) 것을 방지할 수 있다.

【9】 활주경로가 교차하는 활주로를 통과하거나 잠시대기(hold short)시키기 위해서 지상활주는 어떠한 방식으로 지시되는가?

① 이륙 활주로까지 활주 지시를 발령할 때 "Taxi to"는 더 이상 사용되지 않는다.

② 활주로를 통과(crossing)하라는 지시는 하나씩 차례로 발령되고, 여러 활주로를 통과하라는 활주 지시는 발령되지 않는다. 따라서 항공기 또는 차량은 다른 활주로를 통과하기 전 이전에 지시된 활주로만 통과해야 한다.

③ 명확한 ATC 지시 없이 결코 활주로 대기지점표지를 통과해서는 안되고 어떠한 의심이 있다면 ATC에게 문의해야 한다.

【10】 비행정보간행물에는 기상정보와 관련해서 어느 기관의 주파수를 제공하고 있는가?

비행정보간행물(flight information publication; FLIP)에서 자동터미널정보서비스(ATIS), D-ATIS(digital), 자동기상관측시설(AWOS), 자동지표면관측시설(ASOS) 그리고 AFSS(automated flight service station)와 같은 기상정보를 얻을 수 있는 기관의 주파수가 표기되어 있다.

【11】 RVR은 어떠한 종류가 있는가?

① Touchdown RVR(착지대); 활주로 착지대에 설치된 RVR 장비에서

측정한 RVR 값이다.

② Mid-point RVR(활주로 중간); 활주로의 중간지점에 설치된 RVR 장비에서 측정한 값이다.

③ Rollout RVR(롤아웃); 활주로에 가장 가까운 롤아웃 근처에 설치된 RVR 장비에서 측정한 값이다.

④ Far end RVR(활주로 반대종단); 4개의 RVR 시정 감지기(visibility sensor; VS)가 설치될 때 활주로 Far end RVR은 반대편 활주로에 있는 착지점 RVR VS이다.

※ Rollout; 신형 항공기의 첫 공개, 비행기가 착륙할 때 활주로에 착지 후 감속하기 위한 활주(≠takeoff roll), 또는 선회 기동 중 선회정지 조작을 의미한다. cf, landing roll(착륙활주)≠takeoff roll(이륙활주)

【12】 자동기상시스템은 어떠한 종류가 있는가?

자동기상시스템(automated weather system)은 공항에서 기상 데이터를 수집하고 기상정보를 무선 혹은 유선(radio or landline)으로 전송하는 자동기상감지기(automated weather sensor)가 있고 주요 시스템은 ASOS/AWSS 그리고 AWOS이다. 관제탑이 없는 공항에서도 유용한 기상정보를 제공한다.

【13】 ASOS/AWSS 그리고 AWOS의 용어는 무엇인가?

① ASOS(automated surface observing system); 자동지표면관측시설

② AWSS(automated weather sensor system); 자동기상센서시설

③ AWOS(automated weather observing system); 자동기상관측시설

【14】 전형적인 자동기상시스템은 매 몇 분 사이에 기상현상을 전송하는 최신 정보인가?

전형적인 자동기상시스템은 1분~2분 사이의 기상현상을 전송한다.

【15】 기본 AWOS에서 확인할 수 있는 기상정보는 무엇인가?

기본 AWOS는 오직 고도계 수정치(altimeter setting), 풍향풍속, 기온, 그리고 이슬점(dewpoint) 정보만을 포함한다.

【16】 ASOS/AWSS 그리고 AWOS-I 시스템에서 제공하는 기상정보는 무엇인가?

ASOS/AWSS 그리고 AWOS-I 시스템은 풍향풍속, 돌풍(gust wind), 가변풍(variable wind), 기온, 이슬점, 고도계 세팅(altimeter setting), 그리고 밀도고도(density altitude)와 같이 더 많은 기상 데이터를 제공한다.

【17】 IFR 대체 최저치를 위한 필수요건을 결정하는 요소는 무엇인가?

IFR 대체 최저치를 위한 필수요건은 항공기 범주(category), 탑재장비(airborne equipment), 접근 항법보조시설, 그리고 예보 기상(forecast weather)에 달려 있다.

【18】 3발 엔진 또는 그 이상 엔진을 장착한 항공기의 이륙대체공항 조건은 얼마인가?

3발 엔진 또는 그 이상 엔진을 장착한 항공기의 경우 대체공항은 한 엔진이 고장 났을 때 양호한 기류(still air) 속에서 정상 순항속도(normal cruise)로 2시간을 비행(flying time)할 수 있는 거리 내에 있어야 한다.

【19】 쌍발엔진(twin engine) 항공기의 이륙대체공항은 얼마의 거리 이내에 있어야 하는가?

쌍발엔진(twin engine) 항공기의 이륙대체공항은 1시간 이내에 있어야 한다. 이외에도 착륙하고자 하는 공항(intended landing)이 모든 필수요건을 충족한다면 그 공항은 대체공항 대신에 사용될 수 있다.

【20】 다면출발은 초기상승 중 항공기가 평지와 산악지역에서 얼마의 필수 장애물통과높이(ROC)를 제공하는가?

다면출발(diverse departure) 평가는 초기상승(climb-out) 중 항공기가 평지에서 최저 1,000피트 ROC 또는 산악지역에서 최저 2,000피트 ROC를 얻을 때까지 필수장애물통과높이(required obstacle clearance; ROC)의 확장된 크기를 달성할 수 있어야 한다.

【21】 다면출발평가를 포함한 모든 출발을 위한 필수장애물통과높이(ROC)는 항공기가 활주로출발종단(DER) 표고 상공 최저 몇 피트에서 DER을 통과해야 하는가?

활주로출발종단(Departure End of Runway; DER) 표고 상공 최저 35피트를 통과할 수 있어야 한다.

【22】 다면출발평가를 포함한 모든 출발을 위한 필수장애물통과높이(ROC)는 첫 선회를 시작하기 전 DER 표고 상공 몇 피트까지 상승해야 하는가?

항공기는 첫 선회(initial turn)를 시작하기 전 DER 표고 상공 400피트까지 상승하여야 한다.

【23】 다면출발평가를 포함한 모든 출발을 위한 필수장애물통과높이(ROC)는 NM 당 몇 피트의 최저 상승 경사도를 유지해야 하는가?

다면출발평가를 포함한 모든 출발을 위한 필수장애물통과높이(ROC)는 다르게 지시되지 않는 한 항공기가 활주로출발종단(Departure End of Runway; DER) 표고 상공 최저 35피트에서 DER을 통과하고, 첫 선회(initial turn)를 시작하기 전 DER 표고 상공 400피트까지 상승한 후, 최저 IFR 고도에 도달할 때까지 통과제한(crossing restriction)으로 수평전환이 필요하지 않은 한 NM 당 200피트(FPNM; feet per NM) 최저 상승 경사도(minimum climb gradient)를 유지하는 것을 기초로 한다.

【24】 SER은 무엇인가?

활주로시작지점(SER; start end of runway)은 이륙가용활주로가 시작되는 지점이다.

【25】 AER은 무엇인가?

활주로접근종단(AER; approach end of runway)은 착륙을 위해 가용한 활주로의 첫 구간이다. 만약 이설활주로 시단이라면 이설시단(displaced threshold)의 위도와 경도가 AER이다.

【26】 DER은 무엇인가?

활주로출발종단(DER; departure end of runway)은 항공기 출발의 이륙활주를 위해서 가용한 활주로의 종단이다. 착륙 시단의 반대쪽 활주로 종단이고 때때로 활주로의 정지로 종단(Stop end of the runway)이라고도 한다.

【27】 PCG는 무엇인가?

포지티브 코스 유도(PCG; positive course guidance)는 특정 코스를 따라서 항행할 수 있도록 완전한 항법보조시설의 신호를 수신할 수 있어야 한다.

【28】 ICA는 무엇인가?

초기상승구역(ICA; initial climb area)은 DER에서 시작해 활주로 연장 중앙선을 따라서 진행되는 출발절차의 구간이다. 이것은 DER 표고 상공 400피트에 도달하기에 충분한 거리를 허용하고 모든 항법 시스템으로 PCG의 확립을 허용한다. 전형적인 직진출발 ICA는 활주로 연장 중앙선을 따라서 DER로부터 2~5 NM까지이다. 이것은 DER에서 활주로 중앙선의 양 측면으로 500피트 폭이고 15° 각도로 확장된다.

【29】 LDA는 무엇인가?

착륙가용거리(LDA; landing distance available)는 비행기 착륙의 착륙 활주(landing roll)를 위해서 가용하고 적합한 것으로 공시된 활주로의 거리이다.

【30】 TORA는 무엇인가?

이륙가용활주로(TORA; takeoff runway available)는 비행기 이륙의 이륙활주에 가용하고 적합하도록 공시된 활주로 거리이다.

【31】 TODA는 무엇인가?

이륙가용거리(TODA; takeoff distance available)는 TORA에 클리어웨이를 더한 거리이다. TORA+Clearway

【32】 ASDA는 무엇인가?

가속정지가용거리(ASDA; accelerate-stop distance available)는 TORA에 정지로(stopway)를 더한 거리이다. TORA+SWY

【33】 모든 출발설계에 적용되는 최적 경사는 얼마인가?

최적 40:1 경사(slope; 2.5%, 1.4°)가 모든 출발설계에 적용되지만 때로는 지형과 인공 장애물로 인해서 안전하게 장애물을 벗어날 수 있도록 출발설계의 목적을 달성하기 위해서 대체 필수요건(alternative requirement)을 적용해야 할 필요가 있다.

【34】 차트에 발행된 상승 경사도가 갖는 의미는 무엇인가?

상승 경사도(climb gradient)는 지정 고도 또는 순항항로 환경(예를 들어 MEA, MOCA 위)에 도달할 때까지 장애물 또는 다른 것들을 관통해서는 안 되는 평면(plane)이다.

【35】 저고도 근접 장애물은 무엇을 의미하는가?

DER의 1 NM 이내에 있으면서 40:1 OCS로 통과할 수 있는 장애물을 저고도 근접 장애물(low, close-in obstacle)이라 하고, TPP에도 수록된다.

【36】 저고도 근접 장애물을 회피하여 이륙하는 방법을 간단히 설명하시오.

① 조종사가 장애물을 확인할 수 있어야 하고, 필요하다면 장애물을 우회해서 기동해야 한다.

② 항공기의 조기 부양/상승성능은 장애물을 충분한 높이에서 통과할 수 있어야 한다.

③ 조종사가 출발 중 장애물을 볼 수 없다면 비행 전 계획수립은 이륙 직후 즉시 선회 혹은 다른 기동이 필요한지 판단해야 한다.

【37】 출발절차에서 OEI가 적용되는 구간은?

OEI(One-engine inoperative)는 이륙거리종단의 활주로 상공 35피트에서 시작해서 활주로 표고 상공 최저 1,500피트에서 끝나는 일련의 연속구간(series of segment)이다.

【38】 OEI 실이륙비행경로는 무엇을 의미하는가?

OEI 실이륙비행경로(actual takeoff flight path)는 비행기의 이륙 시점에서 중량, 형상(configuration), 그리고 대기 환경을 기초로 한 라인 운용(line operation)을 위해서 개발된 이륙 절차를 이용해서 달성할 수 있는 성능이 입증된 수직 OEI 상승 프로파일(climb profile)을 나타낸다.

【39】 OEI 순이륙비행경로는 무엇을 의미하는가?

OEI 순이륙비행경로(net takeoff flight path)는 운용상 조건(operational condition)에서 예상할 수 있는 변수를 위한 안전 마진(safety margin)을 제공하도록 인증 규정(certification rules)에서 지정한 만큼의 양을 낮춘(degraded) OEI 실이륙비행경로(actual takeoff flight path)이다.

【40】 장비 필수요건에 따라 출발절차(DP)의 범주를 어떻게 구분하는가?

출발절차(DP)는 장비 필수요건(equipment requirements)에 따라 다음과 같이 구분한다.

- Non-RNAV DP
- RNAV DP
- Radar DP

【41】 VOR, DME, LOC와 같은 재래식 항공전자를 장착한 항공기의 출발절차 범주는?

Non-RNAV DP이다. 지상기반 NAVAIDs를 이용하고 있는 재래식 항공전자를 장착하고 있는 항공기를 위해서 설계되었다. 이들 DP는 추측항법(dead reckoning navigation)을 활용해서 설계될 수 있다.

【42】 RNAV 항공배정의 효과에 관해서 간단히 설명하시오.

① 터미널 지역(terminal area)에서 복잡성을 감소시키고 효율성을 높여줄 것이다.

② 새로운 RNAV 출발절차가 설계될 때 조종사와 ATC 사이에 최소한의 벡터링과 무선통신(minimal vectoring and communication)으로 이루어질 것이다.

③ RNAV 출발절차는 정시출발(on-time departure), 공역 활용, 그리고 예측 가능성(predictability)을 높여줌으로써 터미널 공역의 수용능력을 증가시킬 수 있다.

【43】 모든 공공(public) RNAV SID와 그래픽 ODP의 RNAV 수준은 얼마인가

RNAV 1이다.

【44】 절차에서 RNAV 1을 필요로 한다면 항공기의 총 시스템 오차는?

항공기의 총 시스템 오차(total system error; TSE)는 총 비행시간의 95% 동안 ±1 NM 이상이 되어서는 안 된다.

【45】 절차에서 RNAV 2를 필요로 한다면 항공기의 총 시스템 오차는?

항공기의 총 시스템 오차(total system error; TSE)는 총 비행시간의 95% 동안 ±2 NM 이상이 되어서는 안 된다.

【46】 RNAV 또는 RNP 절차로 비행하기 위한 승인 조건은 무엇인가?

조종사는 항법 데이터베이스에서 절차명칭(procedure name)으로 검색(retrievable)할 수 있고 도식 절차에 확인되지 않는 한 발행된 RNAV 또는 RNP 절차로 비행하는 것이 승인되지 않는다.

【47】 다면벡터지역(DVA)은 항공교통관제가 요구되는 레이더 환경에서 MVA 또는 최저 IFR 고도(MIA) 아래에 설정될 수 있는가?

있다. 다면벡터지역(diverse vector area; DVA)은 레이더 환경에서 MVA 또는 최저 IFR 고도(MIA) 아래에 설정될 수 있다.

【48】 조종사는 DVA 안에서 얼마의 표준 상승 경사도를 활용하게 될 것으로 예상해야 하는가?

DVA 안에서 조종사는 ATC가 표준 200 FPNM 이상의 상승 경사도를 활용하게 될 것을 인식하고 있어야 한다.

【49】 공항상공시각상승(VCOA)은 무엇인가?

공항상공시각상승(visual climb over airport; VCOA)은 계기출발 구간으로 진행하기 위해서 발행된 "Climb-to" 고도까지 공항 상공을 시계비행으로 상승 선회할 수 있도록 지정된 시정과 실링(visibility and ceiling)이 VMC와 동등하거나 그 이상에서 운용하는 IFR 항공기를 위한 출발 옵션

(departure option)이다.

【50】 VCOA를 위한 장애물 출발 옵션은 무엇인가?

VCOA는 공항으로부터 3 SM 이상 멀리 있는 장애물이 200 FPNM 이상의 상승 경사도를 필요로 할 때 적용할 수 있는 출발 옵션이다.

【51】 조종사는 ATC와 관련해서 단순하게 운용할 때 혹은 IFR 인가 하에서 출발절차(DP)를 적용할 때 준수 사항에 관해서 간단하게 설명하시오.

① ATC 인가를 수신했고 이해했음을 통보하라.

② "hold short" 지시가 포함된 인가의 부분은 복창하라.

③ 인가를 명확하게 요청하라.

④ 안전 측면에서 인가를 받아들일 수 없다면 수정 인가를 요청하라.

⑤ ATC 요청에 즉각 실행하라. 인가에 따를 수 없다면 ATC에게 즉시 통보하라.

⑥ 전체 엔진 작동 상승 경사도와 상승률에 따를 수 없다면 ATC와 교신해야 한다. 또한, 표준 혹은 비표준 DP 중 어느 하나에 표기된 상승 경사도를 유지할 수 있을 것으로 예상해야 한다. 만약 표준 상승 경사도 또는 ODP에 지정된 상승 경사도를 유지할 수 없다면 VMC로 출발할 수 있을 때까지 대기해야 한다.

【52】 조종사가 출발을 계획할 때 고려해야 하는 요소들은 무엇인가?

① 공항 주변에 있는 지형과 장애물의 종류를 고려하라.

② 장애물 통과높이를 시각적으로 유지할 수 있는지, 또는 이들이 DP의 활용에 필요한지 결정하라.

③ 출발공항을 위해서 ODP 또는 SID가 가용한 지를 결정하라.

④ 어떠한 종류의 DP도 없는 공항을 안전하게 출발하기 위해서 어떤 행동이 필요한지 결정하라.

【53】 지상통신소(GCO)는 무엇인가?

지상통신소(ground communication outlet; GCO)는 초단파(VHF) 무선을 이용해서 ATC 또는 AFSS와 교신할 수 있는 능력을 갖춘 관제탑이 없는 공항에 인바운드 또는 아웃바운드하는 조종사에게 전화 연결을 제공하기 위해서 개발되었다.

【54】 지상통신소(GCO)를 어떠한 목적으로 활용할 수 있는가?

조종사는 GCO를 이용해서 계기비행 인가를 얻거나 VFR/IFR 비행계획서를 종결(closed)시킬 수 있다.

【55】 VFR 출발을 위해서 인가를 받았을 때 항공기 사이의 분리 책임은 누구에게 있는가?

VFR 출발을 위해서 인가를 받자마자 조종사에게 출발이 인가되지만, 이 경우 조종사는 자신과 다른 항공기 사이에 분리를 유지해야 하는 책임을 갖는다.

【56】 VFR 출발을 위해서 인가를 받았을 때 조종사는 어떠한 책임을 갖는가?

조종사는 VFR 기상상태에 남아 있어야 함은 물론이고 지형과 장애물 통과높이를 유지해야 하는 책임을 갖는다.

【57】 VFR로 출발한 후 IFR 인가를 얻고 당신의 인가에 관해서 코스에 진입하기 위한 ATC 승인을 받을 때까지 조종사는 어떻게 비행해야 하는가?

조종사는 처음부터 IFR 인가를 받지 않고 IMC에서 비행할 수 없다. 조종사는 IFR 인가를 얻고 당신의 인가에 관해서 코스에 진입하기 위한 ATC 승인을 받을 때까지 VFR을 유지해야 한다.

【58】 RVSM이 적용되지 않는 고도에서 수직 분리 고도는 얼마인가?

1,000피트 수직분리, FL 290 이상 고도에서는 수직분리가 1,000피트로

감소하는 수직분리축소최저치(Reduced Vertical Separation Minimum; RVSM)가 적용되고 있는 공역을 제외하고 수직으로 2,000피트 이내에 항공기가 없어야 한다.

【59】 FL 450 이상에서는 어떻게 운용이 허용되는가?

랜덤운용(random operation)을 허용한다.

【60】 센터 관제사는 항공기를 어떠한 기준(criteria)으로 분리하는가?

① 가로; 5마일

② 수직; 1,000피트(FL 290 아래, 또는 FL 290~FL 410 사이 고도에서 RVSM이 적용될 때), 그리고 2,000피트(FL 290 이상 RVSM이 적용되지 않을 때)

【61】 센터 관제사와 교신 중 조종사의 책임에 관해서 간단히 설명하시오.

조종사는 안전 고도와 함께 지정된 항적을 유지해야 하고, 어떠한 의심이 있을 때 관제사에게 문의하는 것, 수정인가(amended clearance)를 요청하는 것, 그리고 비상상황에서 비행안전(safety of flight)에 문제가 있다고 판단될 때 관제사 지시를 위반(deviate from)하는 것 등은 모두 조종사의 책임(obligation)이다.

【62】 Controlling obstacle이란 무엇을 의미하는가?

IFR 접근과 착륙에서 가장 높은 최저강하고도(MDA), 결심높이(DH), 또는 최대필수상승률 또는 실링/시정 등을 초래하는 장애물을 의미한다. 일부 Chart Supplement에서 “Trees or Tower” 등은 전형적인 “Controlling obstacle”이다. IFR 출발절차는 출발 시단부터 거리, 지표면으로부터 높이, 그리고 활주로로부터 거리 등 더욱 세부적인 정보를 제공하기 때문에 반드시 이들을 참고해야 한다.

【63】 관제탑 순항항로 관제(TEC) 서비스를 주로 활용하는 항공기는?

일반적으로 이 서비스는 고도 10,000피트 미만에서 운항하는 비-터빈엔진(non-turbine engine) 항공기를 위한 프로그램이지만 일부 시설에서는 대도시 사이를 연결하기 위한 터보제트 항공기에 허용되기도 한다.

【64】 VOR, VORTAC, 또는 TACAN 시설을 쉽게 활용할 수 있도록 SSV와 일치하는 관제공역에서 직항로 비행을 지정하기 위한 기준은 무엇인가?

① FL 450 이상; 200 NM 이내에 있는 NAVAID를 활용하라. 이들 항법보조시설은 고고도 순항항로 차트에 그려져 있다.

② 18,000피트(MSL)~FL 450 비항로; 260 NM 이내의 NAVAID를 활용하라. 이들 항법보조시설은 고고도 순항항로 차트에 그려져 있다.

③ 18,000피트(MSL) 아래 비항로; 80 NM 이내에 있는 NAVAID를 활용하라. 이들 항법보조시설은 저고도 순항항로 차트에 그려져 있다.

④ 14,500피트(MSL)~17,999피트(MSL)까지 비항공로; 200 NM 이내(H) 시설을 사용할 수 있다.

【65】 비행추적은 무엇인가?

Flight following(비행추적)은 순항항로 진행 또는 비행종료 여부를 결정하기 위한 목적으로 특정 항공기를 지속적으로 레이더 혹은 무선교신으로 접촉을 유지하는 업무이다.

【66】 랜덤 RNAV 항로는 무엇인가?

랜덤(random) RNAV 항로(routes)는 위도와 경도 좌표, 도-거리 픽스(degree-distance fixes)로 지정된 웨이포인트들 사이 또는 지정된 거리와 방향에서 설정된 항공로 또는 항로로부터 RNAV 성능을 기반으로 한 직항로(direct routes)이다.

【67】 랜덤 RNAV 항로의 승인 조건은 무엇인가?

모든 랜덤 RNAV 항로는 ATC가 제공하는 레이더 모니터링을 필요로 한다. 따라서 랜덤 RNAV 항로는 레이더 환경에서만 승인된다.

【68】 랜덤 RNAV 항로에서 항법은 누구의 책임하에 수행되는가?

ATC 레이더는 각 비행을 모니터하지만, 랜덤 RNAV 항로에서 항법은 조종사의 책임이다.

【69】 RNAV 장비를 갖춘 항공기 조종사는 RNAV 항로를 위한 비행계획서는 어떻게 제출해야 하는가?

① 공항-공항 비행계획서를 제출하라.

② 비행계획서에 적절한 RNAV 성능 인증 접미사를 기입하라.

③ 비행 범위 내에서 적절한 고도 층에서 도착과 출발 전이 픽스 또는 NAVAIDs에서 시작과 종료할 수 있도록 비행계획서의 랜덤 항로 부분을 계획하라. 우선(preferred) DPs 그리고 STAR가 설정되어 있다면 이들을 사용할 것을 권장한다.

④ 비행의 랜덤 항로 부분으로 향하거나 나오기(to and from) 위한 전이 항로 구조를 계획(제출)하라.

⑤ 랜덤 항로를 웨이포인트로 지정하라. 고도 층에 적절한 NAVAID를 기반으로 도-거리 픽스를 이용한 항로지정웨이포인트(route description waypoint)를 계획하라.

⑥ 랜덤 항로로 비행하게 될 지역에 있는 각 ARTCC를 위한 최소한 1개의 항로지정웨이포인트를 계획하라. 이들 웨이포인트는 이전 센터의 경계로부터 200 NM 이내에 있어야 한다.

⑦ 항로에서 각 선회지점(turn points)을 위한 추가 항로지정웨이포인트를 계획하라.

⑧ 비행계획에 제출된 항로를 경유한 정밀한 항법을 보장하는데 필요한 추가 항로지정웨이포인트를 계획하라. 항법은 ATC 조력을 요청하지 않

는 한 조종사의 책임이다.

⑨ 금지구역과 제한구역을 통과하기 위한 승인을 받고 적절한 ATC 시설의 도움을 받지 않는 한 이들 공역은 3 NM 이상 회피할 수 있도록 항로를 계획하라.

【70】 Off - airway 항로의 적절성을 평가하는 데 있어서 고려해야 할 사항들은 무엇인가?

① 항공기 기종과 사용되는 항법 시스템

② 군 기지에 근접성

③ 훈련구역

④ 저고도 군 비행로

⑤ 항로 선상의 적절한 무선통신 가능성

【71】 조종사 자신의 랜덤 RNAV 직항로 항법에 사용할 수 있도록 생성된 웨이포인트는 무엇인가?

사용자-지정 웨이포인트(user-defined waypoint)

【72】 사용자-지정 웨이포인트의 유용성에 대해서 간단히 설명하시오.

지리적 위치를 나타내기 위해서 새로 설정된 비발행 공역 픽스(unpublished airspace fixes)이고, 항법을 위한 포지티브 코스 유도(positive course guidance; PCG)를 제공하면서 비행이 진행되는 상황을 확인할 수 있는 유용한 수단이다.

【73】 Metering fix는 무엇인가?

도착 항공기가 터미널 공역에 진입하기 전 시간 조절을 할 수 있도록 항로를 따라서 설정된 픽스이다. 이 픽스는 공항표고상공(above airport elevation; AAE) 10,000피트(3km)에서 프로파일 강하(profile descent)를 할 수 있는 거리에 지정된다.

【74】 Standard RNP Level 값은 얼마인가?

전형적인 표준 RNP 공역(standard RNP airspace)을 지원하는 표준값은 다음 표와 같다. ICAO와 다른 국가에서 지정한 다른 RNP Level이 적용될 수 있다.

RNP Level	Typical Application	Primary Route Width(NM) -Centerline to Boundary
0.1 to 1.0	RNP AR Approach Segment	0.1 to 1.0
0.3 to 1.0	RNP Approach Segment	0.3 to 1.0
1	Terminal and Enroute	1.0
2	Enroute	2.0
4	Projected for oceanic/remote area where 30 NM horizontal separation is applied.	4.0
10	Oceanic/remote area where 50 NM lateral separation is applied.	10.0

【75】 만약 적용할 수 있는 최저고도가 없다면 평지에서 장애물을 피하기 위한 수평거리와 고도는 얼마를 적용해야 하는가?

비행하고자 하는 코스로부터 수평거리 4 NM 이내에서 가장 높은 장애물로부터 산악지역에서는 2,000피트 이상의 고도를 유지해야 한다. 그 외의 지역을 비행할 때 비행하고자 하는(course to be flown) 코스로부터 수평거리 4 NM 이내에서 가장 높은 장애물로부터 1,000피트 이상의 고도를 유지해야 한다.

【76】 관제공역 내에 전체가 포함된 항로를 위한 MEA는 관제지대에서 최저 몇 피트 그리고 전이구역에서는 최소한 몇 피트로 구성되는 완충고도를 제공하는가?

관제지대(control area)에서 최저 500피트 그리고 전이구역(transition

area) 안에서 최소한 300피트로 구성되는 관제공역의 하한고도(floor of controlled airspace) 상공의 완충고도(buffer)를 제공한다.

【77】 조종사는 픽스에서 또는 픽스를 지나서 선회했을 때 항공로 또는 항로 경계를 초과하는 것을 방지하기 위해서 어떻게 해야 하는가?

항공로 또는 항로 경계를 초과할 수 있기 때문에 픽스에 도착하기 전 조기선회(leading turns)를 하여 지정된 항공로와 항로를 유지할 수 있어야 한다.

【78】 수직분리축소최저치(RVSM)가 적용되는 고도는?

수직분리축소최저치(reduced vertical separation minimum; RVSM)는 FL 290~FL 410 고도에서 비행하는 항공기들 사이에 필수 표준수직분리기준이 2,000피트에서 1,000피트로 감소하는 것을 의미한다.

【79】 수직분리축소최저치가 적용되지 않는 경우 분리 고도는 얼마인가?

기존 분리표준에 따르면 지표면~FL 290까지 표준수직분리는 1,000피트이고, FL 290~FL 410까지는 2,000피트 그리고 그 이상의 고도에서는 4,000피트가 적용되었다. 이것은 기압고도계(pressure altimeter)의 정밀도(accuracy)가 고도와 함께 감소하기 때문이다.

【80】 만약 IFR 인가에서 운용 중이지만 VFR 상태이고, 통신두절이 발생한 시점에 VFR 상태에 있다면 어떻게 조치해야 하는가?

IFR 인가에서 운용 중이지만 VFR 상태이고, 통신두절이 발생한 시점에 VFR 상태에 있다면 VFR 상태에서 계속 비행하고 될 수 있는 한 가급적 빨리 착륙해야(land as soon as practicable) 한다. 여기서 "land as soon as practicable" 필수요건은 "land as soon as possible(가능한 한 빨리)"를 의미하는 것은 아니다.

【81】 ARTCC와 실제 통신두절이 되었다고 결론을 내리기 전 최소한 몇 분을 대기할 것을 권장하는가?

조종사는 ARTCC와 실제 통신두절(communication failure)이 되었다고 결론을 내리기 전 최소한 1분을 대기하는 것이 중요하다. ARTCC는 운용 주파수의 장애가 발생했을 때 중단 없이 신속한 ATC 서비스를 위해서 각 주파수를 위한 최소 1개의 예비 무선 수신기와 송신기(back-up radio receiver and transmitter) 시스템을 갖추고 있다. 기술적 문제로 지연될 수 있지만, 예비 장비로 전환(switchover)하는데 통상 60초 이상이 소요되는 경우는 드물다.

【82】 도착 환경에서 가장 중요한 항행 필수요건은 무엇인가?

항공기의 안전한 분리이다.

【83】 공중항법의 넓은 개념에서 주요 항행운용범주는 어떻게 구분하는가?

Class I 항법과 Class II 항법이 있다.

【84】 주요 항행운용범주에서 Class I 항법은 무엇인가?

Class I 항법(navigation)은 전적으로 ICAO 표준항법보조시설(NAVAID; VOR, VOR/DME, NDB) 등과 같은 표준운용범위(standard operational service volumes) 내에서 관제공역 또는 비관제공역에서 수행되는 순항항로 비행운용이다.

【85】 주요 항행운용범주에서 Class II 항법은 무엇인가?

Class II 항법은 Class I로 지정되지 않은 순항항로 운용이고 ICAO 표준 NAVAID의 운용서비스범위(operational service volume; OSV) 외부에서 수행되는 모든 운용 부분이 포함된다. Class II 항법은 대양횡단(transoceanic) 비행과 북극권(Arctic)과 같은 오지(desolate) 및 원거리(remote) 착륙지역에서의 운용을 포함한다.

【86】 순항항로 비행단계에서 강하를 계획하는 것이 중요하다는 것을 강조하는 이유를 간단히 설명하시오.

조기에 강하를 시작했다면 연료가 더 많이 소모(more fuel consumption)되는 저고도에서 더 많은 시간을 비행해야 하는 결과가 초래되고, 강하를 늦게 시작했다면 접근과정에서 대기속도와 강하율(descent rates) 모두를 조절하는 데 문제가 발생할 수 있다.

【87】 접근 게이트는 무엇인가?

접근 게이트(approach gate)는 ATC가 항공기를 최종접근코스(final approach course)로 유도하는데 사용되는 공중의 가상 지점(mid-air imaginary point)이다.

【88】 접근 게이트는 통상 얼마의 거리에 지정되는가?

접근 게이트는 공항 외측 최종접근픽스(final approach fix; FAF)로부터 최종접근코스 1 NM까지 그리고 착륙 시단(landing threshold)으로부터 5 NM 위치에 지정된다.

【89】 ATC가 부여한 고도의 지점까지 강하를 시작해야 하는 지점의 거리를 구하는 방법을 간단히 설명하시오.

먼저, 강하하고자 하는 고도를 300으로 나눈다. 예를 들어 순항고도 7,000피트에서 장주고도(pattern altitude) 1,000피트까지 강하하고자 한다면 당신이 강하해야 하는 고도는 6,000피트이다. 이를 300으로 나누면 20이 된다. 따라서 조종사는 20마일 전에서 강하를 시작해야 하고 약간의 여분(some extra room)을 남겨 둠으로써 정확한 진입 전 장주고도(pattern altitude)에 도달하게 된다.

【90】 강하에 적용할 수 있는 강하율(ROD)을 구하는 방법을 간단하게 설명하시오.

접근각 3°의 접근경로에서 ROD(rate of descent)를 결정하기 위해서 예상 대지속도에 5를 곱해준다. 예를 들어 120노트로 비행하고 있다면 원하는 경로를 비행하기 위한 ROD는 분당 600(120×5)피트가 된다. 앞의 사례에서 6,000피트를 강하하기 위해서 강하는 20 NM에서 시작되어야 하고, 대지속도가 120노트라면 항공기는 분당 2 NM로 이동하고 있음을 의미한다. 따라서 20 MM을 비행하기 위해서 10분이 소요되고 분당 600피트에서 10분은 6,000피트를 강하한다.

【91】 일반적으로 접근경로는 어디에서부터 시작되는가?

접근경로(approach path)는 강하정점(TOD)으로부터 강하종점 웨이포인트(end-of-descent waypoint; E/D)까지 계산된다.

【92】 FMS를 사용하는 두 종류의 VNAV 경로는 무엇이 있는가?

성능 경로(performance path), 기하학적 경로(geometric path)

【93】 FMS를 사용하는 VNAV 성능 경로는 무엇인가?

성능 경로는 아이들(idle) 혹은 아이들에 가까운 동력을 사용해서 TOD로부터 첫 한정 웨이포인트(constrained waypoint)까지 계산한다.

【94】 FMS를 사용하는 VNAV 기하학적 경로는 무엇인가?

기하학적 경로는 2개의 한정 웨이포인트 사이 또는 부여된 수직 각도에서 지점 대 지점(from point to point)으로 계산된다. 기하학적 경로는 성능 경로보다 더 얕고(shallower) 전형적인 넌아이들 경로(non-idle path)이다.

【95】 터보제트 동력(turbojet powered) 항공기에서 최초 IFR 강하 계획 수립을 위한 대략적인 비율은 무엇인가?

3 NM 당 1,000피트(3:1)의 강하를 의미한다. 예를 들어 비행기가 FL 310에서 비행 중이고 6,000피트에 있는 접근 게이트 또는 IAF까지 강하해야 한다면 초기 강하 필수요건은 25,000(31,000-6,000)피트이다. 여기서 25를 3으로 곱하면 75가 된다. 정상적인 제트기, 아이들 추력(idle thrust), 마하(Mach) 0.74~0.78, 그리고 수직 속도는 분당 1,800~2,200피트(fpm)로 접근 게이트로부터 75 NM 지점에서 강하를 시작해야 한다. 이때 뒷바람 수정(tailwind correction)을 위해서 뒷바람(headwind) 10노트 당 2 NM을 더하고, 맞바람 수정을 위해서 맞바람 10노트 당 2 NM을 감하라.

【96】 순항항로로부터 강하에서 통과제한이란 무엇인가?

순항비행으로부터 계기접근절차(instrument approach procedure)가 시작되는 구간까지 전이(transition)는 때때로 ATC가 부여한 고도에서 웨이포인트(given waypoint)에 도착을 필요로 하는 경우가 있다. 이 필수요건은 발행된 도착 절차(published arrival procedure)에 규정되어 있거나 ATC가 발령하고 이를 통과제한(crossing restriction)이라 한다.

【97】 ATC가 부여한 고도까지 강하하는 방법을 간단히 설명하시오.

조종사는 ATC가 부여한 고도 상공 1,000피트까지 항공기의 최적 강하율(optimum rate of descent)로 강하하고, 다음 부여된 고도까지 분당 500피트~1,500피트(fpm) 사이에서 강하하면 된다. 만약 고도 10,000피트(MSL)에서 250노트(KIAS)까지 감속 중일 때를 제외하고 조종사가 최소한 분당 500피트로 강하할 수 없다면 ATC에 통보하라.

【98】 조종사가 재량으로 강하를 요청할 수 있는 사례에 대해서 간단히 설명하시오.

조종사 재량으로 강하를 인가하는 것이 단지 ATC를 위한 옵션만이 아니다. 조종사도 이 종류의 인가를 요청할 수 있으므로 더 효율적으로 공역을 운용할 수 있다. 예를 들어 조종사가 오버캐스트 층(overcast layer) 위의 순항항로에 있다면 항공기를 가능한 한 오랫동안 구름 층(cloud layer) 위를 비행할 수 있도록 조종사의 재량으로 강하할 것을 요청할 수 있다. 이것은 대기가 착빙(icing)을 유발할 수 있고 항공기의 착빙 보호(icing protection)가 제한적일 때 특히 중요하다. 이 같은 조종사의 요청은 연료를 절약하고 착빙 상태에서 장시간 IFR 비행을 피할 수 있는 순항고도에서 더 오랫동안 비행할 수 있도록 허용된다.

【99】 관제상태지형충돌 사고는 무엇인가?

관제상태지형충돌(Controlled Flight Into Terrain; CFIT)은 정상 관제하에 있는 항공기가 비행승무원이 인지하지 못한 상태에서 지형 혹은 장애물에 충돌하는 사고(FAA)이다.

【100】 CFIT의 주원인은 무엇인가?

비행승무원의 부실한 상황인식(situational awareness; SA)이 포함되어 있다. CFIT의 원인은 조종사가 수직 위치를 인식할 수 있는 능력 부족(lack of vertical position awareness), 지상이나 수면, 또는 장애물에 대한 수평위치인식(horizontal position awareness)의 부족이다.

【101】 CFIT 사고의 2/3 이상을 차지하는 원인을 구체적으로 설명하시오.

CFIT 사고의 2/3 이상이 고도 실수 또는 수직 상황인식의 부족으로 인한 결과이다. 이 중 가장 많이 발생하는 CFIT 사고는 계기기상상태(instrument meteorological condition; IMC), 어둠, 또는 이 둘이 절묘하게 조화된 상황에서 시정이 감소했을 때이다.

【102】 CFIT 사고를 예방하기 위한 권장 절차에 관해서 설명하시오.

① 지형에 익숙함(terrain familiarization)은 안전한 야간 시계비행에 중

요한 요소이다.

② 원거리 지역, 특히 오버캐스트 혹은 달빛이 없는(moonless) 상태에서 어둠(darkness)은 높은 지형의 시각적 회피(visual avoidance)를 거의 불가능하게 할 수 있고 지상 불빛이 없어 수평선 참고(horizon reference)를 상실할 수 있다는 것에 특히 주의하라.

③ 야간 VFR 비행을 계획할 때 주변을 둘러싸고 있는 지형으로부터 충분한 고도에 도달할 때까지 잘 알고 있는 안전한 코스에서 상승하는 것과 같은 IFR 실행에 따라 비행하라.

④ 레이더 서비스를 받고 있을 때 지형 위험에 관한 ATC 경고에만 의존하지 마라.

⑤ 관제사의 "...maintain VFR..."에 따르기 위한 기수방위가 지시되었을 때 기수방위는 적절한 지형 통과높이(terrain clearance)를 제공하지 못한다는 점에 주의하라.

⑥ ATC 레이더 소프트웨어는 제한적 예측(limited prediction)과 지형 위험의 경고를 제공할 수 있지만, 경고 시스템은 주로 IFR 항공기를 위한 설계이고, 통상 VFR 항공기에는 제한적이다.

⑦ 만약 야간 특히 원거리 또는 불빛이 없는 지역에서 비행해야 한다면 GPS-기반 지형인식장치(GPS-based terrain awareness unit)가 비행안전을 향상시킬 수 있는지를 고려하라.

⑧ 접근관제교통조언의 부족(lack of approach control traffic advisory)을 고려하라.

【103】 조종실 집중규칙에 관해서 간단하게 설명하시오.

① 항공운송업자(certificate holder)는 항공기의 안전운항에 필수적인 임무를 제외하고 중요 비행단계(critical phase of flight)에서 비행승무원의 어느 다른 임무를 수행할 것을 요구해서는 안 되고, 비행승무원도 이를 수행해서는 안 된다. 회사의 필수 호출과 같은 임무는 기내식 주문, 환승 승객 확인과 같은 목적으로 수행되고, 항공사 홍보, 주요 관광지를

소개하는 방송, 회사 급여 그리고 관련 기록을 작성하는 것과 같은 행위는 항공기의 안전운항과 관련된 것이 아니다.

② 중요 비행단계에서 비행승무원은 임무 수행에 방해가 되거나 임무 수행에 간섭할 수 있는 어떠한 활동을 해서도 안 되고, 기장도 허락해서는 안 된다. 여기서 활동이란 조종실에서 식사하거나 불필요한 대화, 객실 승무원과 비행승무원 사이의 불필요한 통화, 그리고 비행과 관련이 없는 서적 등을 읽는 행위 등이다.

③ 중요 비행단계는 활주, 이륙과 착륙을 포함한 모든 지상 운용 그리고 순항항로 비행을 제외한 고도 10,000피트 이하에서 모든 비행 기동이 포함된다.

【104】 1인 조종사 자원관리(SRM)에서 다루고 있는 것은 무엇인가?

SRM(single-pilot resource management)은 인적 자원, 하드웨어, 그리고 정보 등 모든 가용한 자원의 효율적 활용을 다루고 있다. 인적 자원(HR; human resources)은 운항관리사(dispatchers), 기상 브리퍼(weather briefers), 정비사. 그리고 항공 관제사를 포함한다. SRM은 승무원 자원관리(Crew Resource Management)와 유사하다.

【105】 일반적으로 고성능 비행기는 공항 표고 위의 10,000피트 또는 그 이상에서 터미널 지역에 진입하고 착륙 활주로의 착지(touchdown)로부터 얼마의 거리에서 강하를 시작하는가?

약 30~40 NM 지점에서 강하를 시작한다.

【106】 도착 지연은 어떻게 흡수하는가?

도착 지연(arrival delay)은 미터링 픽스(metering fix)에서 흡수된다. 이 픽스는 공항 표고 위 10,000피트 또는 그 이상의 터미널 공역 이전 항로에 설정된다. 미터링 픽스는 관제사가 레이더 유도를 지연시키거나 저고도에서 체공을 활용하기 위한 것보다 프로파일 강하(profile descent)를 쉽게 하기 위함이다.

【107】 프로파일 강하는 무엇인가?

프로파일 강하(profile descent)는 순항고도에서 글라이드슬롭의 인터셉션 또는 비정밀접근의 최초 또는 중간 접근구간을 위해서 지정된 최저고도까지 중단없이 강하(uninterrupted descent)하는 것이다. 일반적으로 프로파일 강하는 접근 게이트 또는 글라이드슬롭이나 다른 적절한 최저고도에 인터셉트하는 곳에서 종료된다. 다만, 속도조절을 위해서 수평비행이 필요한 경우는 예외이다.

【108】 도착 중 관제사의 요청으로 속도조절이 수행되는 목적은?

조종사가 IFR 비행계획에서 고성능 항공기를 비행할 때 ATC는 정확한 순서를 정하고 분리(sequencing and separation)를 달성하기 위해서 속도조절을 요청할 수 있다. 터미널 지역에서 속도조절(speed adjustment)은 레이더 유도(radar vector) 서비스를 감소시키는데 기여한다.

【109】 왕복엔진 또는 터보프롭 비행기가 목적지 공항으로부터 20 NM 이내에서 운항 중일 때 관제사가 속도조절을 위해서 부여할 수 있는 최저 대기속도는 얼마인가?

150노트이다.

【110】 관제사는 조종사에게 접근경로 선상에서 전방 또는 후방에 있는 항공기와 동일한 속도를 유지할 것을 요청할 수 있다. 이때 조종사는 어떻게 속도를 유지해야 하는가?

조종사는 지정된 대기속도의 ±10노트를 유지해야 한다. ATC는 조종사에게 대기속도를 10노트 증분(increment)으로 증가 혹은 감소하도록 요청할 수 있다.

【111】 항공기가 ATC로부터 예상차후인가(EFC)를 받기 전에 인가한계점에 도달했다면 조종사가 예상해야 하는 것은 무엇인가?

최종적으로 부여된 고도에서 체공을 예상해야 한다.

【112】 체공 구역으로 지정된 구역을 벗어나 비행하는 것은 어떠한 위험이 있는가?

체공 구역(hold area)으로 지정된 구역을 벗어나 비행하는 것은 지형 또는 다른 항공기와 충돌 위험이 있을 수 있기 때문에 조종사는 체공패턴(holding pattern)이 제공된 보호공역(protected airspace)의 크기를 확실하게 이해하고 준수해야 한다.

【113】 DME와 IFR - approved GPS 장비를 탑재한 항공기에 체공 아웃바운드는 무엇으로 제공되는가?

이들은 시간을 기준으로 하기보다 DME/GPS 체공패턴 아웃바운드를 위한 구간 길이(leg length; NM)로 부여된다.

【114】 통상 접근 계획수립은 비행 전 5단계로 나누어 실행된다. 이를 간단하게 설명하시오.

① 1단계; 기상정보, 공항상태, 착륙하고자 하는 공항의 NOTAM 확인
② 2단계; 성능 데이터, 접근속도, 그리고 추력/동력 세팅의 계산
③ 3단계; 조종실 항법/통신 그리고 자동화 셋업
④ 4단계; 계기접근절차(IAP) 검토와 조종사를 위한 IAP 브리핑
⑤ 5단계; 전반적 운항 검토, 그리고 조종사를 위한 운항 브리핑

【115】 사용자직접접속터미널시스템(DUATS)은 무엇인가?

DUATS(direct user access terminal system)은 조종사가 신체검사증명서(current medical certificate)를 이용해서 기상정보에 접속할 수 있고 컴퓨터를 이용해서 비행계획서를 제출할 수 있는 시스템이다.

【116】 비행정보업무-방송(FIS - B)은 무엇인가?

FIS-B(flight information service-broadcast)는 적절한 조종실 디스플레이를 갖춘 항공기에 특정 항공기상(aviation weather)과 항공정보(aeronautical information)를 제공한다. FIS-B 서비스의 수신은 항공기와 지상 송신소(ground station) 사이에 가시선(line of sight)이 유지되고 지상 송신소의 통달범위 내에 있다면 수신할 수 있다.

【117】 FIS-B에서 제공되는 문자와 그래픽(text and graphic) 항공기상 그리고 항공정보는 무엇이 있는가?

① 항공디지털데이터서비스(Aviation Digital Data Service; ADDS)

② 비행 중 위험기상조언업무
(Hazardous in-flight weather advisory service; HIWAS)

③ 전화정보브리핑업무(telephone information briefing service; TIBS)

【118】 항공디지털데이터서비스(ADDS)는 무엇인가?

ADDS(aviation digital data service)는 문자, 디지털과 그래픽 예보, 분석, 그리고 가변 기상과 관련된 항공관측을 항공사회에 제공한다.

【119】 비행 중 위험기상조언업무(HIWAS)는 무엇인가?

HIWAS(hazardous in-flight weather advisory service)는 위험 기상 정보를 선정된 항법보조시설(NAVAID)을 통해서 연속적으로 방송하는 프로그램이다. 이 방송에는 AIRMETs, SIGMETs, 대류(convective) SIGMETs, 그리고 긴급 조종사기상보고(PIREPs/UUA)가 포함된다.

【120】 전화정보브리핑업무(TIBS)는 무엇인가?

TIBS(telephone information briefing service)는 일부 AFSS에서 제작하고 전파하는 서비스이다. 특히 TIBS는 필요에 따라 공역 절차와 특별 고지(special announcement)를 포함하여 지역과 항로 브리핑을 제공한다.

TIBS는 사전 브리핑 도구로 계획되고 FSS 근무자가 제공하는 표준 브리핑(standard briefing)을 대신하고자 하는 것은 아니다. TIBS 서비스는 24시간 가용하고 기상 변화가 있을 때 업데이트되지만 이들은 오직 터치-톤 전화(touch tone telephone)만으로 접속할 수 있다. TIBS 서비스의 전화번호는 Chart Supplement에 수록되어 있다. 또한, TIBS는 지상 관측, TAF, 그리고 상층풍/기온 예보(wind/temperature aloft forecast; FB)가 포함되지만, 이들로 한정되는 것은 아니다.

【121】 자동기상관측시스템(AWOS) 관측임을 어떻게 알 수 있는가?

자동화 기상관측시설(automated weather observing system)에서 보고된 데이터임을 나타내기 위해서 접두사 "AUTO"를 사용한다.

【122】 ASOS/AWSS는 무엇인가?

연속 분 단위 관측을 제공하고 정기항공기상보고(METAR)와 다른 기상정보를 생산하는데 필요한 기본 관측 기능을 수행한다. 이들 정보는 독립 무선 주파수 또는 국지 NAVAID의 음성 부분을 통해서 전송된다.

【123】 ASOS/AWSS를 수신할 수 있는 범위는 얼마인가?

독립 VHF 무선 주파수에서 ASOS/AWSS 전송은 이들 관측소로부터 25 NM 그리고 최대 고도 10,000피트(AGL)에서 수신될 수 있도록 설치된다.

【124】 센터기상조언(CWA)은 무엇인가?

CWA(center weather advisory)는 비계획적 비행 중, 교통흐름, 항공교통, 그리고 조종사 조언(pilot advisories)이다.

【125】 CWA는 2시간 이내에 시작되고 있는 기상상태를 위한 실시간 예보는 무엇을 보충하기 위한 것인가?

① 현존하는 SIGMET, Convective SIGMET, 또는 AIRMET을 보충하고

자 할 때

② 비행 중 조언(in-flight advisory)이 통보되지 않았지만 관측되었거나 예보 기상상태가 최근 조종사보고(PIREP)를 기초로 SIGMET/AIRMET 기준에 해당할 때, 또는 다른 현존하는 기상상태에 대한 다른 기상정보 출처로 보충될 때

③ 현재 관측되었거나 발달하고 있는 기상상태가 SIGMET, Convective SIGMET, 또는 AIRMET 기준(강도와 해당 구역)에 부적합하지만, 최근 PIREP 또는 다른 기상정보 출처가 현존하거나 예상되는 다른 기상정보 출처가 ARTCC 책임 구역 안에서 효율적 교통흐름과 안전에 악영향을 줄 것으로 지시될 때

【126】 실제 접근이 더 낮은 접근범주의 속도에서 비행하고 있다. 조종사는 이를 어떻게 처리해야 하는가?

조종사는 지정된 접근범주보다 더 낮은 접근범주를 위한 최저치를 적용해서는 안 된다.

【127】 상위 접근범주 최저치를 적용해야 하는 사례를 들어보시오.

① 최대착륙승인중량을 초과한 중량에서 비상 회항

② 플랩 불작동 접근

③ 일부 비행기의 착빙 상태(icing condition)에서 접근

【128】 정상 속도 혹은 직진접근보다 빠른 속도에서 수행되는 서클링 접근이라면 이때 고려해야 하는 것은 무엇인가?

항공기는 더 넓은 서클링 구역을 비행하게 될 것이고 이것은 장애물 통과높이로부터 보호받지 못할 수 있음을 의미한다.

【129】 서클링 접근 구역은 무엇인가?

서클링 접근(circling approach) 구역은 직진접근을 위한 기준치에 적합

하지 않은 활주로에 착륙할 수 있도록 비행기의 기동을 위한 장애물 통과높이(obstacle clearance)를 제공하는 구역이다.

【130】 서클링구간에서 제공되는 최저 장애물 통과높이는 얼마인가?

최저 300피트의 장애물 통과높이가 제공된다.

【131】 서클링 접근 구역에서 기동하는 방법에 관해서 간단히 설명하시오.

조종사는 비행기가 정상 강하율(normal rate of descent) 그리고 정상 기동으로 원하는 활주로에 착륙할 수 있는 위치에 도달할 때까지 서클링 고도(circling altitude) 또는 그 이상을 유지해야 한다.

【132】 계기접근 항공기를 관제하고 있는 관제탑의 주요 역할은 무엇인가?

관제탑(control tower)은 착륙, 이륙, 공항 혹은 공항 주변에서 운용 중인 모든 항공기를 안전하고, 질서 있게 그리고 신속한 흐름을 위한 책임을 갖고, 책임이 위임되었을 때 터미널 지역에서 IFR 항공기의 분리 서비스를 제공한다. 이륙 전 관제탑 관제사(tower controller)는 적절한 항공기 간격(aircraft spacing)을 보장하기 위해서 출발관제사(departure control)와 상호 협력한다.

【133】 관제탑이 없는 공항에 계기접근으로 인바운드하고 있는 항공기는 접근하고 있는 동안 여러 차례 맹목송신을 실시해야 하는 시기를 간단히 설명하시오.

① IAF 4~10분 전에 최초교신(initial call)을 하라. 이 교신에는 조종사의 접근 의도(approach intention)와 함께 항공기 위치가 포함되어야 한다.

② IAF를 출발하면서 접근이 시작되었음을 맹목송신하라.

③ 절차선회 인바운드하고 있음을 맹목송신하라.

④ FAF 인바운드하면서 착륙하고자 하는 활주로와 기동방향(선회 기동이라면)을 맹목송신하라.

⑤ 쇼트 파이널(short final)에서 착륙이 임박했음을 지상에 있는 항공기에 맹목송신하라.

【134】 ATC 레이더 또는 다른 장비가 순항항로 환경으로부터 계기절차에 진입하기 위해서 필요로 할 때 어떻게 표기되는가?

접근절차 차트의 평면도(plan view)에 주석(note)이 표기된다.

(예, RADAR REQUIRED or AUTOMATIC DIRECTION FINDER(ADF) REQUIRED)

【135】 RNAV 시스템은 어느 시설을 위한 대체항법수단으로 활용할 수 있는가?

RNAV 시스템은 VOR, DME, TACAN, VORTAC, VOR/DME, NDB, 또는 외부마커와 중간마커(outer marker and middle marker)를 포함한 시설의 운용이 중단(out of service)되었을 때 대체항법수단(substitute means of navigation)으로 활용할 수 있다.

【136】 연동접근과 오토랜드 접근은 VFR과 IFR에서 비행할 때 대략적인 RVR은 얼마가 되어야 하는가?

연동접근과 오토랜드 접근은 VFR과 IFR에서 비행할 수 있다. 이것은 기상상태가 대략 4,000 RVR 미만일 때 연동접근(coupled approach)과 오토랜드(autoland) 접근으로 비행할 것을 요구하는 것이 보통이다.

【137】 연동접근은 무엇인가?

연동접근(coupled approach)은 항공기 오토파일럿으로 수행되는 계기접근이다. 또는 FD(flight director)에 시각적으로 시현되는 탑재 항법장비로부터 위치정보 혹은 스티어링 커맨드(steering command)를 따라서 비행하는 계기접근이다. 일반적으로 연동 비정밀접근은 최저강하고도 아래 50피트보다 낮은 고도에서 수동으로 조종해야(오토파일럿 해제) 한다. 연동 정밀접근은 오토랜드로 운용하도록 승인되지 않는 한 50피트보다 낮은 고도에서 수동으로 조종해야(오토파일럿 해제) 한다.

【138】 오토랜드(autoland)는 무엇인가?

항공기 오토파일럿이 착지(touchdown)까지 때로는 착륙활주까지 수행하는 정밀계기접근 착륙 방식이다. 오토파일럿은 탑재 항법장비로부터 위치정보와 스티어링 커맨드를 받고 지상기반 항법보조시설과 독립되어 있다. 오토랜드 접근(연동접근)은 VFR과 IFR 모두에서 비행할 수 있다. 이들 접근은 조종사가 오토랜드 접근을 수행할 수 있는 자격과 함께 대략 RVR 4,000 미만의 기상상태에서 수행된다.

【139】 증강비행시각시스템(EFVS)은 무엇인가?

증강비행시각시스템(enhanced flight vision system; EFVS)은 전방감시적외선(forward looking infrared; FLIR), 밀리미터파 방사선측정(millimeter wave radiometry), 밀리미터파 레이더, 또는 저조도 이미지 강화(low light level image intensifying)와 같은 이미징 센서(imaging sensor)를 이용해서 전방 외부 전경 지형도(forward external scene topography)를 제공할 수 있도록 전자장치를 사용하는 공중탑재 시스템이다.

【140】 조종사가 DA 또는 MDA에서 자연시각을 활용해서 활주로 환경을 볼 수 없을 때 TDZE 상공 몇 피트까지 DA 또는 MDA 아래로 강하하기 위해서 EFVS를 사용할 수 있는가?

조종사는 TDZE 상공 100피트까지 DA 또는 MDA 아래로 강하하기 위해서 EFVS를 사용할 수 있다.

【141】 EFVS를 활용한 TDZE 상공 100피트에서 그 아래로 강하하기 위한 시각 참조물 필수요건은 무엇인가?

자연시각(natural vision)을 통해서 볼 수 있을 때만(EFVS를 활용하지 않고) 강하를 계속할 수 있다.

【142】 조종사가 EFVS를 사용한 실패접근 결심을 해야 하는 시기에 관해서 간단히 설명하시오.

① 증강비행시정(enhanced flight visibility; EFV)이 적용되고 있는 IAP에 규정된 시정 최저치보다 낮을 때

② 착륙하고자 하는 활주로의 필수 시각 참조물이 EFVS 이미지를 사용하고 있는 조종사에게 더 이상 명확하게 보이지 않고 식별이 어려울 때

③ 항공기가 정상적인 강하율과 기동으로 착륙하고자 하는 활주로까지 강하하기 위한 위치를 지속적으로 유지할 수 없을 때

④ 항공기의 강하율이 착륙하고자 하는 활주로의 TDZ 내에서 착지를 허용하지 않을 때 (Part 121, 135)

【143】 안정강하 개념은 무엇인가?

비행기가 최종접근구간을 위한 착륙형상(landing configuration)에서 안정된 대기속도, 동력 세팅, 그리고 자세로 대략 3°의 활공각으로 일정한 강하율을 달성할 수 있도록 비행하는 것이다. 안정강하(stabilized descent)는 관제상태지형충돌(CTIF) 사고 위험을 예방하기 위한 핵심 요소이다. 그러나 여기서 발행된 각도는 오직 조언 정보라는 것을 조종사는 확실하게 인식해야 한다.

【144】 안정접근의 장점을 들어보시오.

① 접근 중 비행 안전 향상

② 상황인식 향상과 조종실 업무 감소

③ 저고도 수평비행 시간을 최소화함으로써 소음저감과 연료 절약

【145】 항공기 운용상의 경험과 연구에 따르면 최종접근구간에서 수용하기 어려운 강하율은 얼마인가?

대략 분당 1,000피트(fpm) 이상의 강하율은 수용하기 어렵다. 이것은 비행기 또는 헬리콥터와 관계없이 인간이 지각할 수 있는 한계(perceptual limitation) 때문이다.

【146】 강하율을 결정하기 위한 대략적인 방법을 설명하시오.

필수 강하율(required rate of descent)을 결정하기 위해서 FAF 고도로부터 TDZE를 빼주고 이것을 인바운드 시간으로 나누어 준다. 예를 들어 FAF 고도가 2,000피트(MSL)이고, TDZE가 400피트(MSL) 그리고 인바운드 시간이 2분이라면 강하율은 분당 800피트를 적용해야 한다. 항공기가 대략 3° 활공경로를 비행하고 있는지 확인하기 위해서 1 NM 당 300피트를 적용해야 한다. TDZE 상공 활공경로 높이(glidepath height)는 시단으로부터 NM 거리 당 300으로 곱해서 결정할 수 있다. 예를 들어 10 NM에서 항공기가 TDZE 위로 3,000피트에 있어야 하고, 5 NM에서 항공기는 TDZE 위로 1,500피트, 2 NM에서 항공기는 TDZE 위로 600피트, 그리고 1.5 NM에서 항공기는 안전한 착륙이 이루어질 때까지 TDZE 위로 450피트를 비행하고 있어야 한다. 위의 사례에서 항공기는 시단으로부터 대략 1.3 NM 거리에서 MDA(800피트 MSL)에 도착해야 하고 TDZ에 착륙하기 위한 위치가 되어야 한다. 이와 같은 300:1 활공경로 방식은 DME, 레이더를 갖추고 있는 관제탑에서 제공된 거리 조언, RNAV, 추측항법(dead reckoning), 그리고 접근 코스에서 익숙한 지형을 볼 수 있을 때의 지문항법(pilotage)에도 적용된다.

【147】 실패접근을 위한 상승이 MAP보다 더 높은 고도에서 시작되었다면 주의해야 할 것은?

조종사는 조기 상승을 시작할 때 고려해야 하는 발행된 상승-고도 제한(published climb-altitude limitation)에 유의해야 한다.

【148】 공항 수용능력을 높이는 방법은 무엇이 있는가?

(1) 평행접근

① Parallel (dependent; 종속) ILS

② Simultaneous parallel (independent; 독립) ILS

③ Simultaneous close parallel (independent; 독립) ILS

(2) 정밀활주로모니터링; precision runway monitoring (PRM)

(3) 컨버징 ILS 접근; converging ILS approach

【149】 기본 ILS 접근은 CAT I 접근이다. 이를 위한 필수요건은 무엇인가?

이 접근을 위한 필수요건으로 조종사의 계기한정(instrument rated)과 적절한 항공기 장비만 갖추면 된다.

【150】 Parallel (dependent) approach를 위한 활주로 분리거리는 얼마인가?

평행 활주로의 중앙선이 최소한 2,500피트 이상 분리된 공항에 허용된다.

【151】 Parallel (dependent) approach를 위한 항공기 위치는 어떻게 배열되는가?

항공기는 대각으로(diagonally) 최저 1 1/2 NM 지그재그(staggered) 위치가 되어야 한다.

【152】 활주로 중앙선이 4,300~9,000피트(포함하지 않음)까지 분리되어 있고, 최종접근모니터(final approach monitor) ATC가 없을 때 항공기의 대각 분리는 얼마인가?

항공기는 대각으로 2 NM 지그재그 위치가 되어야 한다.

【153】 Simultaneous parallel(independent)은 활주로 중앙선 사이의 분리는 얼마인가?

4,300~9,000피트 분리된 공항에서 적용된다.

【154】 Simultaneous parallel(independent) 접근에서 분리를 모니터하기 위해서 필요한 것은 무엇인가?

전용 최종모니터관제사(dedicated final monitor controller)는 항공기가 대각으로 접근(staggered approach)하지 않도록 이 종류의 접근에서 분리를 모니터하기 위해서 필요하다.

【155】 정상운용지대(NOZ)는 무엇인가?

NOZ(normal operating zone)는 항공기가 정상 접근(normal approach) 중 남아 있어야 하는 운용지대(operating zone)이다. NOZ는 통상 활주로 중앙선의 양 측면 700피트 간격으로 폭이 1,400피트 이상(no less than)이 되어야 한다.

【156】 불침범지대(NTZ)는 무엇인가?

NTZ(no-transgression zone)는 평행 활주로 최종접근코스 사이에 지정되고 2,000피트의 폭을 갖는 지역이다. NTZ는 양쪽 활주로 사이 등거리이고, 이 구역에서는 비행이 승인되지 않는다는 것을 나타낸다.

【157】 항공기가 NTZ를 침범했다면 ATC는 어떠한 조치가 예상되는가?

어느 경우라도 항공기가 NTZ를 침범했다면 ATC는 잠재적 충돌(potential conflict) 가능성을 방지하기 위해 모든 항공기에 브레이크아웃(breakout)을 지시하여 평행접근을 중단시켜야 한다.

【158】 Simultaneous close parallel (independent) PRM 접근에서 평행 활주로 분리거리는 얼마인가?

평행 활주로가 최소한 3,400~4,300피트 미만(no more than) 분리된 공항에서 사용하도록 승인된다.

【159】 PRM 접근을 위한 승인요건은 무엇인가?

공항은 PRM 접근을 위한 승인요건으로 정밀 활주로 모니터링 시스템을 갖추어야 하고 최종접근코스에서 오직 항공기와 교신만 할 수 있는 최종모니터관제사(final monitor controller)를 필요로 한다.

【160】 Simultaneous close parallel (independent)에서 기동할 때 오토파일럿의 해제를 권장하는 이유는 무엇인가?

수동비행 브레이크아웃(break out)이 더 빠르기 때문이다.

【161】 Simultaneous offset instrument approach; SOIA)은 2개의 평행 활주로 분리거리는?

동시오프셋계기접근(simultaneous offset instrument approach; SOIA) 평행 활주로가 최소 750피트 떨어져 있지만 3,000피트 이내에 있는 공항에 동시 접근을 허용한다.

【162】 Conversing ILS 접근은 활주로 합류 각도가 얼마일 때 승인되는가?

합류 각도(conversing angle)가 15°~100° 사이에서 ILS를 갖추고 있는 공항에 승인된다.

【163】 Conversing ILS 절차는 어떻게 식별되는가?

Conversing ILS 절차는 표제에 “V”를 사용하고 “(CONVERSING)”과 함께 새로운 형식으로 도식될 것이다. 컨버징 ILS 절차는 오직 직진접근만 승인된다.

제 2 부

계기종합

계기비행 종합 평가에 대비할 수 있도록 출발공항과 도착공항에 설정된 IFR 차트와 En Route Chart를 선택해서 문제를 구성하였다.

[출발공항] Helena Rgnl Airport(HLN), 이 공항의 IFR 절차를 위해서 발행된 계기절차 간행물은 다음과 같다. (굵은 글씨로 표기된 IFR 절차를 선정해서 설명함)

- APD: AIRPORT DIAGRAM
- **Chart Supplement**
- DP: HELENA FOUR
- DP: SIEBE THREE
- **DP: STAKK FOUR**

- IAP: COPTER VOR 254
- IAP: ILS OR LOC Y RWY 27
- IAP: ILS OR LOC Z RWY 27
- IAP: LOC/DME BC-C
- IAP: RNAV (GPS) X RWY 27
- IAP: RNAV (GPS) Y RWY 09
- IAP: RNAV (RNP) Y RWY 27
- IAP: RNAV (RNP) Z RWY 09
- IAP: RNAV (RNP) Z RWY 27
- IAP: VOR-A
- IAP: VOR/DME-B

- MIN: ALTERNATE MINIMUMS
- MIN: TAKEOFF MINIMUMS
- **ODP: DIVIDE ONE (OBSTACLE)**

【1】 [그림1] 공항의 ICAO 식별문자는 무엇인가?

HLN, KHLN은 FAA 공항 식별문자이다.

【2】 [그림1] 공항의 운용 기관(operating agency)은?

민간공항(civil airport; P)이다. 임시로 군항공기의 사용이 허용된다.

【3】 [그림1] 주요 도시와 관련해서 공항의 대략적인 위치는?

도시로부터 2 NM 북동쪽(2 NE)에 있다.

【4】 [그림1] RWY 09에 관해서 어떠한 사항들을 알 수 있는가?

- 등화시설; REIL, VASI
- 활공 경사각; GA 3.0°
- 착지대 통과높이(TCH); 44′
- 주변 상태; 지면(ground)
- 경사도; 0.3% down

【5】 RWY 27에서 "Rgt tfc" 는 무엇을 나타내는가?

표준 장주의 선회 방향은 좌선회(left turn)이다. 우장주(right traffic pattern)를 사용해야 할 때 활주로 데이터에 "Rgt tfc"이 표기된다.

【6】 [그림1] 이 공항의 NOTAM FILE을 무엇인가?

HLN

【7】 [그림1] REIL가 설치된 활주로는?

RWY 09, RWY 17, RWY 35

【8】 [그림1] 공항 활주로에 PAPI가 설치된 활주로는?

RWY 05, RWY 23

【9】 [그림1] RWY 27의 공시 거리는 각각 얼마인가?

- TORA(takeoff run available; 이륙활주 가용거리); 9,000피트
- TODA(takeoff distance available; 이륙 가용거리); 9,000피트
- ASDA(accelerate stop distance available; 가속정지 가용거리); 9,000피트
- LDA(landing distance available; 착륙가용거리); 9,000피트

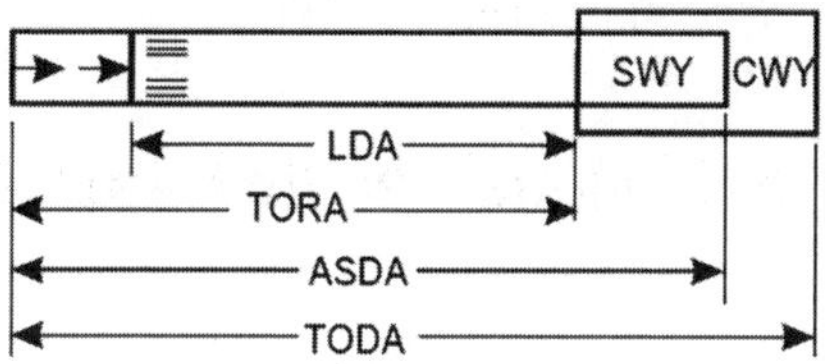

【10】 [그림1] 공항의 기상정보 제공 시설은 무엇인가?

ASOS(Automated Surface Observing System)는 통상 매시(hourly) 간격으로 보고되지만, 급격한 기상 변화와 항공운용에 영향을 줄 수 있을 때 특별 기상관측을 제공한다.

【11】 [그림1] 관제탑 주파수와 운용 시간은?

118.3MHz, 257.8MHz, 1300-0500Z(현지시간, 0600-2200, UTC-7)

【12】 FSS 호출을 위한 주파수는 얼마인가?

122.55(GREAT FALLS RADIO)

【13】 [그림1] 관제탑이 업무를 종료했을 때 사용해야 하는 주파수는?

CTAF(common traffic advisory frequency) 118.3MHz을 사용해야 한다. 공역 정보에 CLASS D svs 1300-0500Z, other times CLASS E라고 명시되어 있다.

【14】 [그림1] 공항의 공역 등급은?

0600~2200(UTC-7)까지 D등급 공역, 이후는 E등급 공역으로 전환된다.

【15】 [그림1] HLN VORTAC으로 R-250으로 접근 중 고려해야 하는 제한 사항은 무엇인가?

RADIO AIDS TO NAVIGATION에서 VOR portion unusable을 확인할 수 있다. 25 NM을 초과하여 고도 12,500피트 미만은 사용할 수 없다.

【16】 [그림2] STAKK FOUR DEPARTURE의 종점은 어디인가?

STAKK INT, 굵은 선으로 그려진 비행경로이다.

【17】 [그림2] STAKK FOUR DEPARTURE RWY 9 이륙 최저치 제한은 얼마인가?

고도 10,200피트까지 NM 당 415피트, 평면도 왼쪽 아래에 활주로에 따른 "TAKEOFF MINIMUMS"이 지정되어 있다.

【18】 [그림2] STAKK FOUR DEPARTURE RWY 9 이륙 최저치 제한에 따라 대지속도 100노트로 상승하고자 한다면 분당 상승률은 얼마인가?

약 690피트(fpm), 대지속도를 60으로 나눈 값에 NM 당 상승률을 곱해주면 대략적인 분당 상승률(feet per minute; fpm)을 구할 수 있다.

【19】 [그림2] STAKK FOUR DEPARTURE를 위한 컴퓨터 코드는?

STAKK4.STAKK

【20】 [그림2] STAKK FOUR DEPARTURE의 RWY 27로 이륙할 때 유지해야 하는 초기 헤딩은?

Climbing heading 267° to 4500 then...

【21】 [그림2] STAKK FOUR DEPARTURE를 이용해서 남쪽으로 순항항로를 계획하고자 할 때 이용할 수 있는 전이항로와 컴퓨터 코드는?

- BOZEMAN TRANSITION(STAKK4.BZN)
- CONNS TRANSITION(STAKK4.CONNS)

【22】 [그림2] STAKK FOUR DEPARTURE를 이용해서 북쪽으로 순항 항로를 계획하고자 할 때 이용할 수 있는 전이항로는?

GREAT FALLS TRANSITION(STAKK4.GTF)

【23】 [그림2] STAKK FOUR DEPARTURE를 위해서 필수적인 절차는?

모든 전이항로는 DME Arc 절차를 수행할 수 있는 항법 장비와 조종사 능력을 갖추어야 한다.

【24】 [그림2] STAKK FOUR DEPARTURE를 위한 DME Arc NAVAID와 거리는 얼마인가?

HLN VORTAC, 15 NM

【25】 [그림2] STAKK FOUR DEPARTURE를 위한 DME Arc 절차를 수행하는 데 유지해야 하는 권장고도는?

10,800피트, STAKK INT에서부터 TICUS INT 그리고 CUSRI INT까지 유지해야 권장고도는 10,800피트이다.

【26】 [그림2] STAKK FOUR DEPARTURE를 위한 STAKK INT에서 최저고도는?

10,200피트, STAKK INT에서 준수해야 하는 최저고도는 10,200피트이고 해당 고도에 밑줄이 있다.

【27】 [그림2] STAKK FOUR DEPARTURE를 위한 STAKK INT를 식별하기 위한 필수 장비는?

VOR로 정확한 코스(087°)를 유지하면서 DME 거리로 교차점 위치를 식별한다.

【28】 [그림2] STAKK FOUR DEPARTURE를 위한 HELENA TOWER에 붙어 있는 별표는 무엇을 나타내는가?

요청(on request) 또는 시간제(part-time)로 운용됨을 나타낸다.

【29】 [그림2] STAKK FOUR DEPARTURE에서 GTF VORTAC과 관련된 순항항로 위치를 찾아보기 위한 En Route Chart 참고 번호는?

- L-13(low en route chart reference number)
- H-1(high en route chart reference number)

【30】 [그림2] STAKK FOUR DEPARTURE, TAKEOFF RWY 27을 이용해서 북쪽으로 출발하기 위한 절차를 설명하시오.

[이륙 절차]

- RWY 27에서 이륙한 후 헤딩 267°를 유지해서 고도 4,500피트까지 상승
- 우상승 선회하여 HLN VORTAC으로 진행한다.
- HLN R-087을 따라서 계속 상승하여 STAKK INT를 10,200피트 또는 그 이상(at or above)으로 도달하도록 한다.

[전이절차]

STAKK INT 상공에서 좌선회하여 15 DME Arc 코스를 따라 FAVOX, HONVI, TICUS INT까지 비행한 후 HLN R-008(GTF R-188)을 인터셉트하여 GTF VORTAC으로 직행한다.

【31】 [그림3] DIVIDE ONE DEPARTURE (OBSTACLE)와 STAKK FOUR DEPARTURE와 다른 점은 무엇인가?

① ODPs는 터미널 구역에서 순항항로 구조까지 장애물을 회피해서 이륙할 수 있는 출발경로를 제공한다.

② ODPs는 장애물 통과높이를 위해서 권장되는 절차이고, ATC가 특별하게 대체출발절차(SID/RADAR VECTOR)를 부여하지 않는 한 ATC 인가 없이 비행할 수도 있다.

③ ODPs는 문자 형식 또는 그래픽 형식으로 발행된다.

④ Graphic ODPs는 절차의 표제에 (OBSTACLE)라고 표기된다.

【32】 [그림3] DIVIDE ONE DEPARTURE (OBSTACLE) 출발절차의 명칭과 컴퓨터 코드는?

DIVIDE ONE DEPARTURE(DIVD1.DIVD)

【33】 [그림3] DIVIDE ONE DEPARTURE (OBSTACLE) RWY 27로 이륙하기 위한 이륙 최저치 조건은 무엇인가?

8,100피트까지 NM 당 최저 상승률은 390피트가 되어야 한다.

【34】 [그림3] DIVIDE ONE DEPARTURE (OBSTACLE) RWY 27에서 대지속도 90노트로 이륙하기 위한 분당 상승률은 얼마인가?

분당 상승률은 585피트(fpm)이다. 상승률 표를 이용해서 구하거나 대지속도를 60으로 나누고 NM 당 상승률을 곱하면 대략적인 분당 상승률을 구할 수 있다.

【35】 [그림3] DIVIDE ONE DEPARTURE (OBSTACLE) DER은?

출발 활주로 종단(DER; departure end of runway)은 항공기가 출발을 위한 이륙활주(ground run)를 위해서 가용한 활주로 종단이다. 반대쪽에서는 착륙 시단(landing threshold)의 반대가 되는 활주로 종단이다.

【36】 [그림3] DIVIDE ONE DEPARTURE (OBSTACLE) 시계 조건에서 상승하기 위한 최저치는 얼마인가?

전체 활주로에서 시계 조건(visual conditions)에서 이륙하기 위한 최저치는 실링 2,200피트에 시정 3마일로 지정되어 있다.

【37】 [그림3] DIVIDE ONE DEPARTURE (OBSTACLE)에서 HLN VORTAC을 통과할 때 준수해야 하는 최저고도는?

9,000피트

【38】 [그림3] DIVIDE ONE DEPARTURE (OBSTACLE)에서 RWY 27로 이륙하고자 한다. 예상되는 절차를 간단하게 설명하시오.

[이륙 최저치 조건에서 이륙]

① 이륙한 후 상승 우선회하여 헤딩 020°를 유지한다.

② HLN R-318을 인터셉트하여 북서쪽으로 8,100피트까지 계속 상승

③ 우상승 선회하여 HLN VORTAC으로 진행한다.

④ HLN VORTAC을 9,000피트 이상으로 통과하여 순항항로 코스에 진입한다.

[시계 조건에서 이륙]

① 이륙한 후 상승 우선회하여 헤딩 020°를 유지한다.

② Helena Rgnl Airport 북쪽으로 5,900피트 이상으로 통과하여,

③ HLN R-336을 인터셉트한 후 WOKEN INT까지 계속 상승하여 이후 원하는 순항항로에 진입한다.

【39】 [그림3] DIVIDE ONE DEPARTURE (OBSTACLE)에서 RWY 27로 이륙하고자 한다. 이륙 경로 주변에는 어떠한 장애물이 있는가?

[TAKEOFF OBSTACLE NOTES]

① 수목, 활주로 중앙선 왼쪽 616피트, DER로부터 1,079피트부터 시작해서, 100피트 높이(AGL)/3,999피트(MSL)까지

② 빌딩, 활주로 중앙선 왼쪽 731피트, DER로부터 1,593피트 지점, 높이 18피트(AGL)/3,917피트(MSL)

③ 급경사지형, 활주로 중앙선 왼쪽 347피트, DER로부터 101피트부터 시작해서 3,871피트(MSL)까지

④ 수목, 활주로 중앙선 오른쪽 507피트, DER로부터 333피트부터 시작해서 100피트(AGL)/3,959피트(MSL)까지

HELENA RGNL (HLN)(KHLN) P (ARNG) 2 NE UTC–7(–6DT) N46°36.40´ W111°59.00´ **GREAT FALLS**
3877 B LRA Class I, ARFF Index B NOTAM FILE HLN **H–1D, L–13C**
RWY 09–27: H9000X150 (ASPH–PFC) D–160, 2S–175, 2D–250, **IAP, DIAP, AD**
2D/2D2–420 PCN 50 F/C/X/U HIRL
RWY 09: REIL. VASI(V4L)—GA 3.0° TCH 44´. Ground. 0.3% down.
RWY 27: MALSR. VASI(V4L)—GA 3.0° TCH 46´. Rgt tfc.
RWY 05–23: H4644X75 (ASPH–PFC) S–21, D–30 PCN 6 F/C/X/U MIRL 1.2% up SW
RWY 05: PAPI(P2L)—GA 3.0° TCH 40´. Road.
RWY 23: PAPI(P2L)—GA 3.0° TCH 49´. Fence. Rgt tfc.
RWY 17–35: H2989X75 (ASPH–PFC) PCN 5 F/C/X/U MIRL 1.7% up SE
RWY 17: REIL.
RWY 35: REIL. Ground. Rgt tfc.
RWY 10–28: 1584X75 (TURF) 0.3% up W

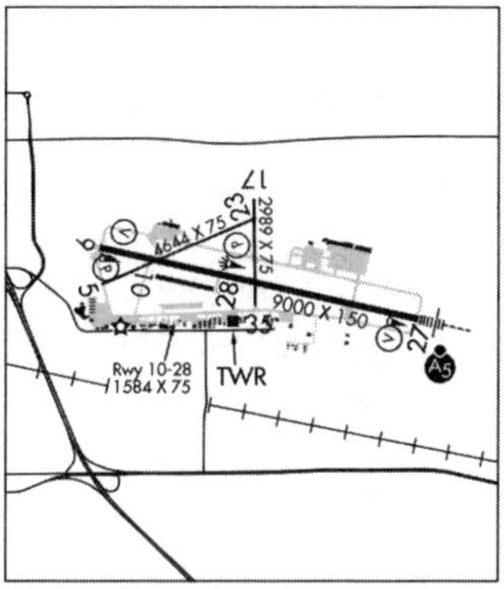

RUNWAY DECLARED DISTANCE INFORMATION

RWY 05:	TORA–4644	TODA–4644	ASDA–4644	LDA–4644
RWY 09:	TORA–9000	TODA–9000	ASDA–9000	LDA–9000
RWY 17:	TORA–2989	TODA–2989	ASDA–2989	LDA–2989
RWY 23:	TORA–4644	TODA–4644	ASDA–4644	LDA–4644
RWY 27:	TORA–9000	TODA–9000	ASDA–9000	LDA–9000
RWY 35:	TORA–2989	TODA–2989	ASDA–2989	LDA–2989

SERVICE: S4 **FUEL** 80, 100, 100LL, JET A **OX** 1, 3 **LGT** When twr clsd ACTIVATE MALSR Rwy 27, REIL Rwy 09, Rwy 17 and Rwy 35, HIRL Rwy 09–27, MIRL Rwy 05–23 and Rwy 17–35—CTAF. **MILITARY— FUEL** A+ (C406–442–2190. Opr 1200–0600Z‡, OT $125 fee) (NC–80, 100, 100LL)

AIRPORT REMARKS: Attended 1200–0800Z‡. ARFF coverage provided for scheduled Part 121 air carriers only exc with prior apvl, call 406–442–2821. Ldg rgts cstms avbl call 406–449–5506. Cold temperature restricted airport. Altitude correction required at or below –21C. Rwy 17–35 and Rwy 05–23 (exc btn Twy F and Rwy 09–27) not avbl for air carrier use by acft with greater than 30 pax seats. Twy A, Twy B, and Twy C (btn Twy A and Rwy 35) not avbl for air carrier use by acft with greater than 30 pax seats. Ldg fee for all coml acft and all acft over 10,000 lbs. Flight Notification Service (ADCUS) avbl. NOTE: See SPECIAL NOTICE.

MILITARY REMARKS: ARNG Opr Mon–Fri 1400–0030Z‡ Mon–Fri, exc hol. Exercise caution while taxiing. AASF ramp not stressed for large acft. Ctc flt ops for ramp advisory 126.2, DSN 406–324–5775, C406–324–5775. No tran svc Sat, Sun, hol or after 2300Z‡ Mon–Fri. Ft Harrison AAF (MT15) within Class D contact MT ARNG ops C406–324–5775/76 DSN 324–5775/76 for paradrop operations information and hours.

AIRPORT MANAGER: 406-442-2821

WEATHER DATA SOURCES: ASOS (406) 443–4317

COMMUNICATIONS: CTAF 118.3 **ATIS** 120.4 **UNICOM** 122.95
RCO 122.55 (GREAT FALLS RADIO)
APP/DEP CON 119.5 229.4 (1300–0500Z‡)
SALT LAKE CENTER APP/DEP CON 133.4 285.4 (0500–1300Z‡)
TOWER 118.3 257.8 (1300–0500Z‡) **GND CON** 121.9
ARNG OPS 40.65 126.2 321.45

AIRSPACE: CLASS D svc 1300–0500Z‡ other times CLASS E.

RADIO AIDS TO NAVIGATION: NOTAM FILE HLN.
(H) VORTACW 117.7 HLN Chan 124 N46°36.41´ W111°57.21´ 254° 1.2 NM to fld. 3826/16E.
VOR portion unusable:
035°–050° byd 35 NM blo 12,000´
105°–165° byd 25 NM blo 17,000´
165°–185° byd 25 NM blo 13,500´
185°–230° byd 25 NM blo 17,500´
203°–213° byd 22 NM blo 13,000´
230°–270° byd 25 NM blo 12,500´
TACAN AZIMUTH & DME unusable:

[그림1]

(STAKK4.STAKK) 17341

STAKK FOUR DEPARTURE

AL-192 (FAA)

HELENA RGNL (HLN)
HELENA, MONTANA

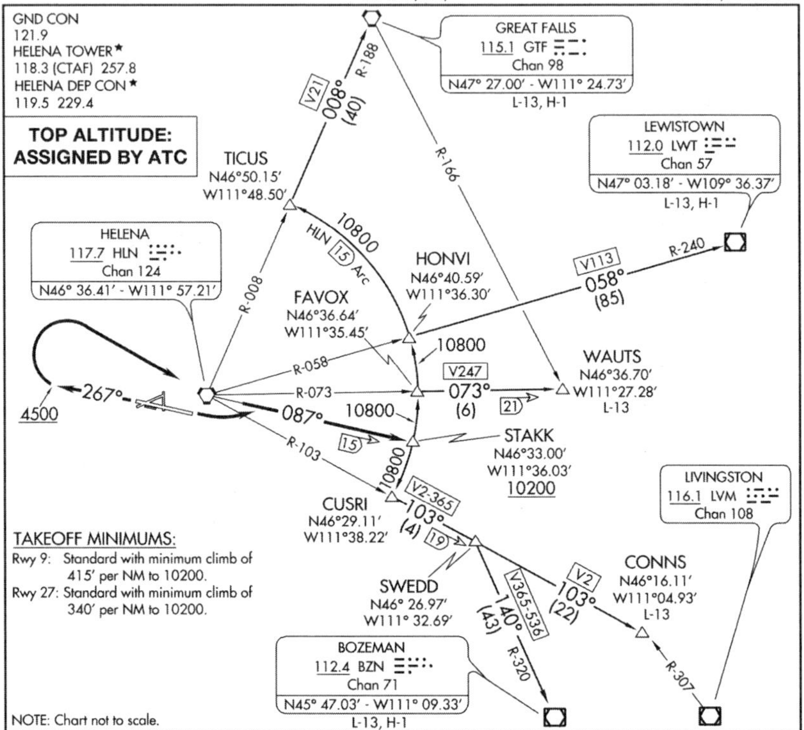

DEPARTURE ROUTE DESCRIPTION

TAKEOFF RUNWAY 9: Climbing left turn to intercept HLN R-087 to cross STAKK at or above 10200. Thence via transition.

TAKEOFF RUNWAY 27: Climb heading 267° to 4500 then climbing right turn direct HLN VORTAC. Continue climb on HLN R-087 to cross STAKK at or above 10200. Thence via transition.

BOZEMAN TRANSITION (STAKK4.BZN): From over STAKK on 15 DME Arc to CUSRI INT, then on HLN R-103 to SWEDD INT, then on BZN R-320 to BZN VOR/DME.

CONNS TRANSITION (STAKK4.CONNS): From over STAKK on 15 DME Arc to CUSRI INT, then on HLN R-103 to SWEDD INT, then on HLN R-103 to CONNS INT.

GREAT FALLS TRANSITION (STAKK4.GTF): From over STAKK on15 DME Arc to FAVOX, then on 15 DME Arc to HONVI, then on 15 DME Arc to TICUS, then on HLN R-008 and GTF R-188 to GTF VORTAC.

LEWISTOWN TRANSITION (STAKK4.LWT): From over STAKK on 15 DME Arc to FAVOX, then on 15 DME Arc to HONVI, then on HLN R-058 and LWT R-240 to LWT VOR/DME.

WAUTS TRANSITION (STAKK4.WAUTS): From over STAKK on 15 DME Arc to FAVOX, then on HLN R-073 to WAUTS INT.

STAKK FOUR DEPARTURE
(STAKK4.STAKK) 21JUL16

HELENA, MONTANA
HELENA RGNL (HLN)

[그림2]

(DIVD1.DIVD) 16147

DIVIDE ONE DEPARTURE (OBSTACLE)

SL-192 (FAA)

HELENA RGNL (HLN)
HELENA, MONTANA

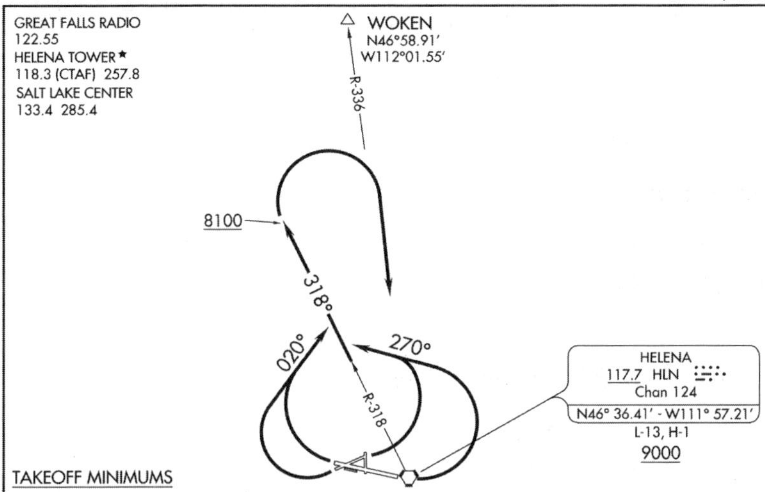

TAKEOFF MINIMUMS

Rwys 17, 35: NA-Environmental.
Rwy 5: Standard with minimum climb of 250′ per NM to 8100′, or 2200-3 for climb in visual conditions.
Rwy 9: Standard with minimum climb of 240′ per NM to 8100′, or 2200-3 for climb in visual conditions.
Rwy 23: Standard with minimum climb of 450′ per NM to 8100′, or 2200-3 for climb in visual conditions.
Rwy 27: Standard with minimum climb of 390′ per NM to 8100′, or 2200-3 for climb in visual conditions.

TAKEOFF OBSTACLE NOTES

Rwy 5: Trees beginning 991′ from DER, 630′ right of centerline, up to 100′ AGL/3939′ MSL. Rising terrain beginning 5′ from DER, 495′ right of centerline, up to 3826′ MSL. Fence beginning 423′ from DER, 332′ right of centerline, up to 12′ AGL/3832′ MSL.
Rwy 9: Trees beginning 1391′ from DER, 50′ left of centerline, up to 100′ AGL/3979′ MSL.Trees beginning 2928′ DER, 878′ right of centerline, up to 100′ AGL/3979′ MSL.
Rwy 23: Tower 4448′ from DER, 357′ left of centerline, 131′ AGL/4054′ MSL. Poles beginning 1329′ from DER, 3′ left of centerline, up to 55′ AGL/3996′ MSL. Trees beginning 1011′ from DER, 37′ left of centerline, up to 100′ AGL/4059′ MSL. Rod on bldg 953′ from DER, 321′ left of centerline, 44′ AGL/3943′ MSL. Road (I) 2374′ from DER, 771′ left of centerline, up to 17′ AGL/3972′ MSL. OL on hgr 457′ from DER, 219′ left of centerline, 43′ AGL/3905′ MSL. Trees beginning 1519′ from DER, 142′ right of centerline, up to 52′ AGL/4011′ MSL. Poles beginning 1379′ from DER, 57′ right of centerline, up to 46′ AGL/3965′ MSL. Ant on bldg 316′ from DER, 352′ right of centerline, 34′ AGL/3913′ MSL bldg 584′ from DER, 470′ right of centerline, 49′ AGL/3948′ MSL.
Rwy 27: Trees beginning 1079′ from DER, 616′ left of centerline, up to 100′ AGL/3999′ MSL. Bldg 1593′ from DER, 731′ left of centerline, 18′ AGL/3917′ MSL. Rising terrain beginning 101′ from DER, 347′ left of centerline, up to 3871′ MSL. Trees beginning 333′ from DER, 507′ right of centerline, up to 100′ AGL/3959′ MSL.

NOTE: Chart not to scale.

DEPARTURE ROUTE DESCRIPTION

TAKEOFF RUNWAY 5: Climbing left turn heading 270°, thence. . . .

TAKEOFF RUNWAY 9: Climbing left turn heading 270°, thence. . . .

TAKEOFF RUNWAY 23: Climbing right turn heading 020°, thence. . . .

TAKEOFF RUNWAY 27: Climbing right turn heading 020°, thence. . . .

. . . .Continue climb northwestbound on HLN R-318 to 8100, then climbing right turn direct HLN VORTAC, cross HLN VORTAC at or above 9000 before proceeding on course, or for climb in visual conditions; cross Helena Rgnl Airport northbound at or above 5900 and continue climbing on HLN R-336 to WOKEN INT before proceeding on course.

DIVIDE ONE DEPARTURE (OBSTACLE)
(DIVD1.DIVD) 30JUN11

HELENA, MONTANA
HELENA RGNL (HLN)

[그림3]

[도착공항] Billings Logan Intl Airport (BIL), 이 공항의 IFR 절차를 위해서 발행된 계기절차 간행물은 다음과 같다. (굵은 글씨로 표기된 절차를 선정해서 설명함)

- Diagram: AIRPORT DIAGRAM
- **Chart Supplement**
- DP: BILLINGS FIVE
- **HOT: HOT SPOT**

- **IAP: RNAV (RNP) Z Runway 28R**
- IAP: RNAV (GPS) Runway 10L
- IAP: RNAV (GPS) Runway 25
- **IAP: RNAV (GPS) Y Runway 28R**
- **IAP: VOR/DME Runway 28R**
- IAP: HI-VOR/DME/TACAN Runway 28R
- **IAP: VOR-A**
- IAP: HI-ILS Z/LOC Z Runway 10L
- **IAP: ILS or LOC Runway 28R**
- IAP: ILS Y/LOC Y Runway 10L
- IAP: RNAV (GPS) Runway 07

- **STAR: CRAZI TWO (RNAV)**
- STAR: KUSTR TWO (RNAV)
- STAR: YLSTN TWO (RNAV)
- STAR: BGHRN TWO (RNAV)

- MIN: TAKEOFF MINIMUMS
- MIN: ALTERNATE MINIMUMS

【40】 [그림4] Billings Logan Intl Airport (BIL) 운영 기관은?

일반 공공에 공개된 공항이다. Chart Supplement 운영 기관(operating agency) 부호가 없는 것은 일반 공공에 공개된 공항임을 나타낸다.

【41】 [그림4] Billings Logan Intl Airport (BIL)의 표고는 얼마인가?

3,662피트(MSL), 사용 가능한 활주로에서 가장 높은 표고이다.

【42】 [그림4] Billings Logan Intl Airport에서 "B" 는 무엇을 나타내는가?

공항등대(rotating light beacon), 공항등대는 다르게 지시되지 않는 한 일몰부터 일출까지 운용된다.

【43】 [그림4] RWY 10L-28R의 활주로 표면 상태는 무엇인가?

(ASPH-GRVD), Asphalt-Grooved(아스팔트 포장 위에 배수를 위한 홈이 파여 있음을 나타낸다.)

【44】 [그림4] RWY 10L-28R의 "S-120" 은 무엇을 나타내는가?

단일 바퀴 착륙장치(single wheel type landing gear)의 활주로 지지 하중(runway weight bearing capacity)이 120,000파운드이다.

【45】 [그림4] RWY 10L에 설치된 "RVR-T" 는 무엇인가?

착지대(touchdown)에 설치된 RVR이다. 중간지점(midpoint)에 설치된 RVR이라면 "M"을 붙이고, 롤아웃 또는 정지(rollout or stop) 지점에 설치된 RVR은 "R"을 붙여 구분한다. 예를 들어 RVR-TMR이라면 착지대-중간지점-롤아웃과 같이 3지점에서 보고되고 있음을 나타낸다.

【46】 [그림5] CRAZI TWO ARRIVAL의 컴퓨터 코드는?

CRAZI.CRAZI2, 항공기 자동화와 관련해서 비행계획을 수립할 때 정확한 코드를 입력해야 원하는 데이터를 불러와 검색할 수 있다. 따라서 이 같은 컴퓨터 코드의 활용이 중요시되고 있다.

【47】 [그림5] CRAZI TWO ARRIVAL이 시작되는 지점은?

CRAZI 웨이포인트, STAR 비행경로는 굵은 실선으로 그려진다.

【48】 [그림5] CRAZI TWO ARRIVAL을 위한 필수 장비 요건은 무엇인가?

[NOTE] RADAR required, GPS required

【49】 [그림5] CRAZI TWO ARRIVAL을 위한 RNAV level은 얼마이고 이것이 의미하는 것은 무엇인가?

RNAV 1, 총 시스템 오차(total system error; TSE)는 총비행시간의 95% 동안에 1 NM 이내여야 한다.

【50】 [그림5] RNAV 1의 주요 적용 영역은?

SID, STAR, APPROACH(terminal)

【51】 RNAV의 총 시스템 오차(total system error)는 무엇을 의미하는가?

① 항법 시스템 오차(navigation system error)
② 경로 한정 오차(path definition error)
③ 비행 기술 오차(flight technical error)

【52】 RNAV 5에서 숫자 "5" 가 의미하는 것은 무엇인가?

RNAV 5에서 숫자는 지정된 공역(defined airspace) 안에서 운용할 수 있는 필수항법성능(required navigation performance; RNP) 정밀도 수준을 의미한다. 따라서 이 항공기의 RNAV 정밀도 수준은 지정된 항로 중심으로부터 양쪽으로 5 NM 공역에서 총비행시간의 95% 동안 벗어나지 않고 운용할 수 있다는 것을 나타낸다. 이것은 항공전자 시스템이 지정된 공역을 정확하게 지시할 수 있는 성능을 갖추어야 하고 조종사는 지정된 항로를 정확하게 준수해서 비행할 수 있는 능력을 갖추어야 한다.

【53】 [그림5] CRAZI TWO ARRIVAL을 위한 전이항로는 어떻게 구분할 수 있는가?

STAR 시점까지 얇은 선으로 그어진 비행경로이다.

【54】 [그림5] CRAZI waypoint에서 고도와 속도 제한은 얼마인가?

최저고도 16,000피트이고 의무 지시대기속도는 270노트이다.

【55】 [그림5] CRAZI waypoint와 BBCAT waypoint는 어떠한 차이가 있는가?

① CRAZI waypoint(fly-by waypoint); 조기 선회가 허용되는 웨이포인트이기 때문에 반드시 이 웨이포인트 상공을 통과하지 않아도 된다.

② BBCAT waypoint(fly-over waypoint); 웨이포인트 상공을 반드시 통과해야 한다.

【56】 [그림5] BBCAT 웨이포인트의 고도와 속도 한계는 무엇인가?

반드시 준수해야 하는 의무고도(mandatory altitude) 8,000피트와 의무지시대기속도(mandatory indicated airspeed)는 210노트이다. 이들 고도와 속도 숫자 위아래에 줄이 그어져 있다.

【57】 [그림5] BYRCH waypoint를 경유해서 LANDING RUNWAY 28R에 착륙하고자 한다. 조종사가 예상할 수 있는 전이절차를 설명하시오.

[TRANSITION 절차]

① BYRCH TRANSITION(BYRCH.CRAZI2)를 경유해서 STAR에 진입한다.

② BYRCH wayoint에서 TYMBR waypoint, CRAZI waypoint까지 비행한다.

[STAR 절차]

CRAZI waypoint에서 트랙 098°를 따라 BBCAT waypoint를 8,000피트와 210노트로 통과한 다음, 헤딩 098° 또는 ATC가 부여한 헤딩으로 비행한다. 최종접근코스까지 RNAV (RNP) Z 28R 또는 레이더 벡터를 예상하라.

【58】 [그림6] ILS or LOC RWY 28R 접근을 위한 관제탑 주파수는?
BILLINGS TOWER 127.2, 257.8MHz

【59】 [그림6] ILS or LOC RWY 28R 접근을 위한 접근 관제소 주파수는?
BILLINGS APP CON 120.5, 284.6MHz

【60】 [그림6] ILS or LOC RWY 28R의 활주로 길이는?
10,518피트, 활주로에 관한 정보는 상단 브리핑 스트립에 표기되어 있다.

【61】 [그림6] ILS or LOC RWY 28R의 착지대 표고는?
3,517피트, 활주로에 관한 정보는 상단 브리핑 스트립에 표기되어 있다.

【62】 [그림6] ILS or LOC RWY 28R의 공항 표고는?
3,652피트, 활주로에 관한 정보는 상단 브리핑 스트립에 표기되어 있다.

【63】 [그림6] ILS or LOC RWY 28R 접근을 위한 LOC 식별문자와 주파수는?
식별문자 I-BMO, 111.5, 활주로에 관한 정보는 상단 브리핑 스트립에 표기되어 있다.

【64】 [그림6] ILS or LOC RWY 28R 접근을 위한 접근 코스는?
282°, 활주로에 관한 정보는 상단 브리핑 스트립(top briefing strip)에 표기되어 있다. 평면도에도 긴 화살표 모양의 중앙에 굵은 선상에 접근코스가 표기되어 있다.

【65】 [그림6] ILS or LOC RWY 28R 접근을 위한 필수 장비 요건은?

- 절차 진입(procedure entry)을 위한 RNAV-1 GPS or RADAR required
- DME required

【66】 [그림6] ILS or LOC RWY 28R 접근을 위해서 RNAV-1 GPS가 필요한 구간은 어디에서부터 인가?

PILLR, HRDIN, GRYZZ waypoint부터 RNAV-1 GPS를 이용해서 식별할 수 있어야 한다.

【67】 [그림6] IAF GRYZZ 웨이포인트에서 통과 고도와 속도 제한은 얼마인가?

의무고도 9,000피트, 최대지시속도 220노트

【68】 [그림6] ILS RWY 28R 정밀접근을 위한 글라이드 슬롭 인터셉트 고도는?

5,000피트

【69】 [그림6] ILS RWY 28R 정밀접근을 위한 FAF는 어떻게 식별할 수 있는가?

LOC 코스에서 I-BMO로부터 DME 6.5 NM 지점

【70】 [그림6] ILS RWY 28R 정밀접근을 위한 결심높이(DH)와 시정은 얼마인가?

전체 접근범주에서 결심높이(DH)는 3,767피트이고, 시정은 3/4 SM이다.

【72】 [그림6] LOC RWY 28R 비정밀접근을 위한 최저강하고도(MDA)와 시정은 얼마인가?

전체 접근범주(approach category)에서 최저강하고도(MDA)는 3,840피

트이고, 시정은 1 SM이다.

【73】 [그림6] ILS RWY 28R 정밀접근을 위한 실패접근지점은 어떻게 결정할 수 있는가?

결심높이(DH) 3,767피트까지 강하하여 시정이 3/4 SM 미만이거나 규정된 활주로 시설을 볼 수 없을 때 실패접근을 실행해야 한다.

【74】 [그림6] LOC RWY 28R 접근을 위한 실패접근지점은 어떻게 결정할 수 있는가?

LOC 코스 선상에서 최저강하고도(MDA) 3,840피트까지 강하했을 때 시정이 1 SM 미만이거나 규정된 활주로 시설을 볼 수 없을 때 실패접근을 실행해야 한다.

【75】 [그림6] ILS or LOC RWY 28R의 측면도에 "▼" 는 무엇이고, 이를 어떻게 식별할 수 있는가?

시각 강하점(visual descent point; VDP), I-BMO로부터 DME 2.8 NM 지점이다. VDP는 LOC에만 적용된다는 점에 주의해야 한다.

【76】 [그림6] LOC RWY 28R 접근 중 YICUN에서 최저고도는 얼마인가?

4,260피트, 이것은 LOC 접근에만 적용된다는 점에 주의해야 한다.

【77】 [그림6] ILS or LOC RWY 28R 접근을 위한 활공 경사각과 시단통과높이는 각각 얼마인가?

GS 3.00°, TCH 56

【78】 [그림6] ILS or LOC RWY 28R, CAT A 항공기가 서클링 접근을 위한 최저치 요건은?

최저강하고도(MDA)는 4,100피트, 시정 1 SM이다.

【79】 [그림6] ILS RWY 28R 접근을 위한 HAT or HAA는 얼마인가?

HAT 250피트

【80】 [그림6] LOC RWY 28R 접근을 위한 HAT or HAA는 얼마인가?

HAT 323피트

【81】 [그림6] CAT A 항공기가 서클링 접근을 위한 HAT or HAA는 얼마인가?

HAA 448피트

【82】 HAT or HAA는 어떠한 차이가 있는가?

• HAT(height above touchdown)는 착지대 상공 결심높이이다. HAT는 직진 접근(ILS or LOC)에만 적용된다.

• HAA(height above airport)는 공항 표고 상공 결심높이이다. HAA는 서클링 접근에만 적용된다.

【83】 [그림6] ILS or LOC RWY 28R 접근을 위한 FAF에서 MAP까지 정확한 방위와 거리는 각각 얼마인가?

282°, 4.6 NM, FAF에서 MAP까지 정확한 방위와 거리는 측면도에서 확인할 수 있다.

【84】 [그림6] ILS or LOC RWY 28R, 헬리콥터 접근에서 시정 감소가 승인되지 않는 값은 얼마인가?

3/4 SM 미만(Helicopter visibility reduction below 3/4 SM NA)

【85】 [그림7] VOR/DME RWY 28R 접근을 위한 MSA 기준 시설은 무엇인가?

BIL VORTAC

【86】 [그림7] VOR/DME RWY 28R 접근을 위한 "VOR/DME"는 무엇을 의미하는가?

이 접근을 수행하기 위해서 VOR과 DME 장비 모두 필수이다.

【87】 [그림7] VOR/DME RWY 28R 접근을 위한 Arc 절차를 위한 NAVAID는?

BIL VORTAC, DME 16 NM

【88】 [그림7] VOR/DME RWY 28R 절차선회를 완료했을 때 유지해야 하는 최저고도는?

절차선회를 완료하고 최종접근코스에 진입할 때까지 준수해야 하는 최저고도는 5,700피트이다.

【89】 [그림7] VOR/DME RWY 28R 접근을 위한 FAF는 어떻게 식별할 수 있는가?

BIL VORTAC으로부터 DME 10 NM 지점이다.

【90】 [그림7] VOR/DME RWY 28R 접근을 위한 MAP은 어떻게 식별할 수 있는가?

최저강하고도(MDA)까지 강하한 후 VDP를 식별하고 수평으로 비행하는 동안 LATDI BIL VORTAC DME 4.6 NM 지점이 실패접근지점이다.

【91】 [그림7] VOR/DME RWY 28R, S-28R 접근(CAT B)을 위한 최저치는 얼마인가?

MDA 3,940피트, 1 SM

【92】 [그림7] VOR/DME RWY 28R, 서클링 접근(CAT B)을 위한 최저치는 얼마인가?

MDA 4,180피트, 1 SM

【93】 [그림7] 헬리콥터 접근을 위해서 적용해야 하는 접근범주는?

헬리콥터 최저치는 Category A MDA or DH를 적용할 수 있지만 발행된 시정의 절반을 적용해야 한다. (half the published visibility) 이때 시정 최저치는 최소한 RVR 1200 또는 1/4마일과 동등하거나 이상이 되어야 한다.

【94】 [그림7] 헬리콥터 접근(S-28R)을 위해서 적용해야 하는 MDA와 시정은 얼마인가?

MDA 3,940피트, 시정 1/2 SM

【95】 [그림7] VOR/DME RWY 28R 접근을 위한 FAF로부터 MAP까지 방위와 거리는 각각 얼마인가?

262°, 5.5 NM, 공항 약도에 RWY 28R을 향한 방위와 거리가 화살표와 함께 표기되어 있다.

【96】 [그림7] 측면도에 있는 $\frac{\angle 2.88^\circ}{\text{TCH } 56}$ 는 무엇을 나타내는가?

시각 강하각(visual descent angle; VDA)이다. VDA와 TCH는 비정밀접근 차트에 표기될 수 있다. VDS는 조언(advisory)에 해당하는 정보이고 MDA까지 안정접근강하(stabilized approach descent)를 확립하기 위한 수단으로 활용된다. 시계구간에서 VDA가 장애물 보호를 보장하는 것이 아니라는 것을 확실하게 인식해야 한다. 만약 MDA와 착지 사이에 안정접근을 방해할 수 있는 장애물이 있다면 VDA가 발행되지 않고 대신 "Descent Angle NA or Descent Angle NA-Obstacle"라고 표기된다.

【97】 [그림7] VOR/DME RWY 28R 접근을 위한 절차선회 기동이 수행되어야 하는 범위는 얼마인가?

Remain within 10 NM

【98】 [그림8] VOR-A 접근에서 "A" 가 의미하는 것은 무엇인가?

VOR-A에서 문자 "A"는 동일 NAVAID를 이용해서 다른 접근이 있거나 이전 오프-센터라인(off-centerline) 접근을 개정했을 때 알파벳 순서로 부여해서 구분한다. 예를 들어 첫 번째는 VOR-A, 그리고 두 번째는 VOR-B...와 같이 부여하여 구분한다. 이 유형의 접근에서 주의해야 할 사항은 다음과 같다.

- 활주로 중앙선과 접근 코스는 최소한 30° 이상이다.
- 최종접근코스는 활주로 시작 지점으로 유도하지 않는다.

【99】 [그림8] VOR-A 접근을 위한 최소한의 장비는?

VOR 장비만으로 가능하다.

【100】 [그림8] VOR-A 접근에서 절차선회를 원하지 않을 때 접근 방향은?

IAF COLUS INT로부터 접근할 때 절차선회를 필요로 하지(NoPT) 않는다.

【101】 [그림8] VOR-A 접근에서 절차선회를 완료하여 최종접근코스에 진입할 때 준수해야 하는 최저고도는?

6,000피트

【102】 [그림8] VOR-A, CAT B 항공기가 접근을 위한 최저치는?

MDA 4,180, 시정 1 SM

【103】 [그림8] VOR-A, CAT B 항공기가 대지속도 90노트로 접근 중 MAP은 어떻게 판단할 수 있는가?

FAF에서 MAP까지 거리는 2.6 NM이다. (공항 약도) 대지속도 90노트로 접근할 때 FAF로부터 1분 44초를 비행한 지점이 MAP이다.

【104】 [그림8] VOR-A 접근에서 REIL 시설이 되어 있는 활주로는?

RWY 25, RWY 28R(공항 약도)

【105】 [그림9] LPV DA 접근을 위한 필수 장비는 무엇인가?

LPV는 정밀접근이다. LPV는 WAAS/GPS 장비로만 가능하다.

【106】 [그림9] LNAV/VNAV DA를 활용할 수 있는 장비는?

LNAV/VNAV은 정밀접근이다. WAAS, Baro-VNAV로 접근할 수 있다.

【107】 [그림9] LNAV은 무엇인가?

LNAV은 GPS 또는 WAAS를 이용해서 가로 유도(lateral guidance)를 제공하는 비정밀접근이다. LNAV은 수직 유도 정보를 제공하지 않는다.

【108】 [그림9] RNAV (GPS) Y RWY 28R에서 "Y" 는 무엇을 의미하는가?

RWY 28R에 RNAV (GPS) 접근이 2개 이상이 있고, 알파벳 Z부터 역순으로 부여한다.

【109】 [그림9] RNAV (GPS) Y RWY 28R에서 MSA 중심은 무엇인가?

RW28R이다. 대부분 MSA는 VOR 시설을 중심으로 지정되지만, RNAV 접근에서는 웨이포인트가 지정될 수 있다. 이 문제에서 MSA는 RW28R fly-over waypoint로 지정되었다. MSA는 지정된 반경(25 NM)에서 최저 1,000피트의 장애물 통과높이를 제공한다.

【110】 [그림9] RNAV (GPS) Y RWY 28R에서 RW28R은 어떠한 의미가 있는가?

① RW28R은 fly-over waypoint로 항공기는 반드시 이 웨이포인트 상공을 통과해야 한다.

② RW28R은 활주로 시단이다.

【111】 [그림9] RNAV (GPS) Y RWY 28R 접근을 위한 중간픽스는 어디이고 권장고도는 얼마인가?

IF(intermediate fix)는 YIGUD, 6,000피트이다.

【112】 [그림9] RNAV (GPS) Y RWY 28R 접근을 위한 시각 강하점(VDP)는 어떻게 식별할 수 있고 어떠한 제한이 있는가?

RW28R로부터 0.9 NM 지점이고 LNAV에만(LNAV only) 적용된다.

【113】 [그림9] RNAV (GPS) Y RWY 28R 접근을 위한 LPV 최저치는?

DA 3,767피트이고, 시정은 3/4 SM이다.

【114】 [그림9] RNAV (GPS) Y RWY 28R 접근을 위한 LNAV/VNAV 최저치는 얼마인가?

DA 3,786피트, 시정 7/8 SM이다.

【115】 [그림9] RNAV (GPS) Y RWY 28R 접근을 위한 LNAV 최저치는?

MDA 3,820피트, 시정 1 SM이다.

【116】 [그림9] RNAV (GPS) Y RWY 28R 접근을 위한 CIRCLING 최저치는 얼마인가? (CAT B)

MDA 4,160피트, 시정 1 SM이다.

【117】 [그림9] WAAS에 관한 정보는 무엇을 나타내는가?

- WAAS CH(channel); 56222
- W28A; W(WAAS), 28(RWY), A(첫 번째 발행)

【118】 [그림9] 공항 약도에 있는 "D" 는 무엇을 나타내는가?

공항 약도에 활주로 공시 거리(runway declared distance) 정보가 제공되는 공항임을 나타낸다. 활주로 공시 거리는 이륙과 착륙 성능 요건에 적합한 최대가용거리(maximum distance available)를 나타낸다.

【119】 [그림9] 측면도에 있는 "Ⓒ" 는 무엇을 나타내는가?

서클링 반경(circling radius)에서 개선된 장애물 보호를 제공할 수 있도록 확장된 서클링 구역이 적용된다는 것을 나타낸다. 표준 서클링 반경이 적용되고 있을 때는 이 부호가 없다.

【120】 [그림9] 브리핑 스트립에 있는 "Ⓐ" 는 무엇을 나타내는가?

① 표준 대체 최저치(standard alternate minimum) 외의 최저치가 발행되었음을 나타낸다. 조종사는 발행된 최저치를 결정하기 위해서 TPP에서 대체 최저치 페이지를 확인해야 한다.

② 표준 대체 최저치 정밀접근(600/2) 그리고 비정밀접근(800/2)이다.

【121】 [그림9] 브리핑 스트립에 있는 "Ⓣ" 는 무엇을 나타내는가?

이륙 최저치(takeoff minimum)가 표준(standard)이 아니거나 출발 최저치(departure minimum)가 발행되었으므로 TERPS에서 대체 이륙 절차(alternate takeoff procedure)를 확인해야 한다.

【122】 RNAV와 RNP의 차이점은 무엇인가?

필수항법성능(RNP; required navigation performance)은 공중에 지정된 2개의 3D-지정 지점 사이를 정밀하게 항행할 수 있는 성능기반항법(performance-based navigation; PBN)의 한 종류이다. RNAV와 RNP는 기능적으로 유사하지만, RNP는 탑재 성능 모니터링과 경고(on-board navigation performance monitoring and alerting) 시스템을 갖추고 있는 점이 다르다. 따라서 ATC 레이더 모니터링 없이 조종사 스스로 모니터링하여 회피할 수 있어 특히 산악지형과 같은 곡선 경로(curved path)를 따라서 안전한 항법 성능을 제공하는 장점이 있다.

【123】 [그림10] RNAV (RNP) Z RWY 28R, RNP 0.30을 위한 최저치는?

결심고도(DA) 3,903피트, 시정 1 1/4 SM이다.

【124】 [그림10] RNAV (RNP) Z RWY 28R 접근을 위한 HAT는?

HAT는 386피트이다.

【125】 [그림10] RNAV (RNP) Z RWY 28R에서 RNP AR APCH는 무엇을 의미하는가?

RNP AR APCH는 ILS CAT II, III 접근과 유사한 특별 항공기와 승무원 승인(special aircraft and aircrew authorization)을 필요로 하는 독특한 성능(unique capability)을 포함한다.

【126】 [그림10] RNAV (RNP) Z RWY 28R에서 RNP AR APCH를 위한 승인 요건은 무엇을 의미하는가?

RNP AR APCH는 접근 차트(approach chart)가 발행되었을지라도 승인을 필요(authorization required)로 한다. RNP AR은 가로 경로에 완전하게 들어맞는 TF와 RF leg를 활용해서 비행경로를 구성한다. RNP AR 승인을 받기 위해서 항공기는 기능성 성능 필수요건을 갖추어야 하고 승무원 역시 적절한 훈련을 받은 후 비행기록부에 기록되어야 한다.

【127】 [그림10] RNAV (RNP) Z RWY 28R 접근에서 RNP 0.30은 무엇을 의미하는가?

접근을 위한 RNP level은 RNP 0.1, RNP 0.3, RNP 1.0이 있고, 순항항로에는 RNP 4.0, RNP 10.0과 같이 다양하다. RNP 0.3의 성능 값은 항공기가 지정된 항로 중앙선 양쪽으로 0.3 NM을 총비행시간의 95% 동안 유지할 수 있는 능력을 갖추어야 한다. 동일 조건에서 RNP 0.3은 총비행시간의 99.999% 동안 0.6 NM 안에서 비행할 수 있는 능력을 갖추어야 한다.

BILLINGS LOGAN INTL (BIL)(KBIL) 2 NW UTC–7(–6DT) N45°48.47′ W108°32.61′ **BILLINGS**
3662 B ARFF Index—See Remarks NOTAM FILE BIL **H–1E, L–13D**
RWY 10L–28R: H10518X150 (ASPH–GRVD) S–120, D–214, 2S–175, **IAP, AD**
2D–365 PCN 55 F/B/X/T HIRL
RWY 10L: MALSR. PAPI(P4L)—GA 3.0° TCH 51′. RVR–T 0.8% down.
RWY 28R: REIL. PAPI(P4R)—GA 3.0° TCH 56′. RVR–R Ground.
1.0% up.
RWY 07–25: H5501X75 (ASPH–GRVD) S–12.5 PCN 7 F/B/X/U
MIRL 1.9% up SW
RWY 07: PAPI(P4L)—GA 3.0° TCH 31′. Ground.
RWY 25: REIL. PAPI(P4R)—GA 3.0° TCH 36′.
RWY 10R–28L: H3800X75 (ASPH) S–12.5 PCN 4 F/B/X/U MIRL
1.3% up NW
RWY 10R: Ground.

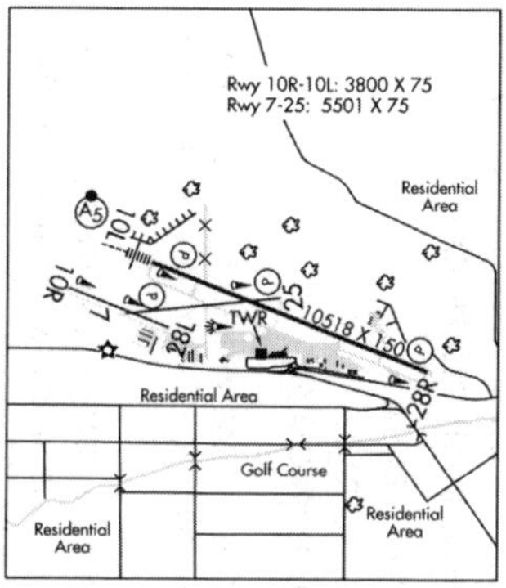

RUNWAY DECLARED DISTANCE INFORMATION
RWY 07: TORA–5501 TODA–5501 ASDA–5501 LDA–5501
RWY 10L: TORA–10518 TODA–10518 ASDA–10518 LDA–10518
RWY 10R: TORA–3801 TODA–3801 ASDA–3801 LDA–3801
RWY 25: TORA–5501 TODA–5501 ASDA–5501 LDA–5501
RWY 28L: TORA–3801 TODA–3801 ASDA–3801 LDA–3801
RWY 28R: TORA–10518 TODA–10518 ASDA–10518 LDA–10518
SERVICE: S4 **FUEL** 100LL, JET A **OX** 1, 2, 3, 4 **LGT** For MIRL Rwy 10R–28L and Rwy 07–25, HIRL Rwy 10L–28R, MALSR Rwy 10L and REIL Rwy 25 and Rwy 28R ctc twr.
AIRPORT REMARKS: Attended continuously. Rwy 07–25 and Rwy 10R–28L clsd to acft over 12,500 lbs. No cstms, remote acft parking, ltd gnd handling svc. Migratory waterfowl invof arpt. Twy D 35′ wide clsd to acft over 12,500 lbs. Class I, ARFF Index C. PPR unscheduled air carrier ops with more than 30 pax seats ctc arpt ops 406–657–8496. ARFF Index B from 0900–1200Z‡. 180° turns Rwy 10L–28R by acft over 25,000 lbs prohibited.
AIRPORT MANAGER: (406) 657-8484
WEATHER DATA SOURCES: ASOS (406) 248–2773 LLWAS.
COMMUNICATIONS: ATIS 126.3 **UNICOM** 122.95
RCO 122.55 (GREAT FALLS RADIO)
Ⓡ **APP/DEP CON** 119.2 (EAST) 120.5 (WEST)
TOWER 127.2 **GND CON** 121.9 **CLNC DEL** 121.9
PRE TAXI CLNC 121.9
AIRSPACE: CLASS C svc ctc **APP CON**
RADIO AIDS TO NAVIGATION: NOTAM FILE BIL.
(H) VORTACW 114.5 BIL Chan 92 N45°48.51′ W108°37.48′ 077° 3.4 NM to fld. 3811/14E.
SAIGE NDB (LOMW) 251 BI N45°51.13′ W108°41.67′ 099° 6.9 NM to fld. 3811/14E.
ILS/DME 111.5 I–BIL Chan 52 Rwy 10L. Class IT. LOM SAIGE NDB.
ILS/DME 111.5 I–BMO Chan 52 Rwy 28R. Class IA. Localizer unusable beyond 20 degrees left and right of course.

BLACK BUTTE NORTH (See WINIFRED on page 122)

BOULDER (3U9) 2 S UTC–7(–6DT) N46°12.70′ W112°06.46′ **GREAT FALLS**
4968 NOTAM FILE GTF
RWY 11–29: 3675X72 (TURF) 1.6% up W
AIRPORT REMARKS: Unattended. No snow removal. Rwy 11–29 NSTD markings, thlds and edges marked with white cones. –2′ drainage ditch +1′ berm west side of rwy full length, 43′ from Rwy 11–29 cntrln.
AIRPORT MANAGER: 406-225-9529
COMMUNICATIONS: CTAF 122.9

BOWMAN FLD (See ANACONDA on page 74)

[그림4]

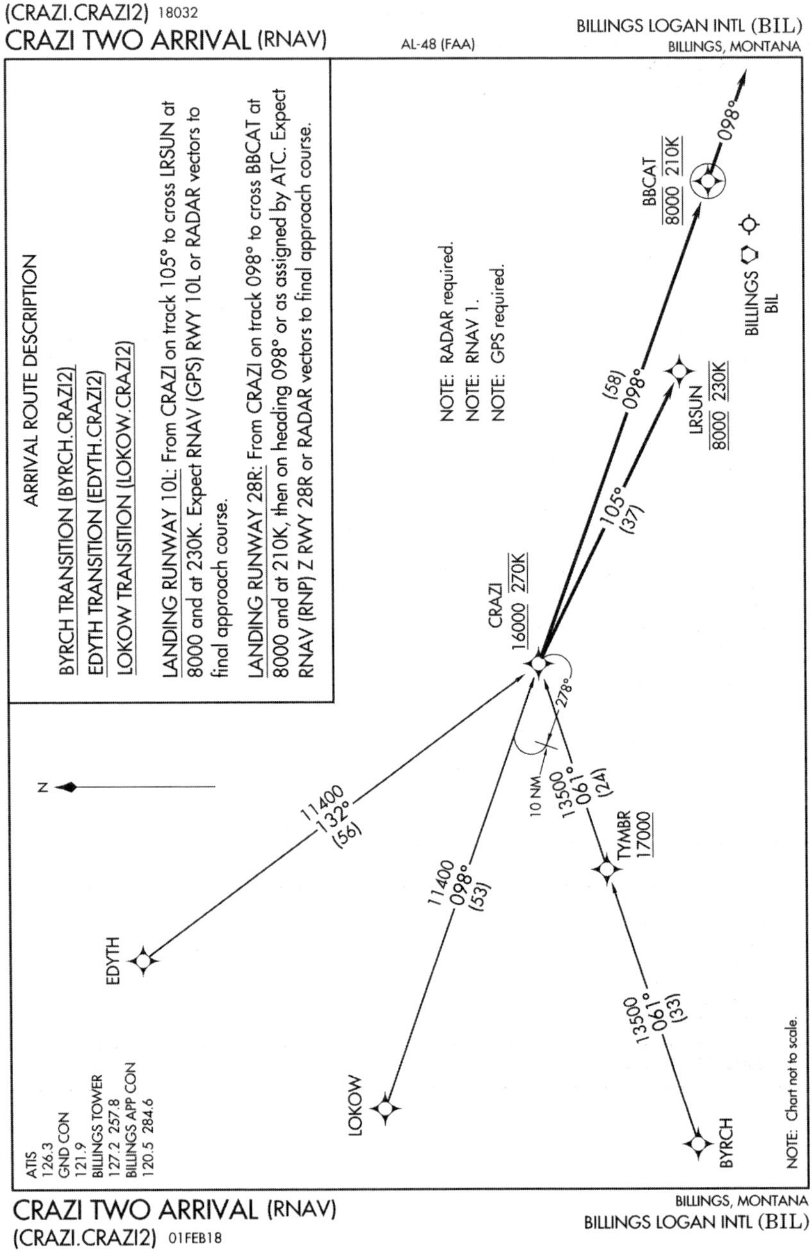
(CRAZI.CRAZI2) 18032
CRAZI TWO ARRIVAL (RNAV)
AL-48 (FAA)
BILLINGS LOGAN INTL (BIL)
BILLINGS, MONTANA
ARRIVAL ROUTE DESCRIPTION
BYRCH TRANSITION (BYRCH.CRAZI2)
EDYTH TRANSITION (EDYTH.CRAZI2)
LOKOW TRANSITION (LOKOW.CRAZI2)
LANDING RUNWAY 10L: From CRAZI on track 105° to cross LRSUN at 8000 and at 230K. Expect RNAV (GPS) RWY 10L or RADAR vectors to final approach course.
LANDING RUNWAY 28R: From CRAZI on track 098° to cross BBCAT at 8000 and at 210K, then on heading 098° or as assigned by ATC. Expect RNAV (RNP) Z RWY 28R or RADAR vectors to final approach course.
NOTE: RADAR required.
NOTE: RNAV 1.
NOTE: GPS required.
BBCAT
8000 210K
098°
BILLINGS
BIL
LRSUN
8000 230K
(58)
098°
105°
(37)
CRAZI
16000 270K
278°
10 NM
13500
061°
(24)
TYMBR
17000
11400
132°
(56)
11400
098°
(53)
13500
061°
(33)
N
EDYTH
LOKOW
BYRCH
ATIS
126.3
GND CON
121.9
BILLINGS TOWER
127.2 257.8
BILLINGS APP CON
120.5 284.6
NOTE: Chart not to scale.
CRAZI TWO ARRIVAL (RNAV)
(CRAZI.CRAZI2) 01FEB18
BILLINGS, MONTANA
BILLINGS LOGAN INTL (BIL)

[그림5]

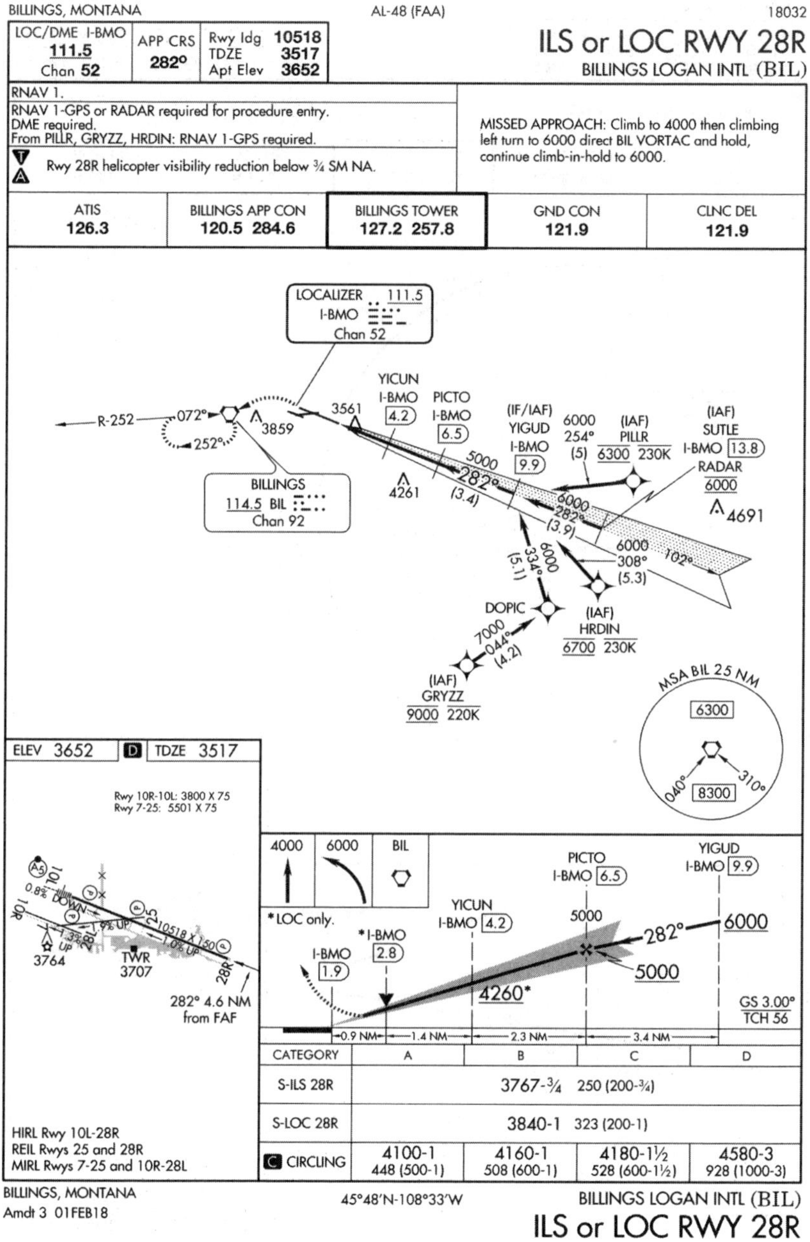

CATEGORY	A	B	C	D
S-ILS 28R	3767-¾ 250 (200-¾)			
S-LOC 28R	3840-1 323 (200-1)			
CIRCLING	4100-1 448 (500-1)	4160-1 508 (600-1)	4180-1½ 528 (600-1½)	4580-3 928 (1000-3)

[그림6]

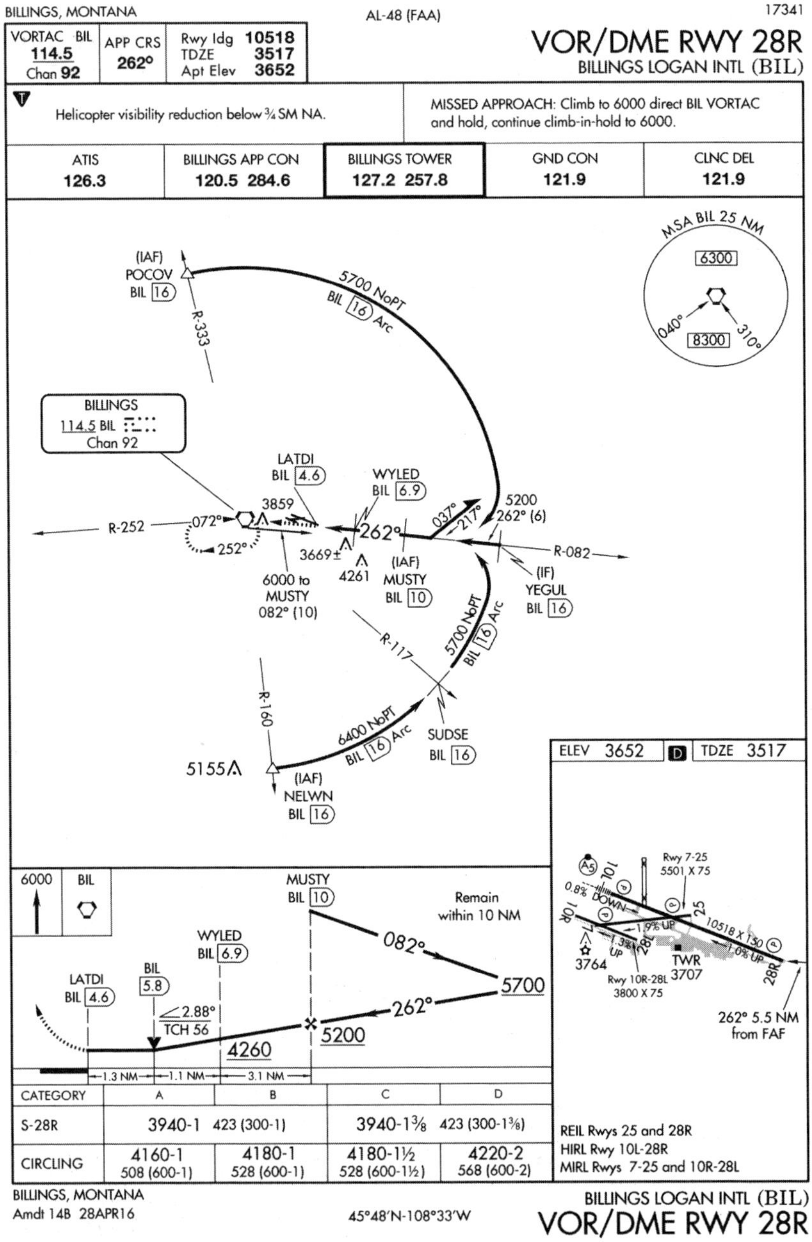
BILLINGS, MONTANA
AL-48 (FAA)
17341
VORTAC BIL
114.5
Chan 92
APP CRS
262°
Rwy ldg 10518
TDZE 3517
Apt Elev 3652
VOR/DME RWY 28R
BILLINGS LOGAN INTL (BIL)
Helicopter visibility reduction below ¾ SM NA.
MISSED APPROACH: Climb to 6000 direct BIL VORTAC and hold, continue climb-in-hold to 6000.
ATIS 126.3
BILLINGS APP CON 120.5 284.6
BILLINGS TOWER 127.2 257.8
GND CON 121.9
CLNC DEL 121.9
MSA BIL 25 NM
6300
8300
040°
310°
(IAF) POCOV BIL 16
R-333
5700 NoPT BIL 16 Arc
BILLINGS 114.5 BIL Chan 92
LATDI BIL 4.6
WYLED BIL 6.9
3859
R-252
072°
252°
262°
037°
217°
5200
262° (6)
R-082
3669±
4261
6000 to MUSTY 082° (10)
(IAF) MUSTY BIL 10
(IF) YEGUL BIL 16
5700 NoPT BIL 16 Arc
R-117
R-160
6400 NoPT BIL 16 Arc
SUDSE BIL 16
5155
(IAF) NELWN BIL 16
ELEV 3652
TDZE 3517
Rwy 7-25 5501 X 75
0.8% DOWN
10L
10R
25
10518 X 150
1.9% UP
1.3% UP
1.0% UP
28L
28R
3764
TWR 3707
Rwy 10R-28L 3800 X 75
262° 5.5 NM from FAF
6000
BIL
MUSTY BIL 10
Remain within 10 NM
082°
5700
WYLED BIL 6.9
BIL 5.8
LATDI BIL 4.6
2.88°
TCH 56
262°
5200
4260
1.3 NM
1.1 NM
3.1 NM
CATEGORY A B C D
S-28R 3940-1 423 (300-1) 3940-1⅜ 423 (300-1⅜)
CIRCLING 4160-1 508 (600-1) 4180-1 528 (600-1) 4180-1½ 528 (600-1½) 4220-2 568 (600-2)
REIL Rwys 25 and 28R
HIRL Rwy 10L-28R
MIRL Rwys 7-25 and 10R-28L
BILLINGS, MONTANA
Amdt 14B 28APR16
45°48′N-108°33′W
BILLINGS LOGAN INTL (BIL)
VOR/DME RWY 28R

[그림7]

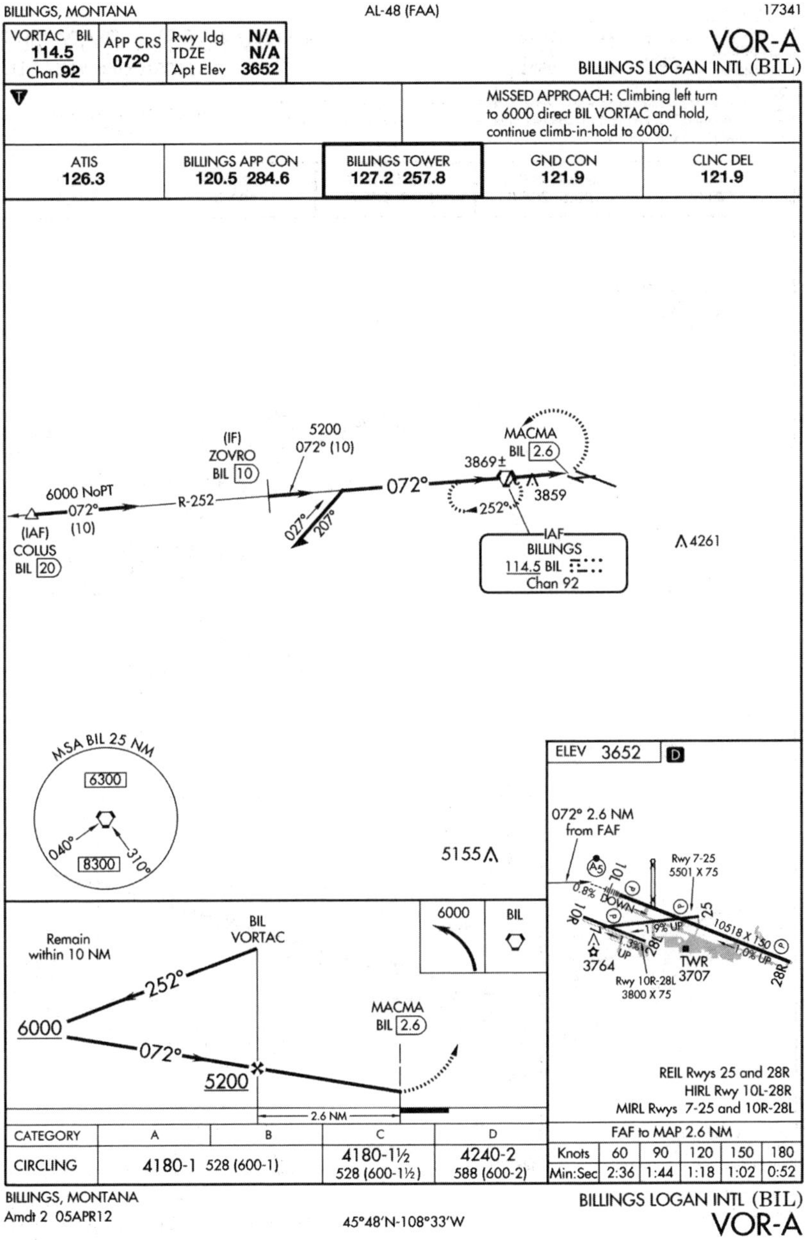
BILLINGS, MONTANA
AL-48 (FAA)
17341
VORTAC BIL
114.5
Chan 92
APP CRS
072°
Rwy Idg N/A
TDZE N/A
Apt Elev 3652
VOR-A
BILLINGS LOGAN INTL (BIL)
MISSED APPROACH: Climbing left turn to 6000 direct BIL VORTAC and hold, continue climb-in-hold to 6000.
ATIS 126.3
BILLINGS APP CON 120.5 284.6
BILLINGS TOWER 127.2 257.8
GND CON 121.9
CLNC DEL 121.9
(IF) ZOVRO BIL 10
5200 072° (10)
6000 NoPT 072° (10)
R-252
(IAF) COLUS BIL 20
027° 207°
072°
MACMA BIL 2.6
3869±
3859
252°
IAF BILLINGS 114.5 BIL Chan 92
4261
MSA BIL 25 NM
6300
8300
040°
310°
5155
ELEV 3652
072° 2.6 NM from FAF
Rwy 7-25 5501 X 75
0.8% DOWN
1.9% UP
10518 X 150
1.0% UP
1.3% UP
TWR 3707
3764
Rwy 10R-28L 3800 X 75
REIL Rwys 25 and 28R
HIRL Rwy 10L-28R
MIRL Rwys 7-25 and 10R-28L
Remain within 10 NM
BIL VORTAC
252°
6000
072°
5200
MACMA BIL 2.6
2.6 NM
6000
BIL
FAF to MAP 2.6 NM
Knots 60 90 120 150 180
Min:Sec 2:36 1:44 1:18 1:02 0:52
CATEGORY A B C D
CIRCLING 4180-1 528 (600-1) 4180-1½ 528 (600-1½) 4240-2 588 (600-2)
BILLINGS, MONTANA
Amdt 2 05APR12
45°48'N-108°33'W
BILLINGS LOGAN INTL (BIL)
VOR-A

[그림8]

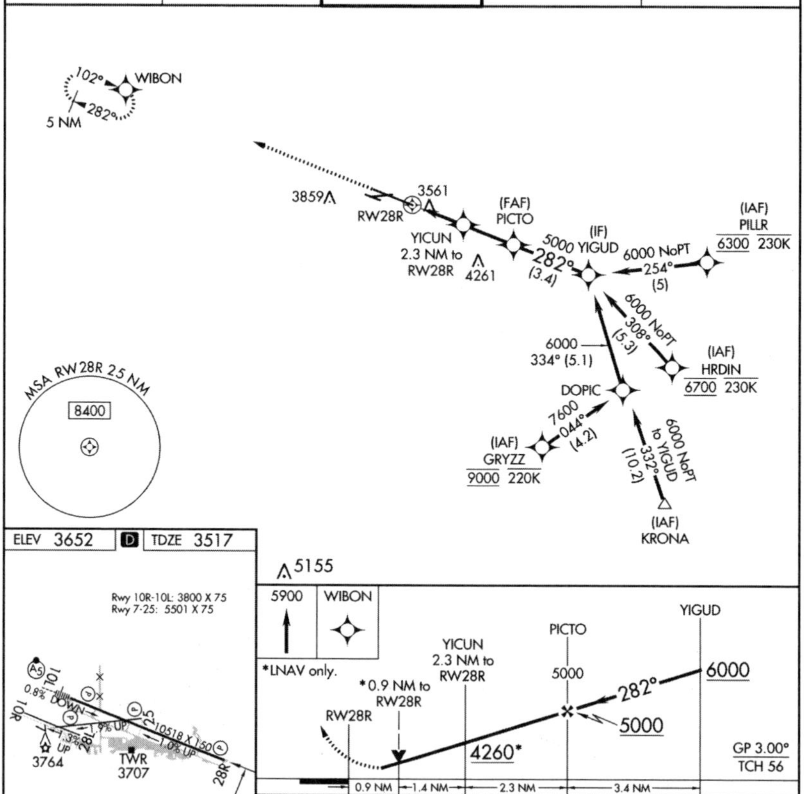

CATEGORY	A	B	C	D
LPV DA	3767-¾ 250 (200-¾)			
LNAV/VNAV DA	3786-⅞ 269 (200-⅞)			
LNAV MDA	3820-1 303 (200-1)			
CIRCLING	4100-1 448 (500-1)	4160-1 508 (600-1)	4180-1½ 528 (600-1½)	4580-3 928 (1000-3)

BILLINGS, MONTANA
Amdt 4 01FEB18
45°48′N-108°33′W
BILLINGS LOGAN INTL (BIL)
RNAV (GPS) Y RWY 28R

[그림9]

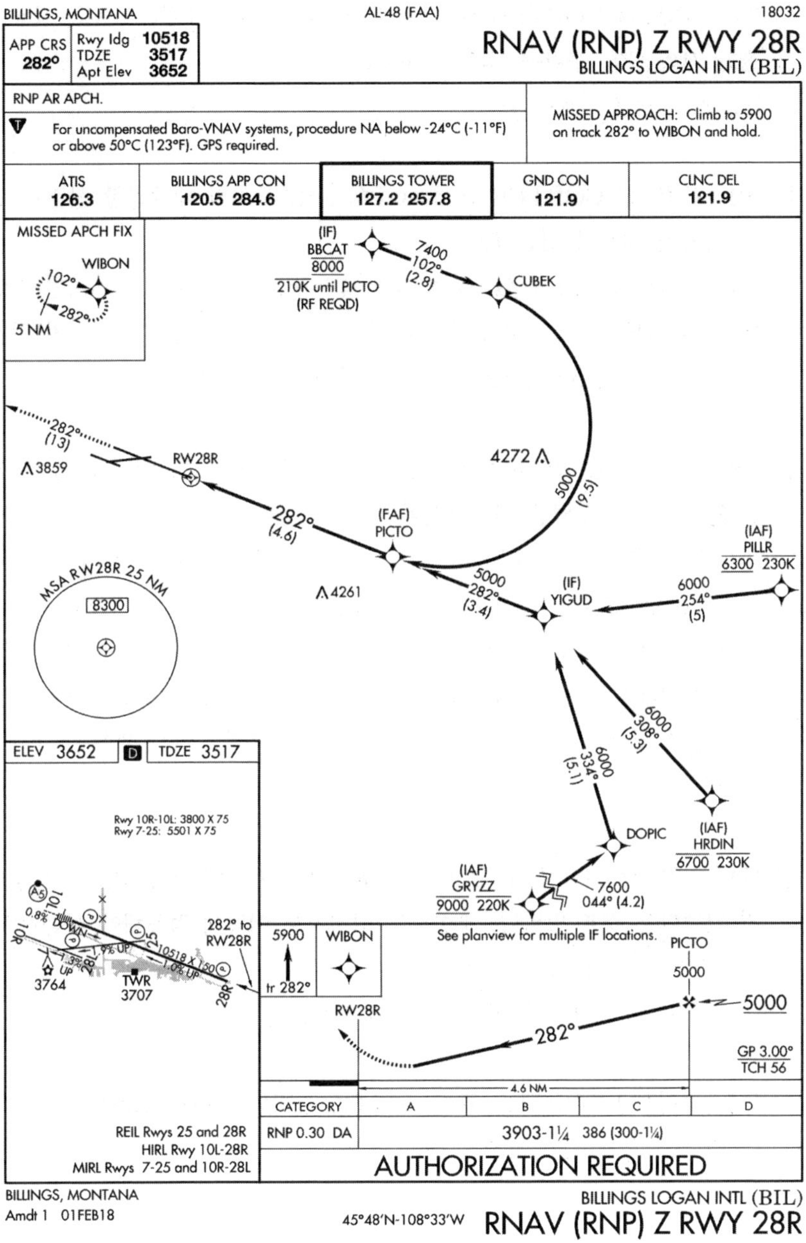
BILLINGS, MONTANA
AL-48 (FAA)
18032
APP CRS 282°
Rwy ldg 10518
TDZE 3517
Apt Elev 3652
RNAV (RNP) Z RWY 28R
BILLINGS LOGAN INTL (BIL)
RNP AR APCH.
For uncompensated Baro-VNAV systems, procedure NA below -24°C (-11°F) or above 50°C (123°F). GPS required.
MISSED APPROACH: Climb to 5900 on track 282° to WIBON and hold.
ATIS 126.3
BILLINGS APP CON 120.5 284.6
BILLINGS TOWER 127.2 257.8
GND CON 121.9
CLNC DEL 121.9
MISSED APCH FIX
WIBON
5 NM
(IF) BBCAT 8000
210K until PICTO
(RF REQD)
CUBEK
RW28R
(FAF) PICTO
(IF) YIGUD
(IAF) PILLR 6300 230K
DOPIC
(IAF) HRDIN 6700 230K
(IAF) GRYZZ 9000 220K
MSA RW28R 25 NM
8300
ELEV 3652
TDZE 3517
Rwy 10R-10L: 3800 X 75
Rwy 7-25: 5501 X 75
REIL Rwys 25 and 28R
HIRL Rwy 10L-28R
MIRL Rwys 7-25 and 10R-28L
See planview for multiple IF locations.
GP 3.00°
TCH 56
CATEGORY A B C D
RNP 0.30 DA 3903-1¼ 386 (300-1¼)
AUTHORIZATION REQUIRED
BILLINGS, MONTANA
Amdt 1 01FEB18
45°48'N-108°33'W
BILLINGS LOGAN INTL (BIL)
RNAV (RNP) Z RWY 28R

[그림10]

【128】 [그림11] COPTER ILS or LOC RWY 6의 LOC/DME 활용에 관한 식별문자, 주파수 그리고 채널은?

I-BDL, 111.1, Chan 48

【129】 [그림11] COPTER ILS or LOC RWY 6의 대체공항 선정에 관한 어떠한 제한이 있는가?

브리핑 스트립에 있는 Ⓐ NA는 대체 최저치(alternate minimum)가 승인되지 않았다는 것을 나타낸다. 이것은 NAVAIDs시설이 모니터되지 않거나 기상보고시설(weather reporting)이 없기 때문이다.

【130】 [그림11] COPTER ILS or LOC RWY 6의 브리핑 스트립에 있는 ❄ -23°C는 무엇을 나타내는가?

차트에 발행된 기온 또는 그 이하의 기온에서는 혹한 기온 고도 수정(cold temperature altitude correction)이 필요하다는 것을 나타낸다. 고도 수정(altitude correction)은 중간접근구간(IF), 최종접근구간(FAF), 그리고 실패접근구간(MAP)에 적용해야 한다. 조종사가 고도 수정을 적용했다면 ATC에게 통보해야 하지만, FAF 구간에서는 ATC에게 통보하지 않아도 된다.

【131】 [그림11] COPTER ILS or LOC RWY 6 접근에서 ALS가 작동되지 않는다는 것을 알았다. 조종사는 최저치를 어떻게 적용해야 하는가?

- H-ILS 6; RVR 2400으로 높여야 한다.
- H-LOC 6; RVR 4000으로 높여야 한다.

【132】 [그림11] COPTER ILS or LOC RWY 6 접근 코스는?

이 접근을 위한 접근 코스는 058°이다.

【133】 [그림11] 접근을 위한 기본 항법 장비 외 필수요건은 무엇인가?

RADAR REQUIRED

【134】 [그림11] COPTER ILS or LOC RWY 6 접근에서 stepdown fix로 지정된 INT는 어디이고, 이를 식별하는 방법은?

- JETIX FIX
- I-BDL DME 4.9 NM 지점이다.

【135】 [그림11] COPTER ILS or LOC RWY 6 접근에서 정밀접근을 위한 FAF는 어떻게 식별할 수 있는가?

- FAF; HUNEE INT
- I-BDL DME 6.9 NM 또는 HFD VOR/DME R-337과 교차하는 지점

【136】 [그림11] COPTER ILS RWY 6, H-ILS 6의 최저치는?

DH; 273, RVR; 1200, HAT 100

【137】 [그림11] COPTER LOC RWY 6, H-LOC 6의 최저치는?

MDA; 1,160, RVR; 2400, HAT 987

【138】 [그림11] COPTER LOC RWY 6, H-LOC 6 접근에서 JETIX FIX를 식별할 수 있을 때 최저치는?

MDA; 560, RVR; 2400, HAT 387

【139】 [그림11] COPTER ILS RWY 6, H-ILS 6 접근 중 실패접근지점(MAP)은?

결심높이(273피트)에 도달했을 때 시정이 RVR 1200 미만이거나 활주로 시설을 볼 수 없다면 즉시 실패접근을 실행해야 한다.

【140】 [그림11] COPTER LOC RWY 6, H-LOC 6 접근 중 대지속도 90노트로 접근 중 실패접근지점(MAP)은? (JETIX FIX 식별)

FAF(1,800피트)로부터 강하하면서 시간을 재기 시작하여 JETIX FIX에서 1,160피트 그리고 MDA 560피트까지 3분 16초를 비행한 지점에서 RVR 2400 미만이거나 활주로 시설을 볼 수 없다면 즉시 실패접근을 실행해야 한다.

【141】 [그림11] COPTER ILS or LOC RWY 6 평면도에서 가장 높은 장애물은?

2,032피트이다. 다른 장애물 부호와 숫자보다 굵게 표기된다.

【142】 [그림11] COPTER ILS or LOC RWY 6 접근 중 VGSI로 전환할 때 주의해야 하는 사항은 무엇인가?

VGSI(visual glide slope indicator)와 ILS 활공경로(glidepath)가 일치하지 않는다. VGSI 각도는 3.00°/TCH 71피트이다. 반면 ILS의 활공경사(GS)는 3.00°/TCH 54이다.

【143】 [그림11] COPTER ILS or LOC RWY 6 접근을 위한 접근등화 시설의 특징은 무엇인가?

ALSF-2, 활주로 중앙선과 일치하는 중앙선 등렬에 마치 굴러가는 볼과 같은 형상의 순차 점멸 등화(sequenced flashing lights)가 있다.

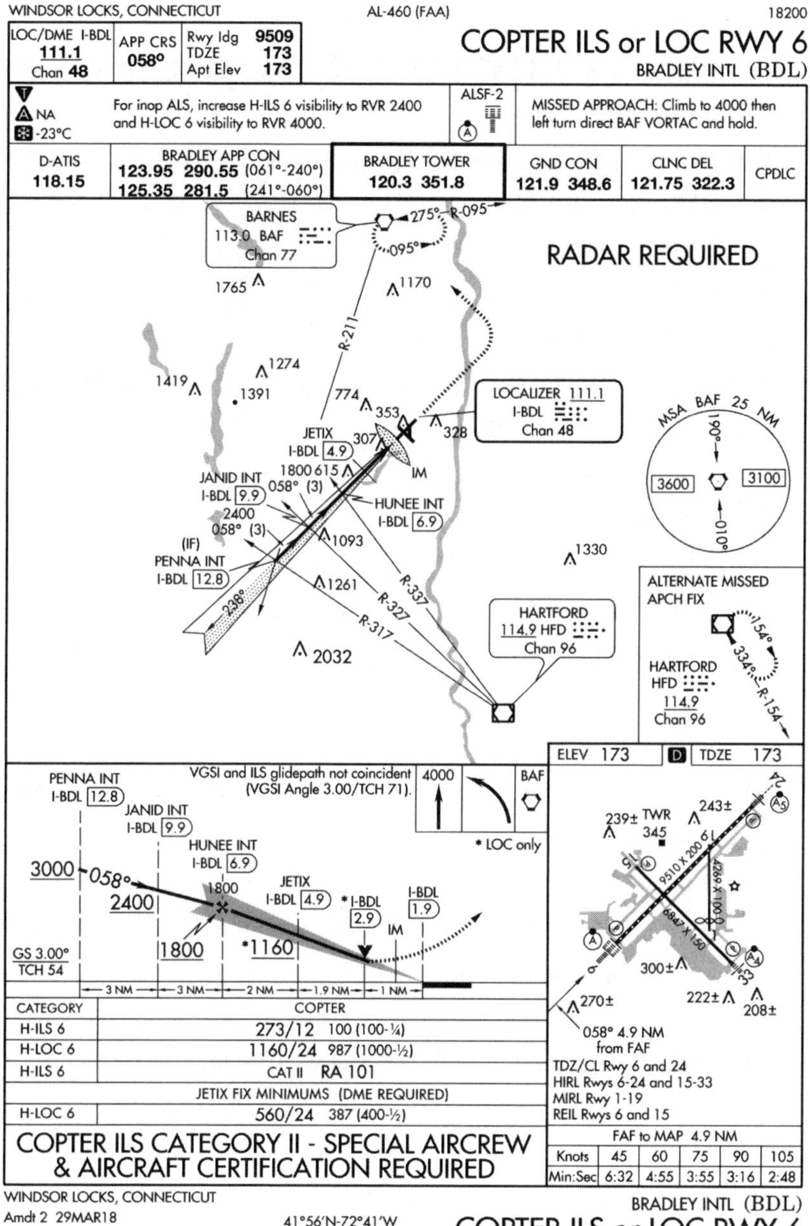
WINDSOR LOCKS, CONNECTICUT
AL-460 (FAA)
18200
LOC/DME I-BDL 111.1 Chan 48
APP CRS 058°
Rwy ldg 9509
TDZE 173
Apt Elev 173
COPTER ILS or LOC RWY 6
BRADLEY INTL (BDL)
NA
-23°C
For inop ALS, increase H-ILS 6 visibility to RVR 2400 and H-LOC 6 visibility to RVR 4000.
ALSF-2
MISSED APPROACH: Climb to 4000 then left turn direct BAF VORTAC and hold.
D-ATIS 118.15
BRADLEY APP CON 123.95 290.55 (061°-240°) 125.35 281.5 (241°-060°)
BRADLEY TOWER 120.3 351.8
GND CON 121.9 348.6
CLNC DEL 121.75 322.3
CPDLC
BARNES 113.0 BAF Chan 77
275°
R-095
095°
RADAR REQUIRED
1765
1170
R-211
1274
1419
1391
774
353
328
LOCALIZER 111.1 I-BDL Chan 48
MSA BAF 25 NM
190°
3600
3100
010°
JETIX I-BDL 4.9
307
1800 615
IM
JANID INT I-BDL 9.9
058° (3)
HUNEE INT I-BDL 6.9
2400
058° (3)
1093
(IF) PENNA INT I-BDL 12.8
1330
1261
R-337
R-327
R-317
238°
2032
HARTFORD 114.9 HFD Chan 96
ALTERNATE MISSED APCH FIX
154°
334°
R-154
HARTFORD HFD 114.9 Chan 96
ELEV 173
TDZE 173
VGSI and ILS glidepath not coincident (VGSI Angle 3.00/TCH 71).
4000
BAF
* LOC only
PENNA INT I-BDL 12.8
JANID INT I-BDL 9.9
HUNEE INT I-BDL 6.9
3000
058°
2400
1800
JETIX I-BDL 4.9
*I-BDL 2.9
I-BDL 1.9
IM
GS 3.00°
TCH 54
1800
*1160
3 NM
3 NM
2 NM
1.9 NM
1 NM
239±
TWR 345
243±
9510 X 200
4269 X 100
6847 X 150
300±
270±
222±
208±
058° 4.9 NM from FAF
TDZ/CL Rwy 6 and 24
HIRL Rwys 6-24 and 15-33
MIRL Rwy 1-19
REIL Rwys 6 and 15
CATEGORY | COPTER
H-ILS 6 | 273/12 100 (100-¼)
H-LOC 6 | 1160/24 987 (1000-½)
H-ILS 6 | CAT II RA 101
JETIX FIX MINIMUMS (DME REQUIRED)
H-LOC 6 | 560/24 387 (400-½)
COPTER ILS CATEGORY II - SPECIAL AIRCREW & AIRCRAFT CERTIFICATION REQUIRED
FAF to MAP 4.9 NM
Knots 45 60 75 90 105
Min:Sec 6:32 4:55 3:55 3:16 2:48
WINDSOR LOCKS, CONNECTICUT
Amdt 2 29MAR18
41°56'N-72°41'W
BRADLEY INTL (BDL)
COPTER ILS or LOC RWY 6

[그림11]

[김포국제공항]

【144】 [그림12] 김포국제공항 ILS or LOC RWY 32L 접근을 위한 자북 및 진북 최종접근코스는?

323°(M), 315.1°(T). 이 접근을 위한 최종접근코스는 323°(M)이고 굵은 선과 화살표로 그려져 있다. 진북(true north)을 기준으로 한 최종접근코스는 (315.1°T)이다. 평면도 왼쪽 위에 편각(Variation; VAR) 8°W로 표기되어 있다.

【145】 [그림12] 김포국제공항 ILS or LOC RWY 32L 접근을 위한 최초접근픽스(IAF)는 어디인가?

HANWU, HOKAN, MECKO. 최초접근픽스(initial approach fix; IAF)는 3곳이 지정되어 있다.

【146】 [그림12] 김포국제공항 ILS or LOC RWY 32L 접근을 위한 로컬라이저 식별부호와 주파수는 얼마인가?

IKMO/108.3, 로컬라이저 식별문자는 앞에 I를 붙여 구분한다.

【147】 [그림12] 김포국제공항 ILS or LOC RWY 32L의 MSA는 어느 시설을 중심으로 설정되었는가?

GIMPO ARP. MSA는 IAP가 포함된 주요 전방향 시설(omnidirectional facility; VOR)을 기반으로 하지만 적합한 시설이 없다면 공항기준점(airport reference point; ARP)을 기준으로 설정된다.

【148】 [그림12] RK P73A, B의 고도제한은 얼마인가?

지표면(GND; ground)부터 무제한 고도(UNL; unlimited)이다.

【149】 [그림12] RK R75는 무엇을 나타내는가?

항공기 운항이 제한되는 제한구역(restricted area)이다. 이 제한구역의 고도제한은 지표면(SFC; surface)부터 10,000피트(AMSL)까지이다.

【150】 [그림12] 김포국제공항 ILS or LOC RWY 32L의 IF와 FAF 사이에 있는 SS371, SS373은 무엇을 나타내는가?

스텝다운 픽스(stepdown fix; SDF)이다. SDF는 재래식 항법/RNAV NPA 절차에서 사용된다. SDF는 접근경로 선상의 높은 장애물을 식별하여 계단식 접근을 유도하는 데 활용된다. 통상 SDF는 FAF와 MAPt 사이에 설정되고 5-수문자로 부여된다.

【151】 [그림12] 김포국제공항 ILS or LOC RWY 32L의 IF에서 최저고도는 얼마인가?

4,000피트(MSL)

【152】 [그림12] 김포국제공항 ILS or LOC RWY 32L의 FAF에서 최저고도와 공항상공높이는 각각 얼마인가?

2,000피트(MSL), 1,959피트(AGL), 공항상공높이(height above airport)는 공항 표고 상공의 높이이다. 따라서 해수면 최저고도 2,000피트에서 공항 표고 41피트를 빼주면 1,959피트가 된다.

【153】 [그림12] 김포국제공항 ILS or LOC RWY 32L 접근을 위한 필수 정비는 무엇인가?

- RNAV 1 operation
- GNSS or DME/DME/IRU required
- ATS surveillance service required
- DME required on an ILS/LOC operation

【154】 [그림12] 김포국제공항 ILS or LOC RWY 32L의 IF를 식별할 수 있는 방법은?

IF WONKO 웨이포인트를 식별하기 위해서는 GNSS or DME/DME/IRU 장비를 갖추어야 한다.

【155】 [그림12] 김포국제공항 LOC RWY 32L의 MAPt를 식별할 수 있는 방법은?

IKMO DME 1.0, MDA 740피트에 도달하는 지점이다.

【156】 [그림12] 김포국제공항 ILS or LOC RWY 32L 접근을 위한 RNAV Level은 얼마이고 숫자 1이 의미하는 것은 무엇인가?

RNAV 1, 총비행시간의 95% 동안 항로 중앙선으로부터 양쪽으로 1 NM 거리 내에서 비행할 수 있는 성능을 갖추어야 한다.

【157】 [그림12] (IAF) HANWU에서 COUBY 웨이포인트까지 방위와 거리는?

0.54°, 5.0

【158】 [그림12] IKMO로부터 약 5마일 위치에 있을 때 대략적인 고도는 얼마인가?

1,655피트(MSL), 1,614피트(AGL)

【159】 [그림12] TRANSITION ALT 14,000피트는 무엇을 의미하는가?

이 접근을 위한 QNH를 적용하기 시작하는 고도는 14,000피트(MSL)이다.

【160】 [그림12] TRANSITION LVL FL 140이 의미하는 것은 무엇인가?

전이수평(TL; QNE)을 적용할 수 있는 가장 낮은 비행고도(FL)이고, 주변 지형을 고려해서 결정된다. 전이수평(TL; QNE)은 통상 전이고도(TA; QNH)를 관통해서 상승한 후 도달하게 되는 통상 첫 500피트 비행고도(FL)이다. 또한, 강하 중 QNE 고도계 세팅(29.92)에서 QNH 고도계 세팅으로 변경해야 하는 고도이기도 하다.

【161】 [그림12] 김포국제공항 ILS or LOC RWY 32L 최종접근구간의 경사도는 얼마인가?

5.24%(약 3°)

【162】 [그림12] 김포국제공항 ILS or LOC RWY 32L 강하를 위한 NM 당 강하율은 얼마이고, 대지속도 100노트라고 했을 때 분당 강하율은 얼마인가?

이 접근을 위한 NM 당 강하율은 318피트이다. 대지속도 100노트를 유지하고 있을 때 분당 강하율은 대략 약 530피트(fpm)이다.

【163】 [그림12] 김포국제공항 ILS RWY 32L, Approach category C 항공기가 ILS 접근을 위한 결심고도(DA)와 우시정은 얼마인가? (FULL)

241피트, RVR 550m/VIS 800m. 최저치 섹션의 ILS CAT I과 Approach Category C를 적용한다. 접근등화시설(approach light system; ALS)이 정상 작동된다고 가정했을 때 DA는 241피트, RVR 550m/VIS 800m를 적용해야 한다.

【164】 [그림12] 김포국제공항 ILS RWY 32L, Approach category C 항공기가 ILS 접근을 위한 결심고도(DA)와 우시정은 얼마인가? (ALS INOP)

241피트, VIS 1200m. 최저치 섹션의 ILS CAT I과 Approach Category C를 적용해야 한다. 접근등화시설(approach light system; ALS INOP)이 작동되고 있지 않지 않다면 DA는 241피트, VIS 1200m를 적용해야 한다.

【165】 [그림12] ILS or LOC RWY 32L 실패접근을 위한 제한은 무엇인가?

실패접근 선회 지시대기속도는 최대 220노트로 제한된다.

【166】 [그림12] 김포국제공항 ILS or LOC RWY 32L 접근을 위한 시정 최저치에서 RVR 550m와 VIS 800m로 발행된 것은 무엇을 의미하는가?

RVR과 VIS가 다르다는 것을 참고해야 한다.

【167】 [그림12] 김포국제공항 ILS or LOC RWY 32L 접근을 위한 활공경사 진입 고도는 얼마인가?

2,000피트, 정밀접근을 위한 글라이드 슬롭 인터셉트 지점은 몰티스 크로스(✠)로 표시되어 있다.

【168】 [그림12] 김포국제공항 ILS or LOC RWY 32L 접근을 위한 최종접근을 시작하기 위한 지점은 어디인가?

WABAN IKMO D6.1

【169】 [그림12] 김포국제공항 ILS RWY 32L CAT I 접근 중이다. 실패접근을 결심해야 할 시기는 언제인가?

ILS 접근을 위한 실패접근을 결심해야 하는 시기는 DA(241피트)에 도착했을 때 규정된 시각 참조물을 확인할 수 없다면 즉시 실패접근을 실행해야 한다.

【170】 [그림12] 김포국제공항 LOC RWY 32L로 접근 중이다. 실패접근을 결심해야 할 시기는 언제인가?

IKMO D1.0, MDA 740피트에 도달했을 때. 최저치 섹션에 LOC 최저치가 표기되어 있다. 측면도에 MAPt는 LOC ONLY로 제한되어 있고, 위치는 IKMO D1.0이다. 이때 MDA는 740피트를 적용해야 한다.

【171】 [그림12] 김포국제공항 ILS RWY 32L 접근 중 실패접근을 실행한 후 최저 체공 고도와 최대 체공 속도는 얼마인가?

4,000피트, 체공 속도에 관한 제한은 없다.

【172】 [그림12] 김포국제공항 ILS or LOC RWY 32L 접근 중 실패접근을 실행한 후 예상되는 절차를 간단하게 설명하시오.

헤딩(HDG) 324°에서 500피트까지 상승한 후 RDL(radial) 323 KIP/D5까지 그리고 4,000피트까지 상승한다. 좌선회하여 CHAMP로 직행하여 체공한다. 실패접근절차(missed approach procedure)는 평면도에 굵은 점선으로 그려져 있어 쉽게 식별할 수 있다. 또한, 최저치 섹션 오른쪽에 실패접근절차에 관한 내용이 서술되어 있다.

【173】 [그림12] 이 접근을 실행하는 데 있어서 경고(warning) 사항은 무엇인가?

(RK) P-518과 (RK) P73A/B 공역 관통(penetration)을 회피하라. 평면도 상단에 "Aviod penetration of RK P518 and RK P73A/B"라고 표기하여 경고(warning)하고 있다.

【174】 [그림12] 김포국제공항 ILS or LOC RWY 32L의 공항 표고는?

59피트, 서두부에 공항 표고(aerodrome elev)는 59ft로 표기되어 있다.

【175】 [그림12] 김포국제공항 ILS or LOC RWY 32L의 착지대 표고는?

41피트, 착지대 표고(height related to threshold RWY 14L-ELEV 41ft)에 관한 정보는 서두부와 측면도에 표기되어 있다.

【176】 [그림12] 김포국제공항의 ICAO 식별문자는 무엇인가?

RKSS, ICAO 식별문자는 4-문자로 식별되고 서두부에 서술되어 있다.

【177】 [그림12] 김포국제공항 ILS or LOC RWY 32L의 RDH는 무엇이고, 높이는 얼마인가?

활공경로가 착지대 상공에서 교차하는 공간점의 높이를 참조데이텀높이(reference datum height; RDH)라 한다. RDH는 활주로 중앙선과 시단이 교차하는 지점 상공에 활공경로(통상 3°)의 연장 직선 구간이 통과하는 공간의 높이이다. 시단통과높이(threshold crossing height; TCH) 개념과 유사하다. 이 접근에서 RDH는 54피트이다,

【178】 [그림13] RNAV (GNSS) RWY 32L 접근을 위한 RNP 0.3은 무엇을 의미하는가?

이 접근을 위해서 항공기는 총비행시간의 95% 동안 최종접근코스 중앙선 양쪽으로 0.3 NM을 유지할 수 있는 성능을 갖추어야 한다.

【179】 [그림13] RNAV (GNSS) RWY 32L 접근에서 "Baro-VNAV N/A below -20° C" 는 무엇을 의미하는가?

기온 20°C 미만에서 LNAV/VNAV은 승인되지 않는다. 이것은 혹한으로 인해서 기압고도계의 기온 오차가 너무 크기 때문이다.

【180】 [그림13] RNAV (GNSS) RWY 32L에서 실패접근에 관한 제한사항은 무엇인가?

ATC 목적을 위해서 실패접근 상승 경사도(missed approach climb gradient)는 최저 4%(2.3°) 이상이 되어야 한다.

【181】 [그림13] RNAV (GNSS) RWY 32L에서 LNAV 접근을 위한 최저치는 얼마인가? (FULL)

MDA 700/2,300m

【182】 [그림13] RNAV (GNSS) RWY 32L에서 LNAV 접근을 위한 최저치는 얼마인가? (ALS INOP)

MDA 700/3,000m

【183】 [그림13] RNAV (GNSS) RWY 32L에서 LNAV/VNAV 접근을 위한 최저치는 얼마인가? (FULL)

DA 610/1,900m

【184】 [그림13] RNAV (GNSS) RWY 32L에서 LNAV/VNAV 접근을 위한 최저치는 얼마인가? (INOP)

DA 610/2,600m

【185】 [그림13] RNAV (GNSS) RWY 32L에서 LNAV 접근을 위한 MAPt와 이를 식별하는 방법과 제한은 무엇인가?

RW32L, 시단(THR; threshold)이다. 비정밀접근 MAPt 위치를 결정하기 위한 timing(비행시간으로 위치를 결정하는 것)은 승인되지 않는다.

【186】 [그림13] RNAV (GNSS) RWY 32L에서 대지속도 90노트로 LNAV 접근을 위한 분당 강하율은 얼마인가?

478피트이다.

【187】 [그림13] RNAV (GNSS) RWY 32L의 최저치 섹션에서 빗금 구분은 무엇을 나타내는가?

구간최저고도(segment minimum altitude; SMA)이다.

【188】 [그림14] 최저안전고도(MSA)의 기준이 되는 시설과 범위는?

GIMPO VOR, 25 NM

【189】 [그림14] VOR RWY 32L에서 FAF를 식별하는 방법은?

KIP DME 6.6 NM

【190】 [그림14] 주요 NAVAID 시설 외에 이 접근을 위한 필수 장비는?

DME required on a VOR Approach

【191】 [그림14] VOR RWY 32L에서 가용한 접근의 종류는?

직진(straight-in) 접근만 승인되었고, 서클링 접근은 승인(circling not authorized)되지 않았다.

【192】 [그림14] VOR RWY 32L에서 등화시설이 완전하게 작동하는 상태와 불작동 상태에서 최저치는 각각 얼마인가?

- FULL; MDA 740/2500m
- INOP; MDA 740/3200m

【193】 [그림14] VOR RWY 32L에서 대지속도 120노트로 접근 중 권장 분당 강하율은 얼마인가?

분당 강하율은 637피트(fpm)이다.

【194】 [그림14] DME KIP로부터 4 NM 지점에서 대략적인 고도는 얼마가 되어야 하는가?

1,177피트(MSL), 1,136피트(AGL) ※ RECOMMENDED PROFILE

【195】 [그림14] VOR RWY 32L에서 실패접근을 위한 속도 제한은 무엇인가?

실패접근 선회 속도는 공역 제한(airspace restriction)으로 인해서 최대 220 KIAS로 제한된다. [NOTE] Missed approach turn limited to 220 kt IAS MAXIMUM due to airspace restriction.

A I P
Republic of Korea

RKSS AD CHART 2 - 32
26 OCT 2017

INSTRUMENT APPROACH CHART - ICAO

AERODROME ELEV 59 ft
HEIGHTS RELATED TO
THR RWY 32L - ELEV **41** ft

SEOUL APP	119.75
	119.1
GIMPO TWR	118.1
	118.05

SEOUL/Gimpo Intl(RKSS)
ILS or LOC RWY 32L

Note : Approach under ICAO Flight Procedures.

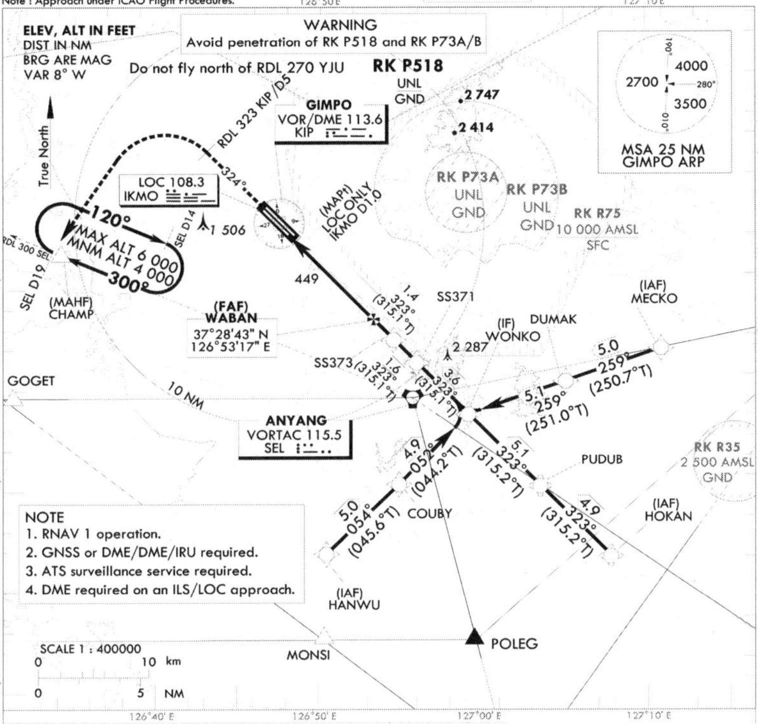

RECOMMENDED PROFILE	DME IKMO	6	5	4	3	2
Final Approach Gradient 5.24%, 318 ft/NM	ALT(HGT)	1 969 (1 926)	1 655 (1 614)	1 328 (1 287)	1 004 (963)	681 (640)

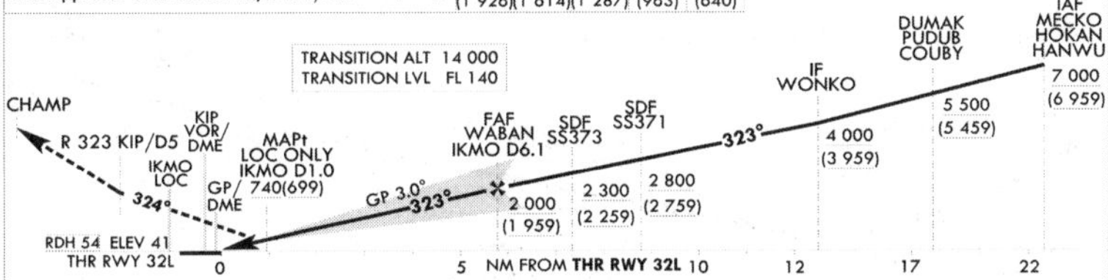

CATEGORY			DA(DH)/ MDA(MDH)	A	B	C	D	DL
Straight-in	CAT-I	FULL	241 (200)	RVR 550m, VIS 800m				
		ALS INOP		1 200 m				
	LOC	GP INOP	740 (699)	2 500 m				
		GP & ALS INOP		3 200 m				

MISSED APPROACH
After 500 ft, Climb on HDG 324° to RDL 323 KIP/D5. Continue climb to 4 000 ft. Left turn direct to CHAMP. Hold as published.

NOTE
1. Missed approach turn limited to 220 kt IAS maximum.

* Timing Not authorized for defining MAPt.
* Circling Not authorized.

Change : Information of OBST height and symbol.

OFFICE OF CIVIL AVIATION

AIRAC AIP AMDT 11/17
Effective : 1600UTC 6 DEC 2017

[그림12]

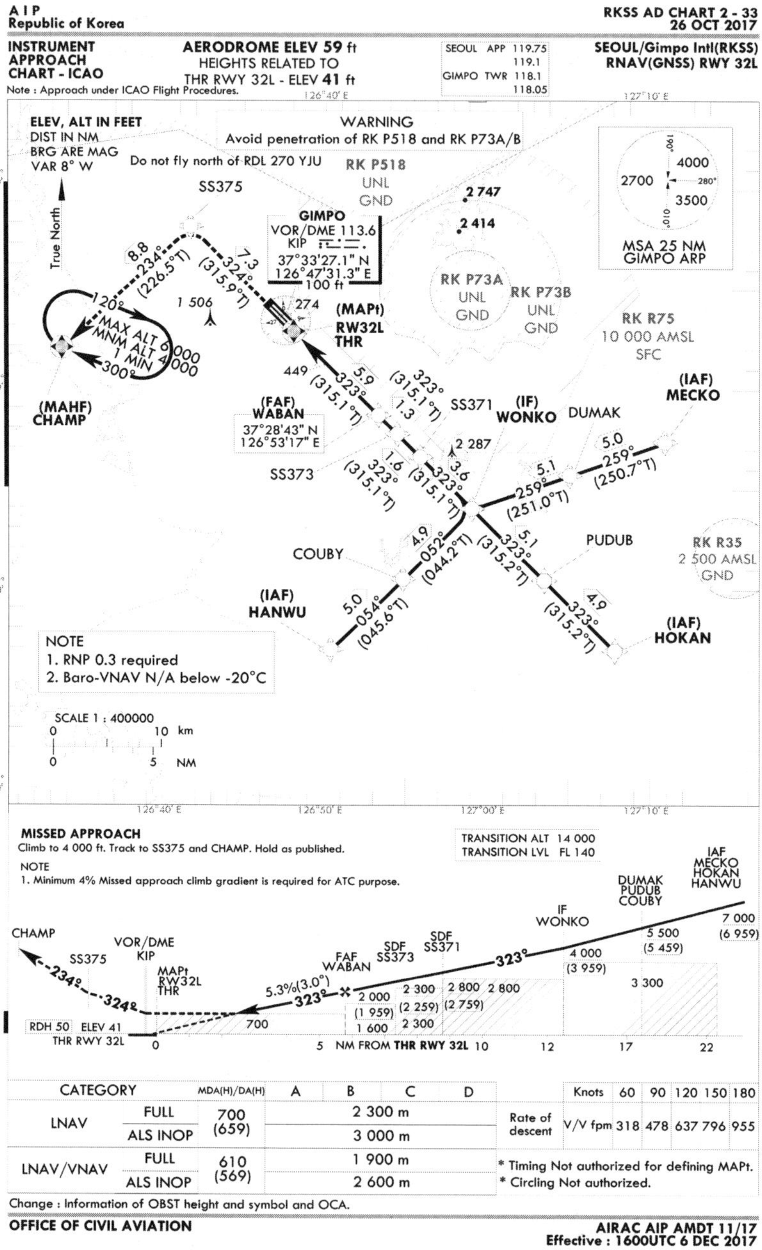
AIP
Republic of Korea
RKSS AD CHART 2 - 33
26 OCT 2017
INSTRUMENT APPROACH CHART - ICAO
AERODROME ELEV 59 ft
HEIGHTS RELATED TO THR RWY 32L - ELEV 41 ft
SEOUL APP 119.75 119.1
GIMPO TWR 118.1 118.05
SEOUL/Gimpo Intl(RKSS)
RNAV(GNSS) RWY 32L
Note : Approach under ICAO Flight Procedures.
ELEV, ALT IN FEET
DIST IN NM
BRG ARE MAG
VAR 8° W
WARNING
Avoid penetration of RK P518 and RK P73A/B
Do not fly north of RDL 270 YJU
RK P518
UNL
GND
SS375
GIMPO
VOR/DME 113.6
KIP
37°33'27.1" N
126°47'31.3" E
100 ft
MSA 25 NM GIMPO ARP
4000
2700
3500
RK P73A
UNL
GND
RK P73B
UNL
GND
RK R75
10 000 AMSL
SFC
(MAPt)
RW32L
THR
MAX ALT 6000
MNM ALT 4000
1 MIN
(MAHF)
CHAMP
(FAF)
WABAN
37°28'43" N
126°53'17" E
SS371
(IF)
WONKO
DUMAK
(IAF)
MECKO
SS373
COUBY
PUDUB
RK R35
2 500 AMSL
GND
(IAF)
HANWU
(IAF)
HOKAN
NOTE
1. RNP 0.3 required
2. Baro-VNAV N/A below -20°C
SCALE 1 : 400000
MISSED APPROACH
Climb to 4 000 ft. Track to SS375 and CHAMP. Hold as published.
NOTE
1. Minimum 4% Missed approach climb gradient is required for ATC purpose.
TRANSITION ALT 14 000
TRANSITION LVL FL 140
RDH 50 ELEV 41
THR RWY 32L
NM FROM THR RWY 32L
CATEGORY
MDA(H)/DA(H)
A
B
C
D
LNAV
FULL
700 (659)
2 300 m
ALS INOP
3 000 m
LNAV/VNAV
FULL
610 (569)
1 900 m
ALS INOP
2 600 m
Knots 60 90 120 150 180
Rate of descent
V/V fpm 318 478 637 796 955
* Timing Not authorized for defining MAPt.
* Circling Not authorized.
Change : Information of OBST height and symbol and OCA.
OFFICE OF CIVIL AVIATION
AIRAC AIP AMDT 11/17
Effective : 1600UTC 6 DEC 2017

[그림13]

A I P
Republic of Korea

RKSS AD CHART 2 - 34
26 OCT 2017

INSTRUMENT APPROACH CHART - ICAO	AERODROME ELEV **59** ft HEIGHTS RELATED TO THR RWY 32L - ELEV **41** ft	SEOUL APP 119.75 119.1 GIMPO TWR 118.1 118.05	SEOUL/Gimpo Intl(RKSS) VOR RWY 32L

Note : Approach under ICAO Flight Procedures.

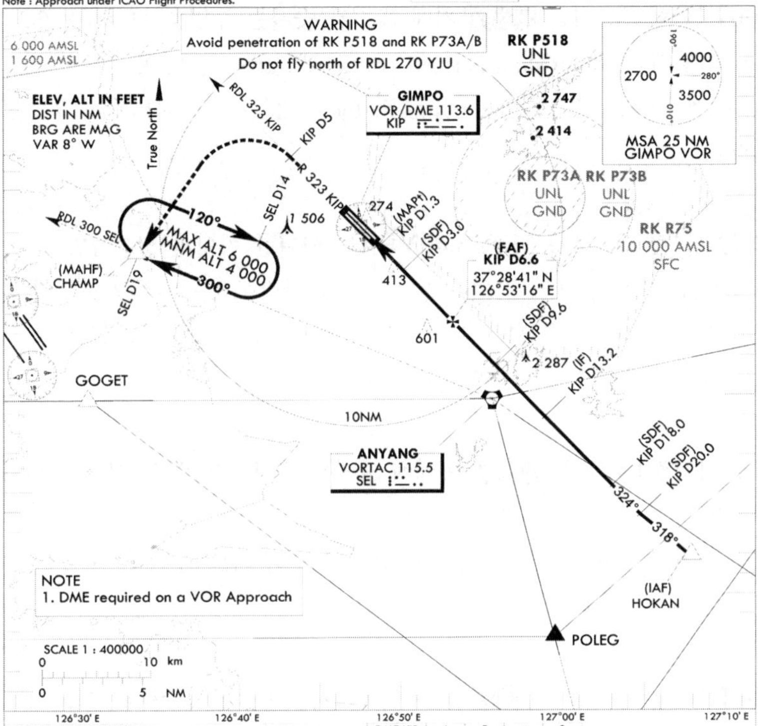

RECOMMENDED PROFILE	DME KIP	6	5	4	3	TRANSITION ALT 14 000
Final Gradient 5.2%(316.7 ft/NM)to SDF,5.5%(335.7 ft/NM) to THR	ALT(HGT)	1 810 (1 769)	1 493 (1452)	1 177 (1 136)	860 (819)	TRANSITION LVL FL 140

MISSED APPROACH
Climb to 4 000 ft on RDL 323 KIP to 5 DME then turn LEFT direct to CHAMP.
Hold as published.
NOTE
1. Missed approach turn limited to 220 kt IAS MAXIMUM due to airspace restriction.

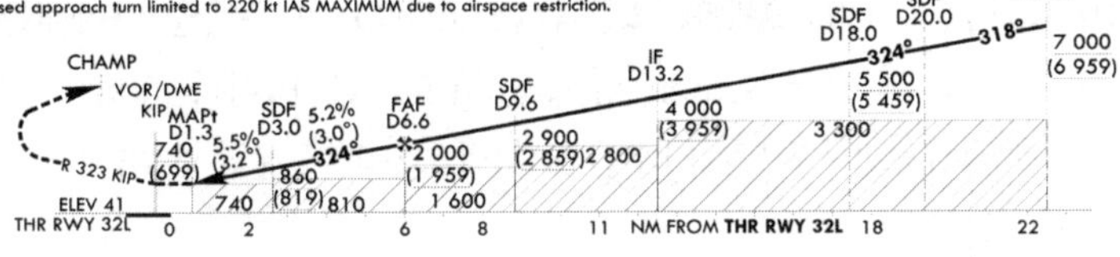

CATEGORY		MDA(MDH)	A	B	C	D
Straight-in	FULL	740 (699)	2 500 m			
	ALS INOP		3 200 m			

Knots	60	90	120	150	180
Rate of descent V/V fpm	319	478	637	797	956

* Timing Not authorized for defining MAPt.
* Circling Not authorized.

Change : Information of OBST height and symbol.

OFFICE OF CIVIL AVIATION

AIRAC AIP AMDT 11/17
Effective : 1600UTC 6 DEC 2017

[그림14]

[En Route Chart]

【196】 [그림15, (1)] V247 위에 표기된 숫자는 무엇을 나타내는가?

- 위 숫자는 MEA(Minimum En route Altitude); 13,000피트
- 아래 숫자는 MOCA(Minimum Obstacle Clearance Altitude); *10,900 피트

【197】 [그림15, (1)] MOCA와 MEA는 어떠한 차이가 있는가?

MOCA와 MEA 모두 장애물 통과높이와 항법신호 통달범위를 보장하는 최저고도이다. 다만, MOCA의 경우는 VOR 시설로부터 22 NM 범위 내에서만 항법신호 통달범위를 제공한다.

【198】 [그림15, (1)] V247 아래에 표기된 숫자 "22"는 무엇을 나타내는가?

구간 거리이다. 이 문제에서는 HEXOL INT와 (YOSWO) 사이 구간의 거리가 22 NM이다.

【199】 [그림15, (2)] V247 오른쪽 "x"는 무엇을 나타내는가?

마일리지 단절(mileage breakdown)을 나타낸다.

【200】 [그림15, (2)] V247 오른쪽 (YOSWO)는 무엇을 나타내는가?

컴퓨터 항법 픽스(computer navigation fix; CNF)이다. CNF 역시 5-문자로 부여되지만 다른 웨이포인트 식별문자와 구분하기 위해서 괄호 속에 표기된다.

【201】 [그림15, (2)] CNF의 활용에 관해서 조종사가 주의해야 하는 사항은 무엇인가?

CNF는 코스의 변경을 지시하고 ATC 목적으로 사용되지 않는다. 따라서 비행로, 비행계획 제출(filing), 또는 무선통신 목적으로 사용해서는 안 된

다. CNF는 GPS 항법을 보조하기 위한 것이기 때문에 접근에 사용해서는 안 된다. CNF 개념은 ICAO에는 채택하고 있지 않다.

【202】 [그림15, (3)] 숫자가 의미하는 것은 무엇인가?

OROCA(Off Route Obstruction Clearance Altitude) 13,600피트이다. OROCA는 순항항로의 방안에서 장애물로부터 보호받을 수 있는 최저고도이다. 평지에서는 해당 차트 방안의 가장 높은 장애물(지형)으로부터 1,000피트 그리고 산악지형에서는 2,000피트 높이를 보장한다. OROCA는 항법신호의 통달범위를 보장하지 않는다.

【203】 [그림15, (4)] 화살표와 함께 표기된 숫자는 무엇을 나타내는가?

화살표가 지시하는 방향성(directional) MEA이다. 이 문제에서 왼쪽 항로의 MEA는 10,500피트이고, 오른쪽 항로의 MEA는 7,000피트이다.

【204】 [그림15, (4)] 사각형 안에 표기된 숫자 151은 무엇을 나타내는가?

NAVAIDs 사이의 총거리이다. 이 문제에서는 HLN VORTAC(5)과 BIL VORTAC(6) 사이 항로의 총거리가 151 NM이다.

【205】 [그림15, (5)] Helena Rgnl Airport의 공역 등급은?

Class D airspace, 공항 데이터에 있는 사각형 안에 "D"로 구분된다.

【206】 [그림15, (5)] Helena Rgnl Airport의 공항 데이터가 녹색으로 그려진 것은 무엇을 나타내는가?

IAP와 RADAR MINIMA가 발행된 공항이다. (TPP/DoD FLIP)

【207】 [그림15, (5)] Helena Rgnl Airport의 등화시설 운영 방식은?

조종사제어등화시설(PCL; pilot controlled lighting system)이다. PCL은 조종사가 공항에 설치된 등화시설을 PTT 또는 마이크 키(mike key)를 이용해서 작동시킬 수 있는 등화시설이다.

【208】 [그림15, (5)] Helena Rgnl Airport의 등화시설은 고광도로 작동시키고자 할 때 조종사는 어떻게 조치해야 하는가?

PTT(push-to-talk) 또는 마이크 키를 5초 이내에 7회를 눌러야 한다.

【209】 [그림15, (6)] Billings Logan Intl Airport의 공항 데이터가 청색으로 그려진 것은 무엇을 나타내는가?

IAP와 RADAR MINIMA가 발행된 공항이다. (High altitude DoD FLIP)

【210】 [그림15, (6)] Billings Logan Intl Airport의 공역 등급은?

Class C airspace, C등급 공역은 엷은 파란색과 점선 원으로 묘사된다. 이외에도 공항 데이터에 있는 사각형 안에 “C”로 구분된다.

【211】 [그림15, (6)] Billings Logan Intl Airport의 공항 데이터에 있는 별표는 무엇을 나타내는가?

등화시설이 요청 혹은 시간제(on request or part-time)로 운용되는 시설이다.

【212】 [그림15, (6)] Billings Logan Intl Airport의 표고는 얼마인가?

3,662피트

【213】 [그림15, (6)] Billings Logan Intl Airport의 가장 긴 활주로 길이는 얼마인가?

10,500피트

【214】 [그림15, (6)] Billings Logan Intl Airport에서 (A)는 무엇을 나타내는가?

ATIS가 방송되고 있는 시설이다.

【215】 [그림15, (6)] Billings Logan Intl Airport 오른쪽 성곽 모양 박스는 무엇을 나타내는가?

이 지역을 관장(controlling)하고 있는 ARTCC 관제센터와 주파수이다. En Route Chart에서 ARTCC(CENTER)는 성곽 모양으로 경계가 그려지고 해당 지역을 관장하고 있는 ARTCC 기관은 성곽 박스 안에 주파수와 함께 표기된다.

【216】 [그림15, (6)] Billings Logan Intl Airport를 관장하고 있는 FSS와 교신을 위한 주파수는 얼마인가?

GREAT FALLS, 122.55, FSS 시설에 관한 정보는 NAVAID 박스와 함께 그려진다. BIL VORTAC 식별 박스 하단에 "GREAT FALLS"라고 표기된 것이 FSS radio call sign이고, 이를 GREAT FALLS radio라고 호출한다.

【217】 [그림15, (6)] Billings Logan Intl Airport 데이터에서 제공되는 정보를 바탕으로 공항에 관해서 확인할 수 있는 모든 사항을 나열하시오.

- 공항 명칭; Billings Logan Intl Airport
- ICAO 공항 식별자; (BIL)
- 공역; C등급
- 공항 표고; 3,662피트
- 최장 활주로 길이; 10,500피트
- 등화시설; 요청 또는 시간제 운용
- ATIS 운용; 주파수 126.3

【218】 [그림15] (8)번 갈색 점선 원 NAVAID와 (9)에 있는 갈색 점선 원 NAVAID는 어떠한 차이가 있는가?

- (8)번 NAVAID는 NDB 항법 시설이다.
- (9)번 NAVAID는 Compass Locator Beacon으로 ILS 부속 시설이다.

【219】 [그림15, (8)] 시설의 식별문자와 주파수는 각각 무엇인가?

HAU, 386kHz이다. 주파수에 밑줄이 그려져 있는 것은 음성식별(voice identification)이 없음을 나타낸다.

【220】 [그림15, (9)] 어느 시설로 활용되고 있는지 간단히 설명하시오.

LOM. 외부마커(outer marker; OM) 비컨을 대신해서 저주파 NDB 송신소에서 신호를 송출하여 위치를 식별하는 데 사용된다. 이 시설은 로컬라이저에 부속된 시설이므로 식별문자는 로컬라이저 식별문자의 첫 두 문자를 사용한다. 이 문제에서 LOC 식별문자는 I-BZN이다. 따라서 LOM의 식별문자는 BZ로 부여된다. 만약 이 시설이 중간마커(middle marker) 대신 사용되고 있다면 LMM이라 하고 로컬라이저 식별문자의 마지막 두 문자를 부여하여 식별한다.

【221】 [그림15, (9)] 로컬라이저 부호의 한쪽에 빗금이 그려져 있는 것은 무엇을 나타내는가?

ATC의 부가 항법 기능(additional navigation function)이 있음을 나타낸다. 이 로컬라이저 코스는 FALIA INT를 식별할 수 있는 기능이 있다.

【222】 [그림15, (9)] 검은색으로 처리된 VOR 부호는 무엇을 나타내는가?

NAVAID 시설 부호가 검은색으로 처리된 것은 필수보고지점(compulsory position reporting)이다.

【223】 [그림15, (10), (11)] 교차점(△)을 중심으로 항로 선이 다르게 그려져 있다. 어떠한 차이가 있는가?

(10)번 항로 선은 고도의 변경이 없음을 나타내고, (11)번 항로 선은 고도 변경이 있음을 나타낸다. 따라서 좌우 항로를 주의 깊게 관찰하여 고도를 선정해야 한다.

【224】 [그림15, (11)] REEPO 교차점 화살표 사각형 안에 표기된 숫자 38은 무엇인가?

BIL VORTAC으로부터 DME 거리이다.

【225】 [그림15, (10)] SUBKY INT 화살표로 지시된 것과 숫자 20은 무엇인가?

DME fix이고 항공로 또는 항로 마일리지와 동일하다는 것을 나타낸다.

【226】 [그림15, (12)] 화살표는 무엇인가?

NAVAID 방위판 화살표는 자북(magnetic north)을 지시한다.

【227】 [그림15, (12)] NAVAID은 무엇인가?

VOR/DME, VOR과 DME의 병설시설이다.

【228】 [그림15, (13)] 이 교차점에 묘사된 "X" 깃발 부호는 무엇인가?

최저통과고도(MCA; minimum crossing altitude)는 항공로 선상에서 더 높은 MEA에 진입하기 위해서 통과해야 하는 가장 낮은 고도이다.

【229】 [그림15, (13)] MCA를 통과하기 위한 절차를 간단히 설명하시오.

MCA는 더 높은 MEA로 진입하기 위해서 통과해야 하는 가장 낮은 고도이므로 MCA 전에 상승을 시작해서 MCA를 통과해야 한다.

【230】 [그림15, (13)] MCA에 관한 어떠한 제한이 있는가?

V187에서 북서쪽으로 향하는 항공기는 이 교차점을 반드시 9,500피트 이상으로 통과해야 한다.

【231】 [그림15, (14)] 청색 항로 선은 무엇인가?

RNAV T-route, 이 항로를 이용하기 위해서는 GNSS를 갖추어야 한다.

【232】 [그림15, (14)] 8,300G는 무엇을 나타내는가?

GNSS(RNAV) MEA이다.

【233】 [그림15, (14)] 청색 항로 선상의 화살표와 함께 숫자 221은 무엇인가?

자기참조코스(magnetic reference course)이다. 자기참조코스는 웨이포인트, 픽스/보고지점 또는 NAVAID로부터 시작된 것을 보여준다.

【234】 [그림15, (7)] COLUMBUS Woltermann Mem Airport의 공항 데이터가 갈색으로 그려진 것은 무엇을 나타내는가?

IAP와 RADAR MINIMA가 발행되지 않은 공항이다.

【235】 [그림15, (15)] IR-473은 무엇인가?

군 훈련 항로(military training route; MTR)이다. MTR은 10,000피트(MSL) 미만에서 250노트 이상으로 비행하는 군 항공기를 위해서 설정된다.

【236】 [그림15, (15)] IR-000은 무엇인가?

IFR 하에서 1,500피트(AGL) 이상의 항로이다. 만약 VFR 하에서 1,500피트(AGL) 미만에서 운용하는 항로는 VR-000으로 부여된다.

【237】 [그림15, (15)] IR-473의 항로 폭은 얼마인가?

MTR 중앙선 양쪽으로 5 NM 미만이다. 만약 MTR 중앙선 양쪽으로 5 NM 이상이라면 폭이 더 넓은 갈색 선으로 그려진다.

【238】 [그림16, (1)] DBS VORTAC을 통과할 때 준수해야 하는 최저고도는 각각 얼마인가?

- V21, V257; 북쪽, 8,600피트
- V298; 서쪽, 9,800피트

- V343; 북쪽, 8,500피트
- V520; 동쪽, 9,000피트
- V520; 서쪽, 10,600피트

【239】 [그림16, (2)] 항로는 무엇인가?

RNAV T-route의 MEA 7,600피트이다. 이 항로를 이용하기 위해서는 GNSS가 필수(GNSS required)이다.

【240】 [그림16, (3)] V298 항공로에서 3개의 고도는 각각 무엇을 나타내는가?

화살표와 함께 그려진 고도는 방향성 MEA이다. 왼쪽 MEA는 10,000피트이고 오른쪽 MEA는 13,000피트이고, MOCA는 *8100이다.

【241】 [그림16, (4)] V465 항공로에서 알 수 있는 항로 데이터는 무엇이 있는가?

- MOCA; 13,300피트
- RNAV MEA; 13,300G(청색)
- VHF MEA; 15,000피트
- 구간 거리; 35 NM

【242】 [그림16, (5)] V465 항공로를 따라 JAC VOR/DME로 향하던 중 NAVAID 주파수를 변경해야 하는 지점은?

JAC VOR/DME로부터 51 NM 지점이다. 반대쪽 NAVAID로부터는 63 NM 지점이 항법 주파수 변경 지점(change over point; $\frac{51}{63}$ COP)이다.

【243】 [그림16, (4), (5)] V465 항공로에서 주의해야 하는 것은 무엇인가?

MEA gap이 존재한다. 항공로 또는 항로 선상에 항법 신호 통달범위에 갭(gap; 간격, 틈)이 존재할 수 있지만, 항법에 승인되기 때문에 조종사는 이 구역을 비행할 때 상당한 주의를 기울여야 한다. 필요하다면 이 구역을 우회해서 비행해야 한다.

【244】 [그림16] (4)와 (5) 사이 직사각형 안에 표기된 114는 무엇인가?

NAVAIDs 시설 사이의 총거리이다.

【245】 [그림16, (6)] JAC VOR/DME를 경유해서 선회하는데 준수해야 하는 최저고도(MTA)는 각각 얼마인가?

- V465에서 북동쪽으로 향하는 항공기가 V330 서쪽 또는 V520 서쪽으로 선회할 때 준수해야 하는 고도는 16,000피트 또는 그 이상을 유지해야 한다.
- V520에서 동쪽으로 향하는 항공기가 V330 서쪽으로 선회할 때 준수해야 하는 고도는 14,200피트 또는 그 이상을 유지해야 한다.
- V330에서 동쪽으로 향하는 항공기가 V520 서쪽으로 선회할 때 준수해야 하는 고도는 16,000피트 또는 그 이상을 유지해야 한다.
- V328에서 북서쪽으로 향하는 항공기가 V465 남서쪽으로 선회할 때 준수해야 하는 고도는 15,100피트 또는 그 이상을 유지해야 한다.

【246】 [그림16, (7)] 청색 실선은 무엇을 나타내는가?

Mode C 운용 구역이다. 이 공역은 다르게 지시되지 않는 한 B등급 공항을 중심으로 30 NM 반경으로 그려지고 지표면부터 10,000피트(MSL)까지 트랜스폰더 Mode C 의무 작동 공역을 나타낸다.

【247】 [그림16, (8)] 얇은 파란색으로 처리된 구역은 무엇을 나타내는가?

Class B airspace

【248】 [그림16] (9)는 무엇을 나타내는가?

특별비행규칙(special flight rule area; SFRA)이 적용되는 구역이다. SFRA는 일반 비행규칙이 적용되지 않는 전체 또는 일부 구역이다. SFRA는 공역

분류(airspace classification), 고도, 코스, 그리고 속도 제한과 같은 제한이 있을 수 있다.

【249】 [그림16] (10)은 무엇을 나타내는가?

금지구역(prohibited area), 제한구역(restricted area), 경고구역(warning area)이고 파란색으로 그려진다. 금지구역은 P-000, 제한구역은 R-000, 그리고 경고구역은 A-000으로 표기된다.

【250】 [그림16] (11)은 무엇을 나타내는가?

경계구역(alert area), 군작전구역(military operations area)이고 갈색으로 그려진다. 경계구역은 A-000, 군작전구역은 MOA-000으로 표기된다.

【251】 [그림16] (12)는 무엇을 나타내는가?

Class G airspace

【252】 [그림16] (13)은 무엇을 나타내는가?

Class D airspace airport, 다르게 지시되지 않는 한 공항을 중심으로 지표면으로부터 2,500피트(AGL; 차트에는 MSL로 표기)까지 공역이다. D등급 공항은 관제탑이 운영되고 있으며 차트에는 공항 명칭 다음에 사각형 속에 "D" 문자로 식별한다.

【253】 [그림16] (14)는 무엇이고 운용을 위한 요건은 무엇인가?

- 방공식별구역(air defense identification zone; ADIZ)
- 국경선(international boundary)을 식별한다.
- ADIZ를 진입과 이탈을 포함한 모든 운용을 위해서 IFR 또는 DVFR 비행계획서를 제출해야 한다.
- 위치보고를 위한 쌍방향 무선통신(two-way communication) 장비를 갖추어야 한다.
- Mode C 기능이 있는 트랜스폰더를 갖추어야 한다.

[활주로 표지 및 등화시설]

【254】 [그림17] 활주, 이륙 및 착륙에 사용할 수 없고 제트후류 혹은 정지로(stopway) 목적으로 사용되는 구역은?

(9), 블래스트 패드(blast pad/stopway)는 항공기 무게를 지지할 수 없는 구역으로 노란색 셰브런(yellow chevron)으로 그려진다.

【255】 [그림17] 활주, 이륙은 허용되지만, 착륙은 허용되지 않는 구역은?

(10), 이설시설(displaced threshold)

【256】 [그림17] 정상적인 활주로가 시작되는 지점임을 알리는 활주로 표지는 무엇인가?

(11), 활주로 시단 표지(runway threshold marking/strips)

【257】 [그림17] 활주로 시단 표지 다음에 있는 표지(12)는 무엇인가?

착지대 표지(touchdown zone marking)

【258】 [그림17] 시단 표지에서 착지대 표지까지 거리는 얼마인가?

500피트

【259】 [그림17, (13)] 2개의 넓은 직사각형 표지는 무엇인가?

목표점 표지(aiming point marking), 이 표지는 착륙하는 항공기에 시각적으로 목표 지점을 정할 수 있도록 한다. 이 표지는 시단으로부터 약 1,000피트 지점에 그려진다.

【260】 [그림17, (14)] 이 표지는 무엇이고 몇 피트 간격으로 그려지는가?

고정 거리 표지(fixed distance marking)이다. 500피트

【261】 [그림17, (1)] 이 표지판은 무엇인가?

활주로 대기지점 표지판(runway holding position sign)이다. 이 표지판은 의무적(mandatory)으로 준수해야 하는 표지판 중 하나이다.

【262】 [그림17, (1)] 이 표지판은 어디에 설치되는가?

활주로 대기지점 표지(runway holding position marking) 좌측 혹은 우측 근처에 설치된다.

【263】 [그림17, (1)] 이 표지판으로 활주로의 배열을 어떻게 예상할 수 있는가?

직 전방에 RWY 13-31 활주로가 있고(4), 왼쪽이 RWY 13이다.

【264】 [그림17, (2)] 검은색 실선과 점선으로 그려진 것은 무엇인가?

활주로 대기지점 표지(runway holding position marking)

【265】 [그림17, (2)] 조종사는 이 표지의 어느 위치에서 대기해야 하는가?

- 활주로 진입(entry); 항공기 전체가 실선 측면을 넘어가지 않도록 대기해야 한다.
- 활주로 이탈(exit); 항공기 전체가 실선 측면을 완전히 넘어가야 한다.

【266】 [그림17, (3)] 이 표지판은 무엇인가?

유도로 위치 표지판(taxiway position sign), 이 표지판은 현재 항공기가 위치해 있는 유도로의 번호를 나타낸다. 이 항공기는 유도로 "C(Charlie)에 있다.

【267】 [그림17, (5)] 이 표지는 무엇인가?

개량 유도로 표지(enhanced taxiway marking)이다. 유도로 중앙선은 노란색 실선으로 그려지지만, 활주로 대기지점 표지로부터 약 150피트 지점까지 중앙선 양쪽에 점선이 추가되어 조종사는 대기지점에 가까워지고 있다는 것을 더 쉽게 알 수 있다.

【268】 [그림17, (5)] 대기지점 표지 앞에서 정지하고 있다. 유도로 표면에 그려진 빨간색 바탕에 백색 숫자는 무엇을 나타내는가?

직 전방에 RWY 9-27이 있다.

【269】 [그림17, (6)] 검은색 바탕에 노란색 알파벳 문자가 지시하는 것은 무엇인가?

유도로 위치 표지와 표지판(taxiway marking and sign)

【270】 [그림17, (6)] 현재 항공기는 B 위치에 있다. 왼쪽 아래에 있는 표지판을 보고 각 유도로 위치를 결정하시오.

현재 항공기는 유도로 B 지점에 있다. 유도로 S는 직 전방 좌우로 배열되어 있고, 유도로 F는 45도 방향으로 배열되어 있다.

←S(1), S→(2), ↖F(3), F↘(4)

【271】 [그림17, (7)] 이 표지판은 무엇을 나타내는가?

활주로 안전구역(runway safety area)/무장애지대(obstacle free zone; OFZ) 경계이다. 이 표지판은 대기지점 표지 근처에 설치되고 대기지점 표지판 뒷면에 이 표지판이 그려진다. (예, (1)의 뒷면) 따라서 조종사는 항공기가 이 표지판을 완전히 벗어날 수 있도록 해야 한다.

【272】 [그림17, (8)] 이 표지판은 무엇을 나타내는가?

이 표지판은 노면에 ILS 대지지점표지 근처에서 신호영향구역을 이탈하고 있는 조종사가 볼 수 있도록 설치된다. 이 표지판은 조종사에게 또 다른 시각 참조를 제공하기 위해서 설치된다. 항공기가 ILS 신호영향구역에서 벗어났음을 판단하기 위한 안내판으로 사용할 수 있다.

【273】 [그림18, (15)] 이 등화시설은 무엇을 나타내는가?

정지 등렬(stop bar lights), 이 등렬은 활주로 대기지점 표지 근처에 설치되어 있다. 이 적색 등화는 주변에 설치된 감지기에서 항공기 위치를 자동으로 감지하여 ON/OFF 시킨다. 이 등화가 ON 상태일 때 이 등화를 넘어가면 매우 위험할 수 있다. 따라서 이 등렬을 넘어서 진행하기 전에 반드시 이 등화가 소등되어야 한다.

【274】 [그림18, (16)] 이 등화시설은 무엇을 나타내는가?

활주로 경계(가드) 등화(runway guard light), 이 등화시설은 항공기가 활주로에 가까워지고 있음을 경고하기 위해서 설치되었다. 일반적으로 유도로 양쪽에 2개씩 한 쌍으로 설치되어 좌우 교대로 점멸된다. 이외에도 유도로를 가로질러 표면에 동일한 형태의 등화가 설치되기도 한다. 이 등화는 안개 등으로 시정이 매우 불량하거나 야간에 대기지점을 식별하는데 양호한 수단이다.

【275】 [그림18, (17)] RWY 18L에 있는 항공기 조종사의 적절한 행동은?

이륙대기등화(takeoff hold light; THL)가 소등되었기 때문에 ATC 지시를 받아 이륙한다.

【276】 [그림18, (17)] 유도로 대기지점에 있는 항공기 조종사의 적절한 행동은?

활주로진입등화(runway entry light; REL)가 점등되었기 때문에 반드시 정지해야 한다.

【277】 활주로상태등화는 무엇인가?

활주로상태등화(runway status lights; RWSL)는 공항 운용에 영향을 주지 않으면서 활주로 침범(runway incursions)과 활주로 사고(runway accidents)를 최소화하기 위해서 설계된 완전 자동 조언 시스템이다. 이 시스템은 현재 운용되고 있는 관제 시스템과 함께 활주로진입등화(runway entrance lights; RELs)와 이륙대기등화(takeoff hold lights; THLs) 시설로 구성되어 있다.

【278】 [그림18, (18)] RWY 18L에 있는 항공기 조종사의 적절한 행동은?

이륙대기등화(takeoff hold lights; THLs)가 점등되었기 때문에 반드시 정지해야 한다.

【279】 [그림18, (18)] 유도로 대기지점에 있는 항공기 조종사의 적절한 행동은?

활주로진입등화(runway entrance lights; RELs)가 소등되었기 때문에 ATC 지시를 받아 활주로를 횡단한다.

【280】 [그림18, (19)] 이 접근등화시설(ALS)의 종류와 특징은 무엇인가?

ALSF-II, 활주로 시단까지 중앙선 등렬이 있고 중앙선 등렬 중앙에 순차점멸 백색등(sequenced flashing white lights; 마치 볼이 굴러가는 듯한 형상)이 배열되어 있다.

【281】 [그림18, (19)] 계기접근 중 계기비행 상태에서 시계비행으로 전환을 결심하는데 보조가 되는 등렬은?

중앙선 등렬을 따라서 비행 중 첫 번째 가로로 배열된 등렬 지점이고 이를 결심등렬(decision bar)이라 한다.

【282】 [그림18, (19)] 결심등렬에 관해서 간단하게 설명하시오.

① 결심등렬(decision bar)은 접근하고 있는 항공기 방향에서 시단으로부터 1,000피트 지점에 가로로 배열된(crossbar) 백색 등렬이다.

② 결심등렬은 계기비행에서 시계비행을 쉽게 전환할 수 있도록 마치 자세계의 인공 수평선(artificial horizon)과 같이 활용될 수 있다.

③ 가로등렬(cross bar)은 시각 경사에 관한 참고로서 외부 자세계와 같이 활용될 수 있다.

④ 활공경로에서 결심등렬 바로 아래로 통과했다면 TCH 표고 상공 약 100피트 높이에서 통과하게 될 것이다.

⑤ 결심등렬은 실패접근을 결심할(distance to go mark) 수 있는 참고로도 활용된다.

【283】 [그림18, (19)] ALS에서 결심등렬을 위치한다면 시단까지 대략적인 거리는 얼마인가?

약 1,000피트

【284】 [그림18, (19)] ALS에서 중앙선 등렬 좌우에 배열된 빨간색 등렬은 무엇인가?

이설시단과 같이 착륙해서는 안 되는 구역을 나타낸다.

【285】 [그림18, (19, 20)] 활주로 시단은 어떻게 판단할 수 있는가?

활주로 시단을 가로질러 녹색 등렬이 길게 배열되어 있다.

【286】 [그림18, (19), (20)] 활주로 시단 등렬 다음에 중앙선 등렬 좌우에 길게 배열된 등렬은 무엇인가?

착지대 등렬이다. 이 구역에 착지(touchdown)해야 한다.

【287】 [그림18, (19)] PAPI는 어떠한 상태인가?

정상활공경로(on glide path) 선상에 있음을 나타낸다.

【288】 [그림18, (19, 20)] 유도로 등화는 어떻게 식별할 수 있는가?

- 유도로 중앙선; 녹색등
- 유도로 테두리; 청색등

【289】 [그림18, (19, 20)] 착륙하는 항공기 조종사는 시단을 녹색등으로 식별한다. 활주로 종단은 어떻게 식별되는가?

활주로 종단은 빨간색 등렬로 식별된다.

【290】 [그림18, (20)] 활주로 중앙선 등렬이 빨간색과 백색으로 교대로 나타나기 시작하는 지점은 활주로 종단으로부터 얼마의 거리인가?

3,000피트

【291】 [그림18, (20)] 활주로 중앙선 등렬이 빨간색과 백색으로 교대로 나타나는 구간의 길이는 얼마인가?

2,000피트

【292】 [그림18, (20)] 활주로 중앙선 등렬이 빨간색으로 나타나기 시작하는 지점은 활주로 종단으로부터 얼마의 거리인가?

1,000피트

【293】 REIL을 어떻게 식별할 수 있는가?

활주로 종단 식별등(runway end identification lights)은 접근하는 항공기가 신속하게 활주로 종단(runway end)을 식별할 수 있도록 강한 동시 섬광등(strobe light)이 활주로 시단의 양 측면에 설치된다.

【294】 유도로와 활주로의 교차로에 있는 대기선 표지는 유도로의 폭을 가로질러 연장된 4줄(2줄 실선, 2중 점선)로 그려진다. 노란색 점선은 어느 위치에 그려지는가?

노란색 점선이 활주로 측면에 그려진다. 따라서 항공기는 항상 실선 구역에 대기해야 한다.

【295】 조종사는 착륙 직전에 있고 관제탑은 당신에게 활주로를 벗어났을 때 지상 관제탑을 호출할 것을 지시했다. 당신은 언제 활주로를 벗어난 것으로 고려해야 하는가?

항공기의 모든 부분이 대기지점표지를 벗어나지 않는 한 활주로에서 벗어난 것으로 볼 수 없다.

【296】 REL은 무엇인가?

활주로진입등화(runway entrance lights)는 대기지점에서 노면과 평평하게 한 방향으로 유도로 중앙선과 평행하게 조종사를 향한 방향으로 설치된다. 특정 REL 등화의 배열은 활주로 테두리까지 일정 간격의 연속 등화들을 따라서 대기선에서 첫 번째 등화, 그리고 활주로 테두리 전에 마지막 두 개의 등화들과 평행한 활주로 중앙선에서 추가로 한 개의 등화가 포함된다. 이 등화들이 작동될 때 적색등은 활주로에 고속 항공기가 있거나 작동 구역 내에 최종접근 중인 항공기가 있음을 나타낸다.

【297】 VASI가 운용되고 있는 활주로에 터빈동력 항공기가 착륙을 위해서 접근하고 있을 때 어떻게 활용해야 하는가?

VASI(visual approach slope indicator)는 안전한 착륙을 위해서 더 낮은 고도가 필수적이지 않은 한 활공경로 또는 그 이상의 고도를 유지해야 한다.

【298】 고성능 항공기의 조종사는 정상 VASI 활공경사보다 깊은각으로 접근할 때 유의해야 하는 사항은 무엇인가?

정상 활공각(normal glide slope angle)은 3°이다. 그러나 일부 장애물 통과높이로 인하여 4.5° 이상 높아질 수 있다. 고성능 항공기의 조종사는 3.5°를 초과하는 VASI 각도에서 착륙과 착륙활주를 위한 길이가 증가할 수 있음을 참고해야 한다.

【299】 2-등렬(2-bar) VASI가 운용되고 있는 활주로에 착륙 접근하는 동안 이들 등화는 어떻게 보여야 하는가?

2-등렬 VASI에서 백색 등화 위에 적색 등화를 보였다면 정상 활공경로를 지시한다. 그러나 적색 등화만 보였다면 너무 낮은 활공경로 선상에서 접근하고 있고, 백색 등화만 보였다면 너무 높은 활공경로 선상에 접근하고 있다.

【300】 3-등렬(3-bar) VASI의 높은 활공경로는 어떠한 색으로 보이는가?

3-등렬 VASI의 약간 높은 활공경로는 전면등렬(near bar)과 중간등렬(middle bar) 백색 그리고 후면등렬(far bar) 적색이 보일 것이다.

【301】 3-등열(3-bar) VASI의 장점은 무엇인가?

3-등렬(3-bar) VASI의 정상 활공각은 높은 조종실과 낮은 조종실 모두에 제공한다. 3-등열 VASI의 높음 활공경사는 높은 조종실 항공기에 활용된다.

- Below both glide paths
- On lower glide path
- On upper glide path
- Above both glide paths

【302】 정밀접근지시기(PAPI)는 무엇인가?

PAPI는 비정밀접근 환경에서 시각 활공경사 유도를 제공한다. 일반적으로 활주로의 왼쪽에 4개의 등화가 일렬로 배열된다. 정밀접근지시기(PAPI; precision approach path indicator)의 유효 시각 범위는 다음과 같다.

- 주간; 최소한 3마일
- 야간; 20마일까지

【303】 PAPI 활공경로에서 약간 낮은 지시를 가리키는 것은 무엇인가?

정밀접근경로지시기(precision approach path indicator; PAPI)에서 약간 낮은 활공경로는 한 개의 백색등화와 3개의 적색등화로 보일 것이다.

【304】 연속 실선이 있는 측면으로부터 유도로 대기선으로 다가갈 때 조종사는 어떻게 행동해야 하는가?

조종사는 실선(continues lines)으로 그려진 측면으로부터 대기선(holding line)에 접근 중 관제공항(controlled airport)에서 ATC 인가 없이 또는 비관제공항에서 다른 항공기와 적절한 분리 없이 대기선을 통과해서는 안 된다.

【305】 "ILS critical area boundary sign" 은 무엇을 나타내는가?

ILS 신호영향구역표지판(ILS critical area signs)은 노면에 있는 ILS 대기지점표지(holding position marking) 근처에 이 구역을 벗어나는 조종사가 볼 수 있도록 설치되어 있다. 또한, 이 표지판은 조종사에게 ILS 크리티컬 구역을 벗어났는지를 판단할 수 있는 가이드로 사용할 수 있는 또 다른 시각적 단서(visual cue)를 제공한다.

【306】 노란색 경계막대선 표지의 목적은 무엇인가?

경계막대선(demarcation bar)은 활주로로 이어지는 블래스트 패드, 정지로, 또는 유도로로부터 이설활주로(displaced runway)가 있는 활주로를 표시한다. 이 막대선은 노란색의 폭 3피트(1m)로 그려진다.

【307】 활주로 테두리 등화색은 무엇인가? (계기활주로 제외)

활주로 테두리 등화(runway edge lights)색은 백색(white)이다. 그러나 마지막 2,000피트 또는 활주로 길이의 절반(어느 것이든 짧은 것)에서 주의 지대(caution zone)로 황색(yellow)으로 대체된다.

【308】 착지대는 얼마나 멀리까지 연장되는가?

시단으로부터 활주로의 첫 3,000피트까지 연장된다. 이것은 계기접근을 위한 직진 착륙 최저치(straight-in landing minimums)의 설계에서 착지대 표고를 결정하는 데 사용된다.

【309】 RWSL은 무엇인가?

활주로 상태등화(runway status light; RWSL)는 조종사 혹은 차량 운전자에게 활주로에 진입, 통과, 그리고 활주로에서 이륙할 때 활주로 상태(runway status)가 불안전하다는 명확한 지시를 제공하기 위한 완전 자동 시스템(fully automated system)이다. RWSL은 적색등화를 ON/OFF로 지시된다.

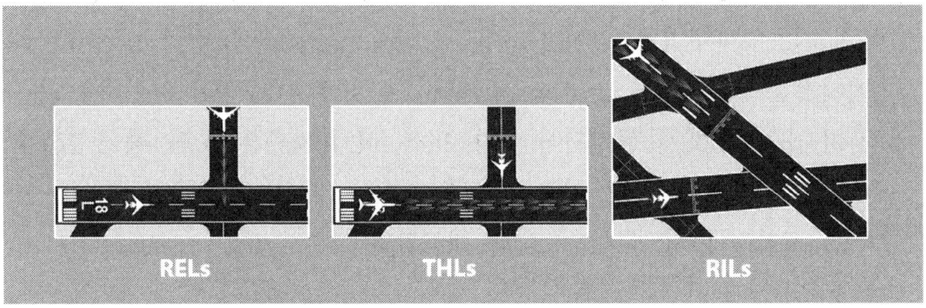

【310】 RWSL이 점등되지 않은 것으로 조종사에게 활주로에 진입, 통과, 또는 활주로로부터 이륙을 허가하는 것인가?

아니다. RWSL은 독립된 안전시설 중 하나이기 때문에 조종사의 이 같은 행동은 여전히 ATC 인가를 받아야 한다.

【311】 THL은 무엇인가?

이륙대기등화(takeoff hold lights; THL)는 활주로 노면에 활주로 중앙선등의 양쪽에 배열된(2줄) 단방향성 등화이다. 이 등화는 위치와 대기지점에서 활주로의 도착 종단을 향해서 초점이 맞추어져 있고, 대기 중인 항공기의 전방으로 1,500피트까지 연장되어 있다. 이륙 또는 이륙활주를 위한 위치에 있는 항공기에 빨간색 등화는 활주로에 다른 항공기 또는 지상 차량이 들어와 있거나 들어올 예정이 있어 이륙이 불안전하다는 것을 지시한다. 두 항공기, 또는 지상 차량과 항공기를 향해 비추기 위한 등화가 필요하다. 출발 중인 항공기는 이륙 또는 이륙활주를 시작하기 위한 위치에 있어야 한다. 다른 항공기 또는 지상 차량은 활주로 위 또는 가로지르기 직전에 있어야 한다.

【312】 유도로 표지는 어떻게 그려지는가?

① 2줄 실선; 항공기가 사용할 수 없는 유도로 경계선

② 2줄 점선; 주기장(apron)과 같이 항공기가 사용할 수 있는 포장 표면 위의 유도로의 경계선(boundary)을 나타냄

③ 개량 유도로 중앙선 노면표지

【313】 개량 유도로 중앙선 표지의 목적은 무엇인가?

개량 유도로 표지(enhanced taxiway centerline marking)는 기존 유도로 중앙선 양쪽에 점선이 추가되어 그려진 것으로 쉽게 식별할 수 있다. 점선은 대기지점표지(holding position marking)로부터 약 150피트까지 그려진다. 이 표지의 목적은 활주로 안전구역으로 접근하고 있는 조종사 혹은 차량 운전자에게 멀리에서부터 대기지점/안전구역으로 접근하고 있음을 알려주기 위함이다.

【314】 활주로상태등화시설(RWSL)에서 REL이 점등되었을 때 어떻게 행동해야 하는지 설명하시오.

① 활주로/유도로에서 적색등을 마주하고 있는 항공기 정지

② 유도로/활주로 교차로에 설치되어 활주로 진입이 불안전하다는 것을 지시한다.

③ 유도로 중앙선 등화 한쪽에 나란히 설치된다. (REL-1줄, THL-2줄)

④ 항공기는 REL이 소등될 때까지 대기선에서 정지해야 한다.

【315】 FAROS는 무엇인가?

최종접근활주로점유신호(final approach runway occupancy signal)는 PAPI를 이용해서 활주로에 다른 항공기가 이미 들어서 있다는 것을 접근 중인 항공기 조종사에게 경고하는 시스템이다. 만약 지정된 활주로에 항공기가 진입해 있다면 PAPI는 점멸(flashing)된다.

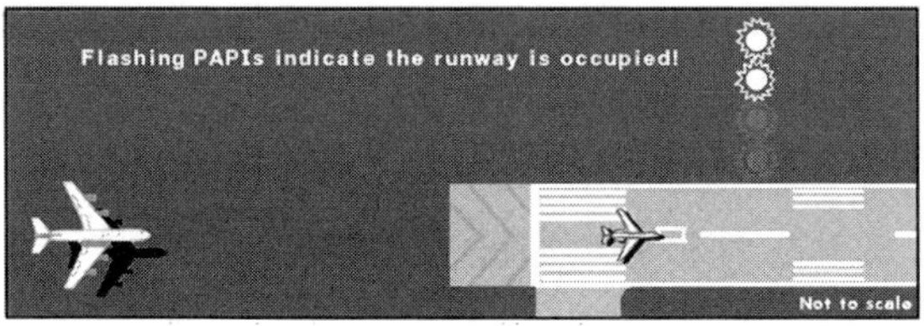

제 3 부

JEPPESEN CHART

1. 차트 부호 범례

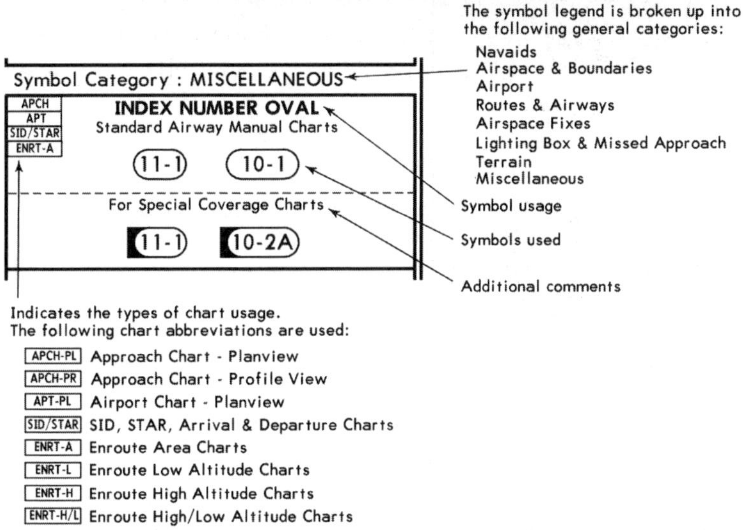

- 부호범례(symbol legend); 항법보조시설(NAVAID), 공역과 경계, 공항, 비행로와 항공로, 공역픽스(airspace fixes), 등화박스와 실패접근, 지형, 기타로 분류한다.
- 색인 타원(index oval)
- 부호 용도(symbol usage)
  - 표준 항공로 매뉴얼 차트(standard airway manual chart)
  - 특별 범위 차트(for special coverage chart)
- 사용된 부호(symbol used)
- 차트 용도의 종류와 약어는 다음과 같다.
- APCH-PL; 접근도-평면도(planview)
- APCH-PR; 접근도-측면도(profile view)
- APT-PL; 공항도형-평면도(airport planview)
- ENRT-A; Enroute(순항항로) 지역차트(area chart)
- ENRT H/L; Enroute(순항항로) 고고도/저고도 차트

<table>
<tr><th colspan="2">NAVAIDs</th></tr>
<tr><td>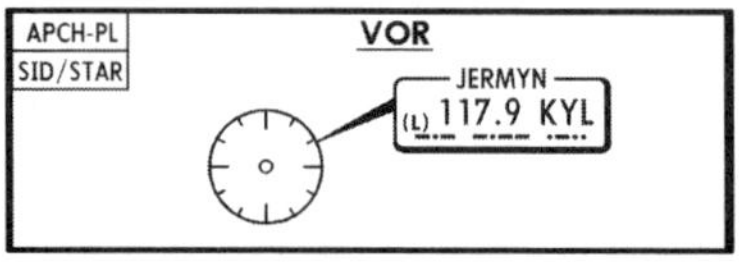
</td><td>

■ VOR 부호
• 명칭, 주파수, 식별문자
• 등급(L), 전신부호
• VOR 단독

</td></tr>
<tr><td>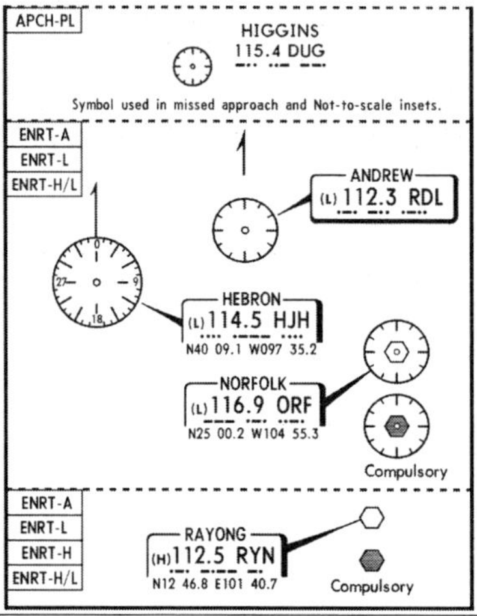
</td><td>

■ 실패접근에 사용된 부호(APCH-PL)
• 축적이 적용되지 않고 삽입됨

■ VOR 부호
• VOR 주변 나침반 방위판
• 화살표는 자북(magnetic north) 지시
• 식별박스 오른쪽과 아래 음영은 순항항로 구조의 한 부분을 나타냄
• 지역 차트의 경우 지리적 위치(위도/경도)
• 등급(class); (T), (L), (H)
■ 필수보고지점(compulsory reporting point)

</td></tr>
<tr><td>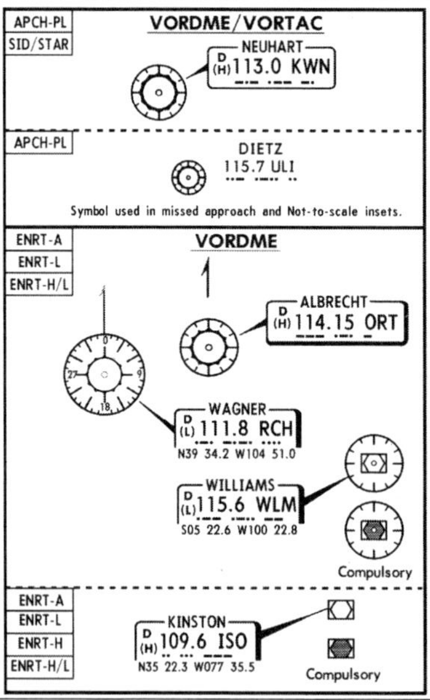
</td><td>

■ VORDME/VORTAC
• TACAN은 톱니모양으로 그려진다.
• "D"는 DME 정보를 제공하는 VORTAC
■ 실패접근에 사용된 부호는 차트 축적에 일치하지 않음
■ VORDME
■ 필수보고지점(compulsory reporting point)

</td></tr>
<tr><td colspan="2"></td></tr>
</table>

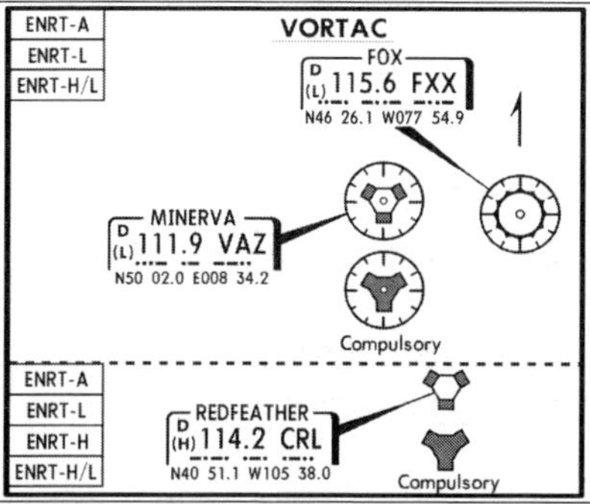

■ VORTAC
- 명칭, 주파수, 식별문자, 전신부호
- 지리적 위치(위도/경도)
- 자북 화살표
- "D" 문자는 DME 제공 시설
- 등급; (L)
- 필수보고지점(compulsory)
- 필수보고지점은 음영으로 채워진다.

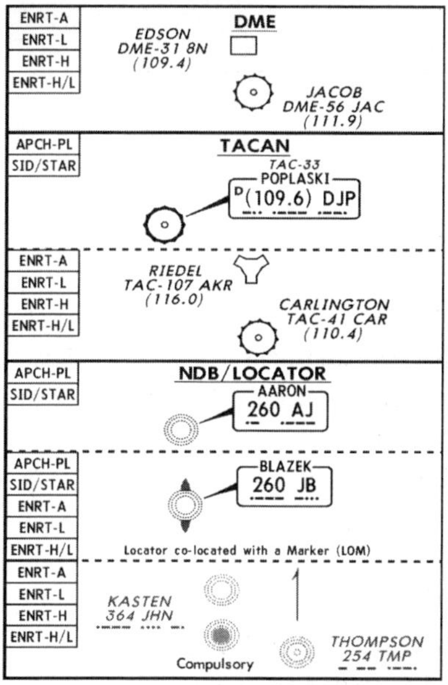

■ DME
- 직사각형으로 그려짐

■ TACAN

■ NDB/LOCATOR
- 일련의 점선 원으로 구성됨
- 명칭, 주파수, 식별문자(3문자), 전신부호
- NDB는 녹색으로 그려짐
- 시설 위에 자북 화살표
- 필수보고지점(compulsory)
- 마커와 함께 위치해 있는 로케이터(LOM)
- 로케이터 식별문자(2문자)

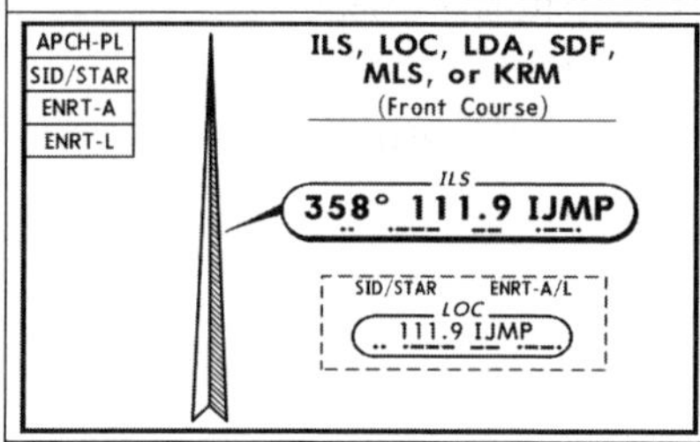

■ ILS, LOC, LDA, SDF, or KRM
- 전면코스(front course)
- 코스 방위각, 주파수, 식별문자, 전신부호

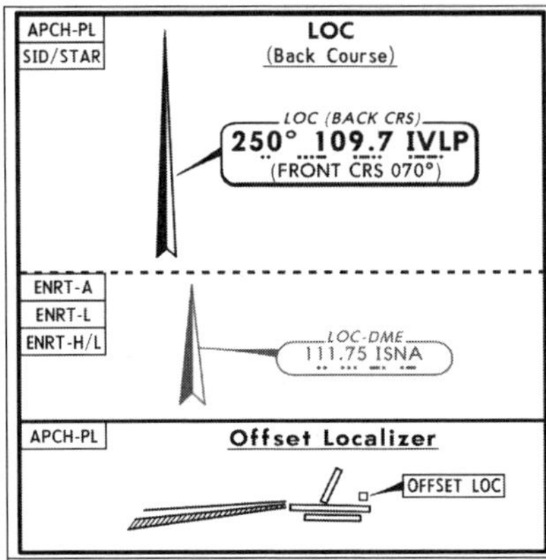	■ LOC(후면코스) • 코스 방위각, 주파수, 식별문자, 전신부호 ■ LOC-DME • 주파수, 식별문자, 전신부호 ■ OFFSET LOCALIZER(오프셋 로컬라이저)
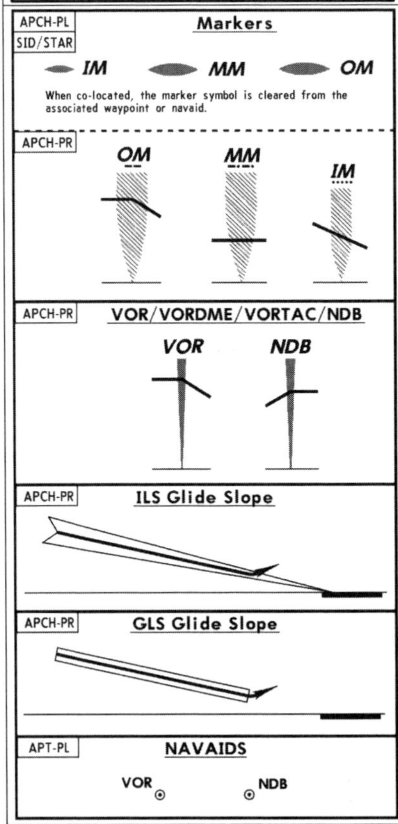	■ 마커비컨 • 병설(co-located) 시설일 때 마커부호는 관련 웨이포인트 또는 NAVAID로부터 그려지지 않는다. ■ 팬마커; 식별부호 • 외부마커(OM) • 중간마커(MM) • 내부마커(IM) ■ VOR/VORDME/VORTAC/NDB ■ ILS 활공경사(glide slope) ■ GLS 활공경사 ■ NAVAIDs; 공항도형(APT-PL)

AIRSPACE & BOUNDARIES	
ENRT-A / ENRT-L / ENRT-H / ENRT-H/L **Special Use Airspace** Advisory Area (Canada), Alert Area, Caution Area, JDA Areas (Japan), Military Operations Area, Temporary Reserved Airspace, Training Area, Warning Area APCH-PL / APT-PL / SID/STAR ENRT-A / ENRT-L / ENRT-H / ENRT-H/L **Special Use Airspace** Areas of Intense Air Activity, Danger Area, Flight Restricted Zones(FAA), Fuel Dumping Areas, High Intensity Radio Transmission Areas, Prohibited Area, Restricted Area APCH-PL / APT-PL / SID/STAR	■ 특별사용공역(SUA)(초록) • 조언구역(advisory area; Canada) • 경계구역(alert area) • 주의구역(caution area) • JDA 구역(Japan) • 군작전구역(military operating area) • 임시확보공역(temperory reserved airspace) • 훈련구역(training area) • 경고구역(warning area) • 공중활동 집중 구역(자홍색) (areas of intense air activity) • 위험구역(danger area) • 비행제한지대(flight restricted zone) • 연료배출구역(fuel dumping area) • 고강도 무선송출구역 (high intensity radio transmission areas) • 금지구역(prohibited area) • 제한구역(restricted area)
ENRT-A / ENRT-L / ENRT-H / ENRT-H/L **Special Flight Rules Area (FAA)** ENRT-A / ENRT-L / ENRT-H / ENRT-H/L **Class A Airspace** Control Area Extensions(Canada),Control Areas, Military Terminal Control Areas, Transition Areas(Canada), Terminal Control Areas, Upper Control Areas A A ENRT-A / ENRT-L / ENRT-H/L **Class B Airspace** Class B (FAA),Control Area Extensions(Canada), Control Areas, Military Terminal Control Areas, Transition Areas (Canada), Terminal Control Areas, Upper Control Areas B B ENRT-A / ENRT-L / ENRT-H/L **Class C Airspace** Class C (FAA),Control Area Extensions(Canada), Control Areas, Military Terminal Control Areas, Transition Areas (Canada), Terminal Control Areas, Upper Control Areas C C ENRT-A / ENRT-L / ENRT-H/L **Class D Airspace** Control Area Extensions(Canada),Control Areas, Military Terminal Control Areas, Transition Areas(Canada), Terminal Control Areas, Upper Control Areas	■ 특별비행규칙구역(청색) (special flight rules area; FAA) ■ A등급 공역(자홍색) • 관제구역확장 (control area extensions; Canada) • 관제구역(control area) • 군터미널관제구역 (military terminal control areas) • 전이구역(transition area; Canada) • 터미널관제구역(terminal control areas) • 상층관제구역(upper control area) ■ B등급 공역(자홍색) ■ C등급 공역(청색) ■ D등급 공역(청색)

ENRT-A / ENRT-L / ENRT-H / ENRT-H/L **Class G Airspace** ENRT-H **Control Area, Military Terminal Control Area, Terminal Control Area** ENRT-A / ENRT-L / ENRT-H/L **Air Traffic Services** Class D (FAA), Class E (FAA), Control Zone, Military Control Zone, Tower Control Area ENRT-A / ENRT-L / ENRT-H/L **Air Traffic Services** Air Traffic Zone, Helicopter Protected Zone, Helicopter Traffic Zone, Military Air Traffic Zone, Positive Control Area, Special Rules Area/Zone, Traffic Information Area/Zone ENRT-A / ENRT-L / ENRT-H **Oceanic Control Area, FAA Control Areas** ENRT-A / ENRT-L / ENRT-H / ENRT-H/L **Air Defense Identification Zone**	■ G등급 공역(회색) ■ 관제구역, 군터미널구역, 터미널관제구역(청색) ■ 항공교통업무(air traffic services)(청색점선) • D등급 공역(FAA) • E등급 공역(FAA) • 관제지대(control zone) • 군관제지대(military control zone) • 관제탑 관제구역(tower control area) ■ 항공교통업무(air traffic services)(청색) • 항공교통지대(air traffic zone) • 헬리콥터 보호지대 (helicopter protected zone) • 헬리콥터 항공교통지대 (helicopter traffic zone) • 군항공교통지대(military air traffic zone) • 적극관제구역(positive control area) • 특별규칙구역/지대(special rule area/zone) • 교통정보 구역/지대 (traffic information area/zone) ■ 해양관제구역(oceanic control area) • FAA 관제구역 ■ 방공식별구역(ADIZ)
ENRT-A / ENRT-L / ENRT-H / ENRT-H/L / SID/STAR **Flight Information Region / Upper Flight Information Region** ENRT-A / ENRT-L / ENRT-H / ENRT-H/L **Air Route Traffic Control Center, Area Control Center, Area of Responsibility, Delegated Airspace, Upper Area Control Center** ENRT-A / ENRT-L / ENRT-H / ENRT-H/L **CNS/ATM Equipment Boundary (MNPS, RNP, RVSM)** ENRT-A / ENRT-L / ENRT-H / ENRT-H/L **Random RNAV Area**	■ 비행정보구역/상층비행정보구역(초록) (flight information region) (upper flight information region) ■ 항로교통관제소(ARTCC)(초록) • 지역관제소(area control center) • 책임구역(area of responsibility) • 위임공역(delegated airspace) • 상층구역관제소(upper area control center) ■ CNS/ATM 장비 경계선(자홍색) (MNPS, RNP, RVSM) ※ Communications, Navigation, Surveillance ※ Air Traffic Management ※ Minimum Navigation Performance Specification ※ Reduced Vertical Separation Minima or Minimum ■ 랜덤(random) RNAV 구역(자홍색)

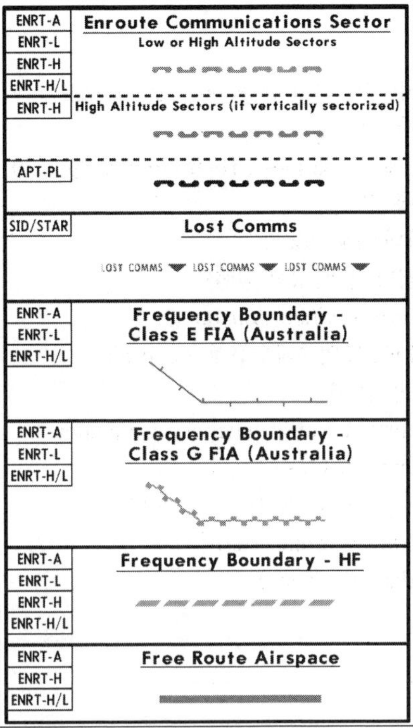

- 순항항로 통신 섹터
  (enroute communication sector)
- 저고도 또는 고고도 섹터(초록)
  (low or high altitude sectors)
- 고고도 섹터(수직으로 분할된 섹터)(청색)
  (if vertically sectored)
- 무선통신두절(lost communication)
- 주파수 경계(frequency boundary)
  ; Class E FIA(Australia)
- 주파수 경계(초록)
  ; Class G FIA(Australia)
- 주파수 경계(HF)
- 자유 비행로 공역(free route airspace)

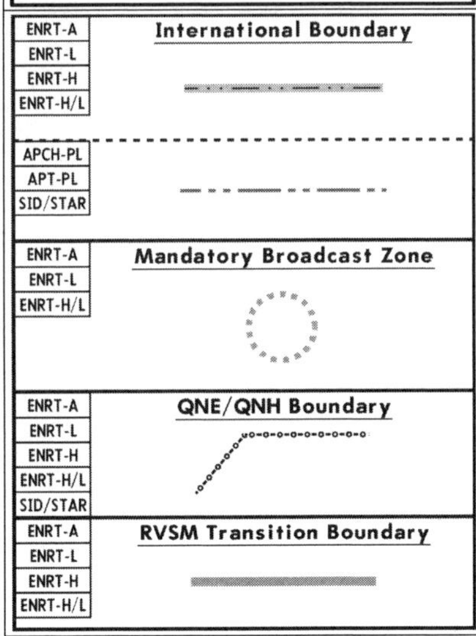

- 국경선
- 의무방송지대(mandatory broadcast zone)
  (청색 점선원)
- QNE/QNH 경계선
- RVSM 전이경계(transition boundary)
  (자홍색)

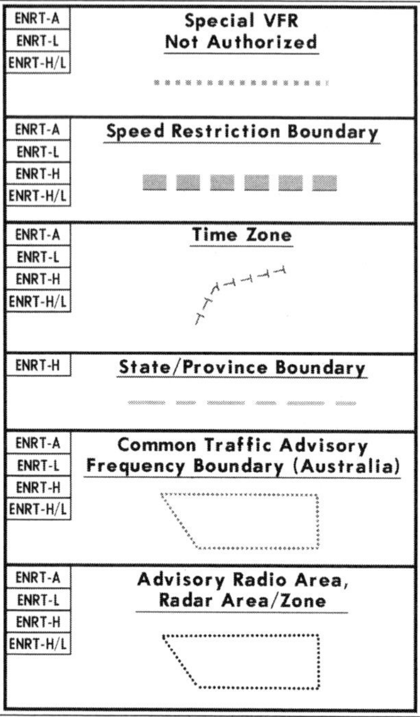

- SVFR 승인되지 않음(Not authorized)
  (자홍색)
- 속도제한경계(speed restriction boundary)
  (자홍색)
- 시각대(time zone)
- 주/지방 경계(청색 점선)
  (State/Province boundary)
- 공통교통조언주파수경계-Australia
  (초록 점선)
  (Common traffic advisory frequency boundary; CTAF)
- 조언무선구역, 레이더 구역/지대
  (advisory radio area)
  (radar area/zone)

AIRPORT

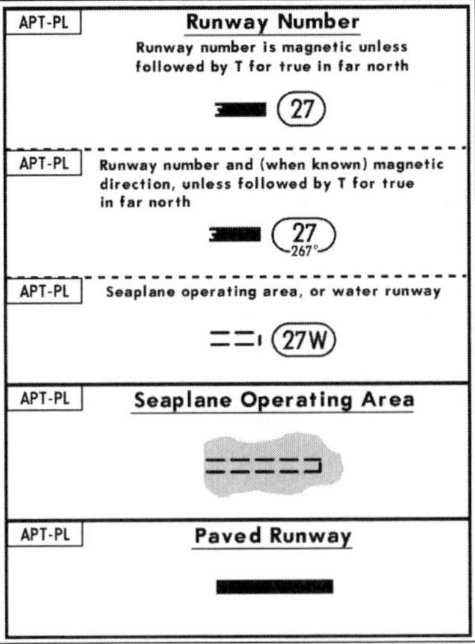

- ■ 활주로 번호(runway number)
- • 활주로 번호는 "T"-문자로 진북(true)으로 표기되지 않는 한 자방위(magnetic)이다.
- • 활주로 번호와 자방위는 "T"-문자로 진북으로 표기되지 않는 한 자방위이다.
- • 수상비행장(seaplane operating area) 또는 수상 활주로(water runway)
- ■ 수상기 운용 구역(seaplane operating area)
- ■ 포장 활주로(paved runway)

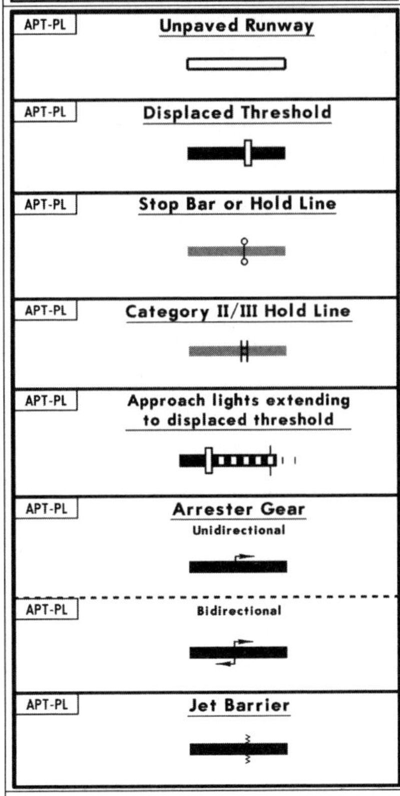

- ■ 비포장 활주로(unpaved runway)
- ■ 이설 활주로(displaced threshold)
- ■ 정지막대선(stop bar) 또는 대기선(hold line)
- ■ Cat II/III 대기선(hold line)
- ■ 이설 시단까지 연장된 접근등화 (approach lights extending to displaced threshold)
- ■ 강제착륙장치(arresting gear
- • 일방(unidirectional)
- • 양방향(bidirectional)
- ■ 제트후류방벽(jet barrier)

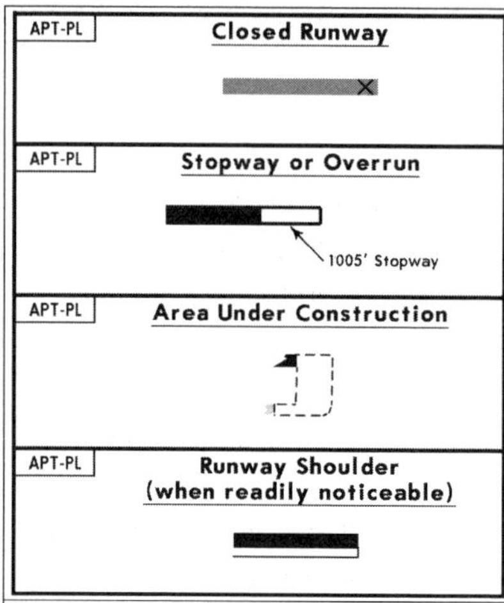

- 폐쇄 활주로(closed runway)
- 정지로(stopway) 또는 과주로(overrun)
- 공사 중인 구역(area under construction)
- 활주로 갓길(runway shoulder)
  (쉽게 식별할 수 있을 때)

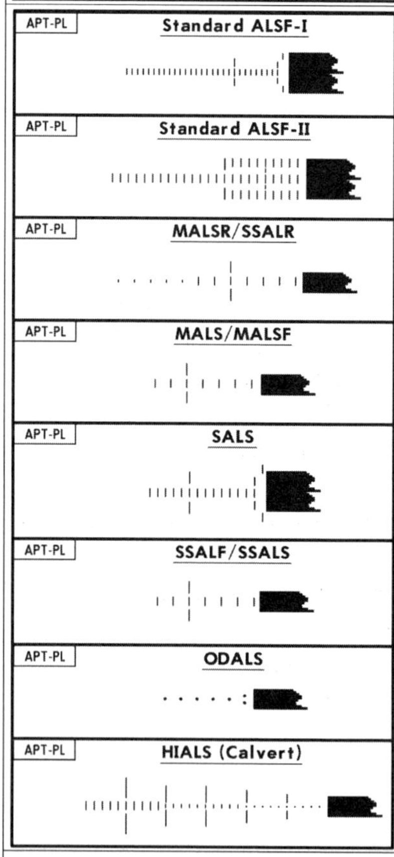

- 표준 ALSF-I
- 표준 ALSF-II
  - Approach lighting system with sequence flashing lights
- MALSR/SSALR
  - Medium-intensity approach lighting system with runway alignment indicator
  - Simplified short approach lighting system with runway alignment indicator
- MALS/MALSF
- SALS
  - Short approach lighting system
- SSALF/SSALS
  - Simplified short approach light system with sequenced flashing lights
  - Simplified short approach lighting system
- ODALS
  - Omni directional approach lighting system
- HIALS(Calvert)
  - High intensity approach lighting system

※ Calvert; 미국 메릴랜드 주 세실카운티에 있는 자치구.

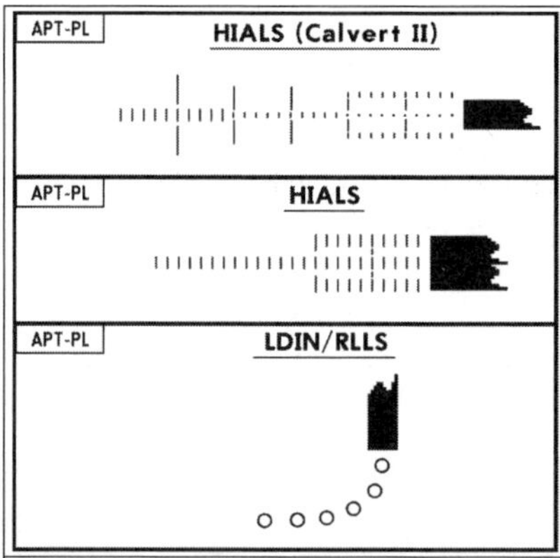

- ■ HIALS(Calvert II)
- ■ HIALS
- ■ LDIN/RLLS
- • Lead-In Lighting System(진입등 시설)
- • Runway Lead-In Lighting System

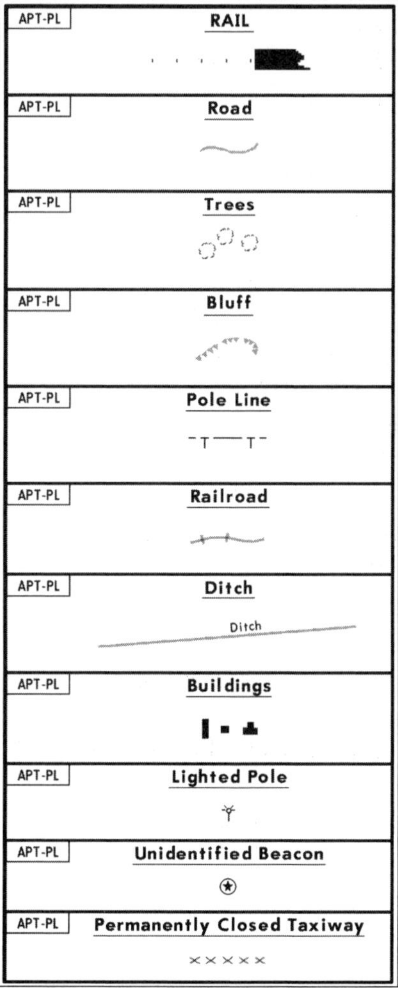

- ■ 활주로정렬지시등(RAIL)
- • Runway Alignment Indicator Lights
- ■ 도로
- ■ 수목
- ■ 절벽
- ■ 송전선
- ■ 철로
- ■ 개천(ditch)
- ■ 빌딩(buildings)
- ■ 등화 전봇대(lighted pole)
- ■ 미식별 비컨(unidentified beacon)
- ■ 영구폐쇄 유도로
  (permanently closed taxiway)

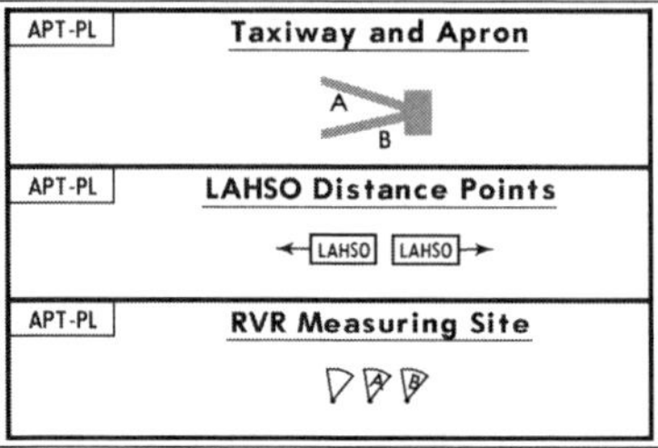

- ■ 유도로와 주기장(taxiway and apron)
- ■ LAHSO 거리 지점(distance points)
- ■ RVR 측정 지점(measuring site)

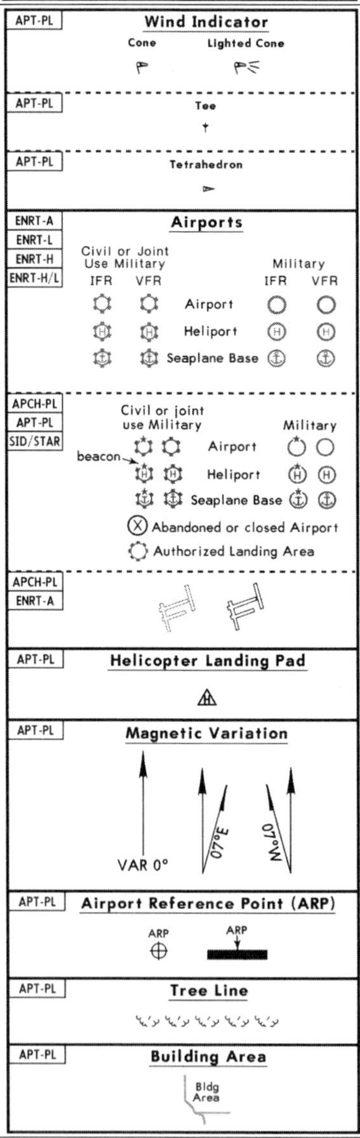

■ 풍향지시기

- 바람주머니/등화 바람주머니 (cone/lighted cone)
- T-형 바람지시기
- 사면체(tetrahedron)

■ 공항

- 공항/헬리포트/수상공항
- 민간 또는 민군공용 공항 (civil or joint use military)
  - -원 주위에 6개의 점
  - -IFR(청색)
  - -VFR(녹색)
- 폐기 또는 폐쇄 공항 (abandoned or closed airport)
- 승인된 착륙 구역 (authorized landing area)

- ■ 헬리콥터 착륙장(landing pad)
- ■ 편각(magnetic variation)
- ■ 공항참조점(airport reference point; ARP)
- ■ 수목 선(tree line)
- ■ 빌딩 구역(building area)

ROUTES & AIRWAYS

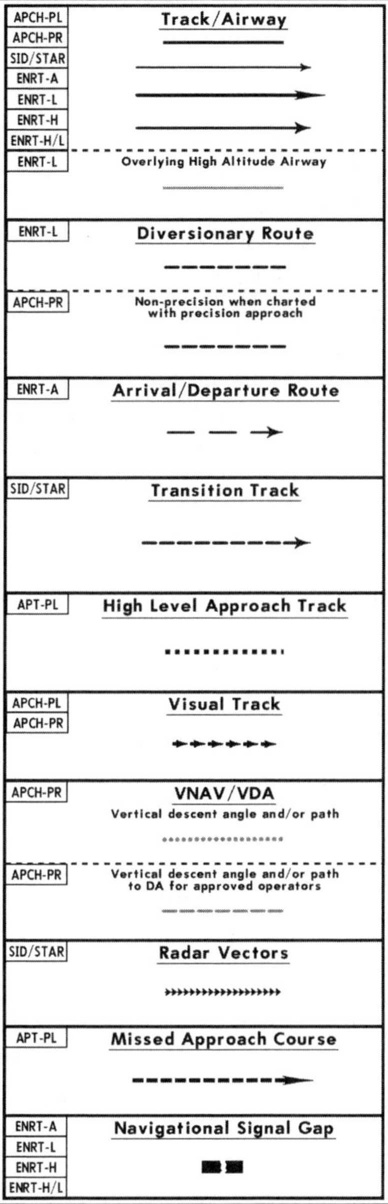

- ■ 항적/항공로(track/airway)
- • 중첩(overlying; *위에 그려진*) 고고도 항공로
- ■ 긴급전환 비행로(diversionary route)
- • 정밀접근과 함께 도식되었을 때 비정밀
- ■ 도착/출발 비행로(arrival/departure route)
- ■ 전이항적(transition track)
- ■ 고고도 접근 항적 (high level approach track)
- ■ 시계항적(visual track)
- ■ VNAV/VDA
- • 수직강하각(vertical descent angle) 또는 경로(vertical descent path)
- • 승인된 운용자에게 DA까지 수직강하각 또는 경로
- ■ 레이더 벡터(radar vectors)
- ■ 실패접근코스(missed approach course)
- ■ 항법 신호 갭(navigational signal gap)

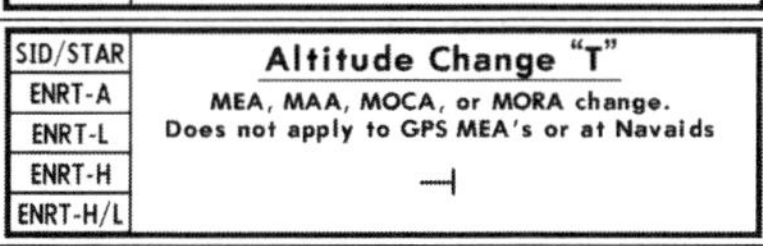

- ■ 고도 변화 "T"
- • MEA, MAA, MOCA, MORA 변화
- • GPS MEA's 또는 NAVAIDs에 적용하지 말 것.

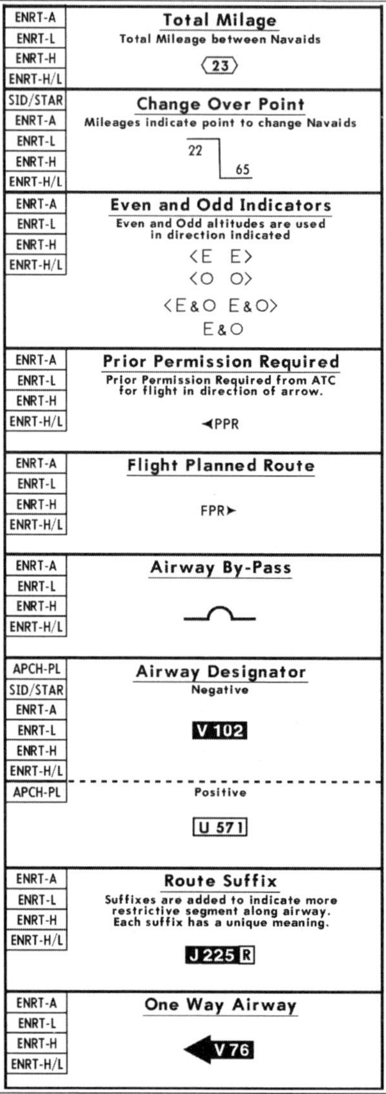

- 총거리(total milage)
- • NAVAIDs 사이 총거리(마일)
- 주파수변경지점(COP; change over point)
- • NAVAID까지 거리(마일)
- 짝수와 홀수 지시문자 (even and odd indicators)
- • 짝수와 홀수 고도는 지시된 방향에서 사용된다.
- 사전허가필수(prior permission required)
- • 화살표 방향으로 비행할 때 ATC로부터 사전허가를 받아야 한다.
- 비행계획비행로(flight planned route)
- 우회 항공로(airway by-pass)
- 항공로 지정자(airway designator)
- • 음영(negative)
- • 보통(positive)
- 비행로 접미사(route suffix)
- • 접미사(suffix)는 항공로를 따라서 제한 구간(restrictive segment)을 나타내기 위해서 첨부된다. 각각의 접미사는 고유의 의미를 갖는다.
- 일방 항공로(one way airway)

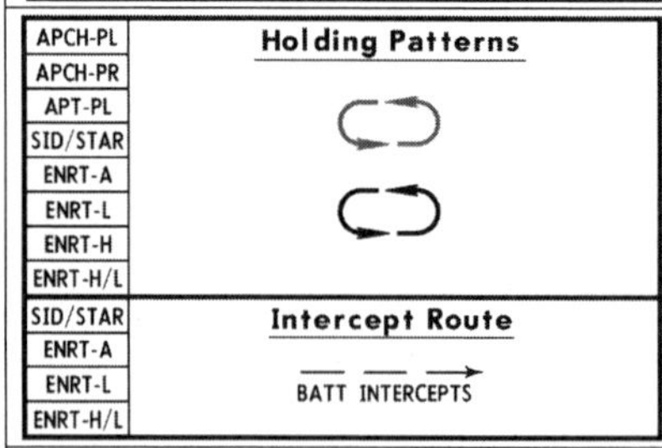

- 체공패턴(holding pattern)
- 인터셉트 비행로(intercept route)

AIRSPACE FIXES

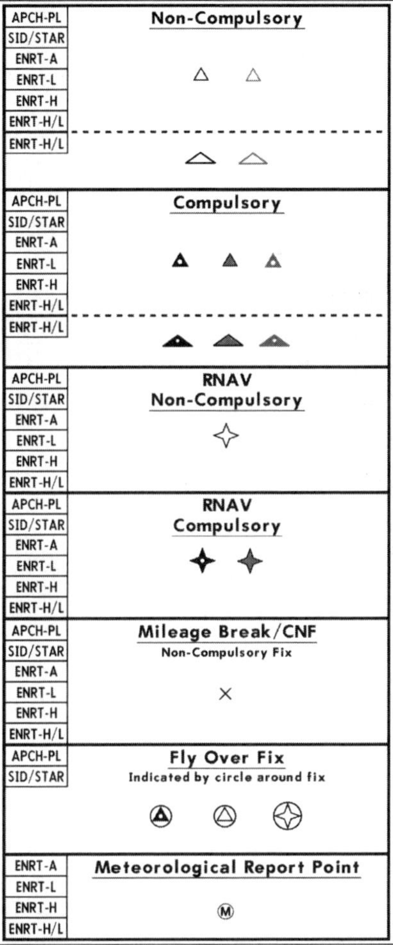

- 비필수보고지점
  (non-compulsory reporting pint)
- 필수보고지점(compulsory reporting pint)
- RNAV
  - 비필수보고지점
  - 필수보고지점
- 마일지리(거리) 단절(mileage break)/CNF
  - 비필수보고지점 픽스
- 플라이오버 픽스(fly over fix)
  - 픽스를 둘러싼 원으로 지시됨
- 기상보고지점(meteorological report point)

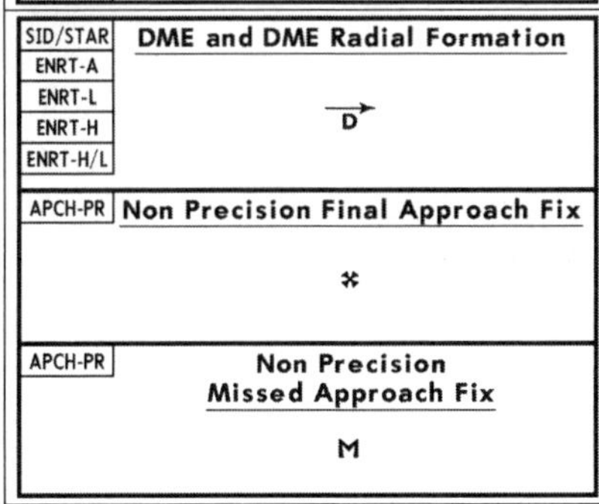

- DME와 DME 레디얼(radial)
  형성(formation)
- 비정밀 최종접근 픽스
  (non precision final approach fix)
- 비정밀 실패접근 픽스
  (non precision missed approach fix)

LIGHTING BOX & MISSED APPROACH

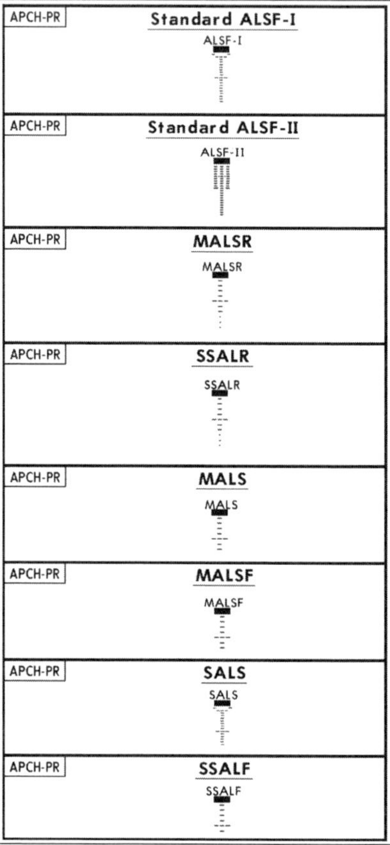

- 표준 ALSF-I
- 표준 ALSF-II
- MALSR
- SSALR
- MALS
- MALSF
- SALS
- SSALF

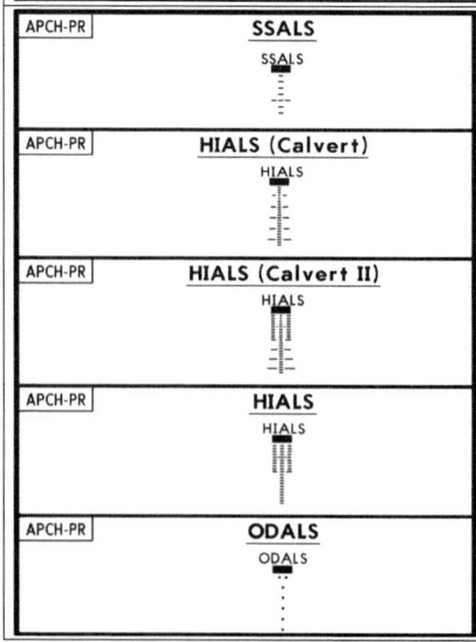

- SSALS
- HIALS(Calvert)
- HIALS(Calvert II)
- HIALS
- ODALS

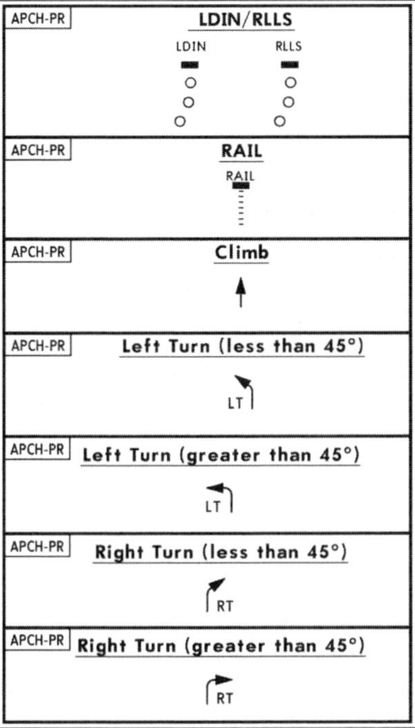

- LDIN/RLLS
- RAIL
- 상승
- 좌선회(45° 미만)
- 좌선회(45° 이상)
- 우선회(45° 미만)
- 우선회(45° 이상)

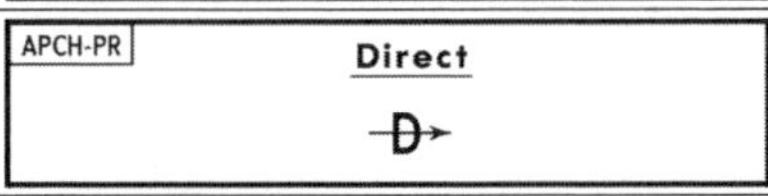

- 방향

TERRAIN

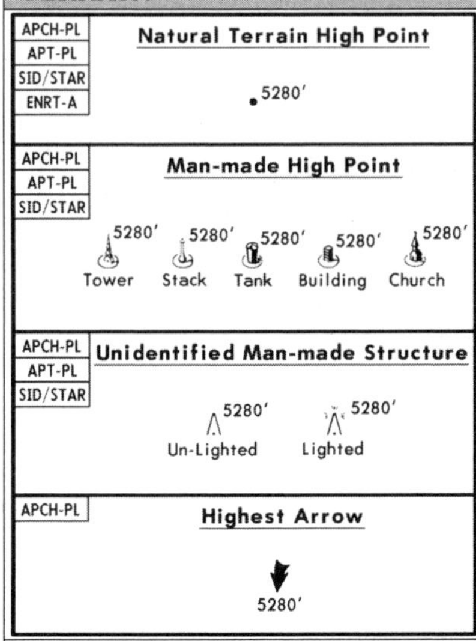

- 자연지형 최고높이 (natural terrain high point)
- 인공지형 최고높이 (man-made high point)
- 미식별 인공지형 구조물 (unidentified man-made structure)
  - 등화시설(unlighted/lighted)
- 최고높이 화살표(highest arrow)

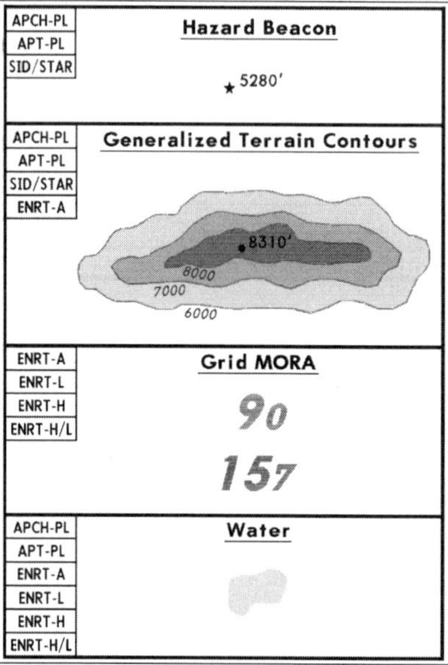

- 위험비컨(hazard beacon)
- 일반지형 등고선 (generalized terrain contours)
- 그리드(grid) MORA
  - Minimum Off Route Altitude
- 호수 및 저수지(water)

MISCELLANEOUS

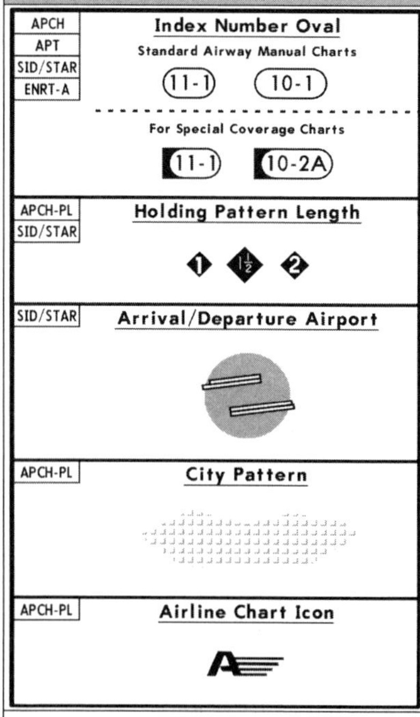

- 인덱스 타원(index number oval)
  - 표준 항공로 매뉴얼 차트 (standard airway manual charts)
  - 스페셜 커버리지 차트 (for special coverage charts)
- 체공패턴 길이(holding pattern length)
- 도착/출발공항(arrival/departure airport)
- 도시형태(city pattern)
- 에어라인 차트 아이콘(airline chart icon)

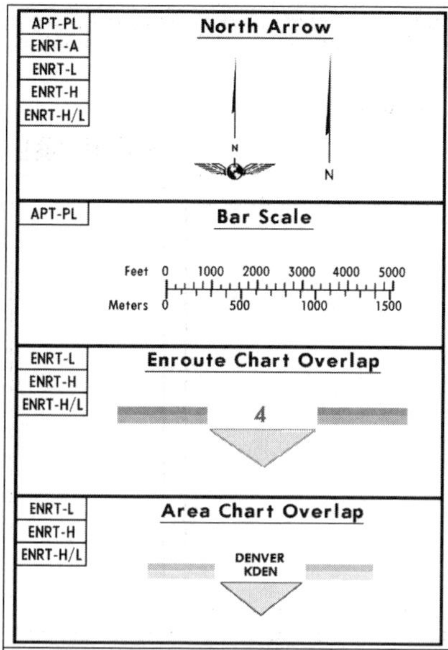

- 북 방위 화살표(north arrow)
- 막대눈금(bar scale)
- 순항항로도 오버랩(enroute chart overlap)(청색)
- 지역항공도 오버랩(area chart overlap)

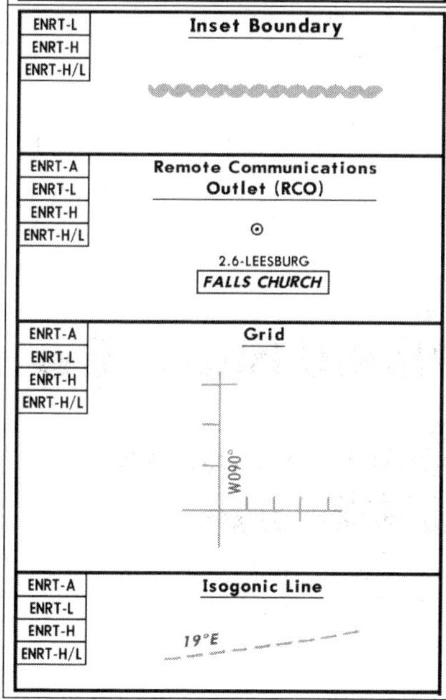

- 삽입 경계선(insert boundary)
- 원격통신소
  (remote communication outlet; RCO)
  - RCO 위치
  - 직사각형 안에 통신소 명칭
  - 주파수(122.6), 호출부호(Leesburg)
- 그리드(grid)(초록)
- 등편각선(isogonic line)(초록)

2. 순항항로 차트 범례

CHART FORMAT

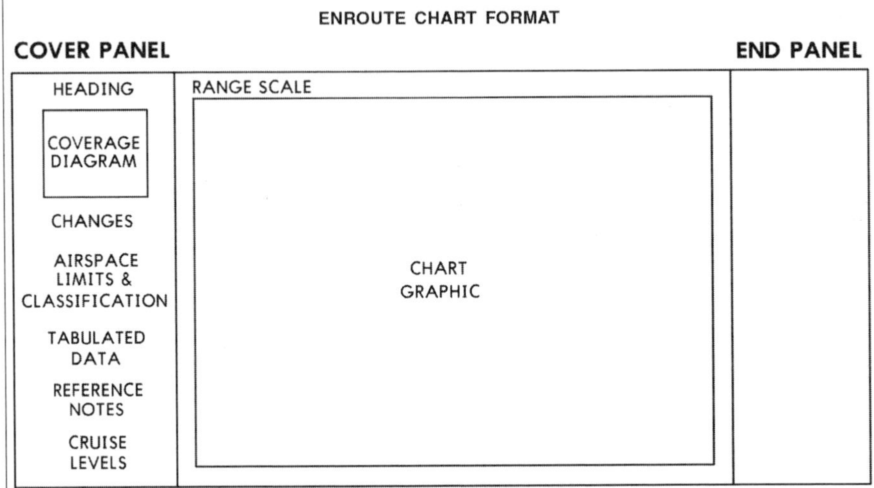

- Enroute chart는 항공로 계기항법을 위한 정보를 제공한다.
- 차트는 제공하는 정보에 따라 위와 같은 형식으로 그려진다.

- Cover panel
- End panel; Cover panel에 적합하지 않은 추가 표와 참고 정보를 위해서 사용된다.

HEADING

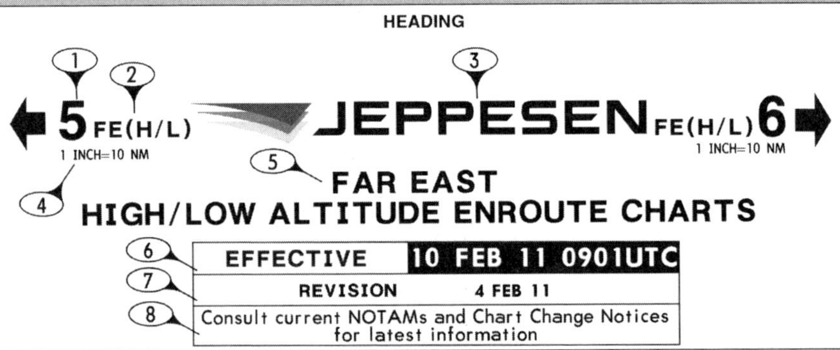

① Chart number(차트 번호)
② Chart name(차트 명칭)
③ Jeppesen company logo(회사 로고)
④ Chart scale(축척)
⑤ Chart region and type(차트 영역과 종류)
⑥ Chart effective date(차트 유효기간)
⑦ Chart revision date(차트 수정일)
⑧ Chart change notice cross reference statement(차트변경주석 상호참조 서술)
※ 최신 정보는 최신 노탐과 차트 변경 주석을 참고할 것

COVERAGE DIAGRAM

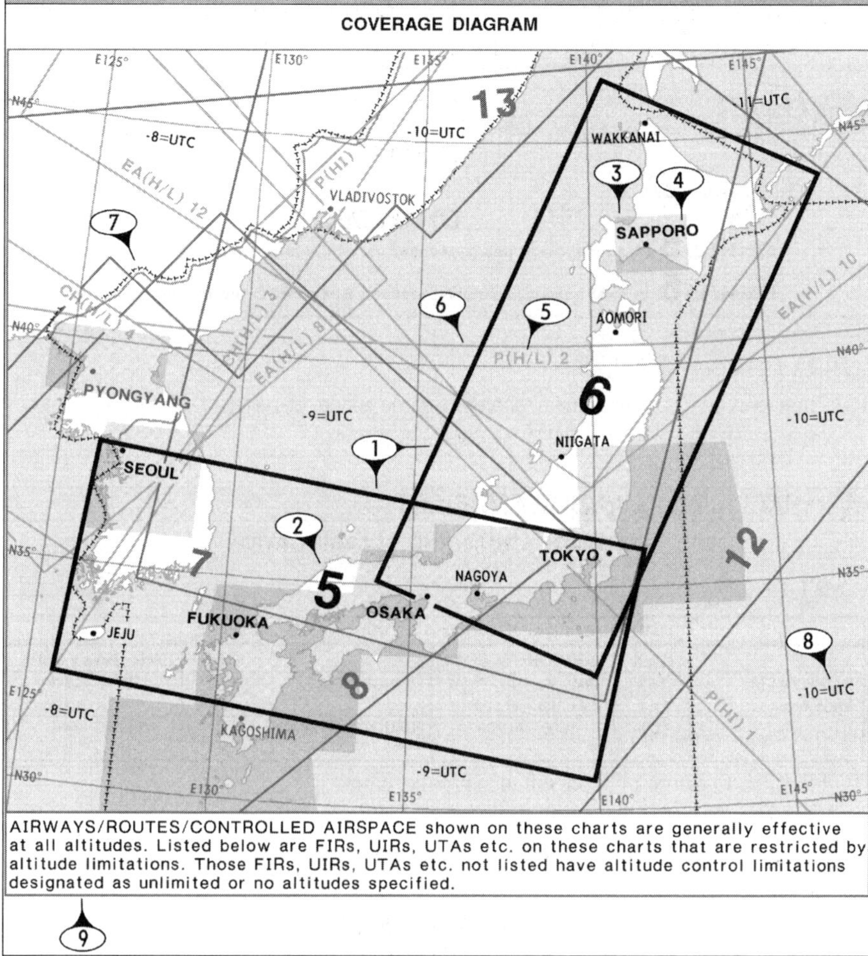

① Chart coverage neat line(차트 범위 도곽선)

② Chart number(차트 번호)

③ Area chart geographic coverage(지역차트 지리적 범위)

④ Area chart location name(지역차트 위치 명칭)

⑤ Overlapping enroute chart name(중첩 순항항로 차트명칭)

⑥ Overlapping enroute chart geographic coverage (중첩 순항항로 차트 지리적 범위)

⑦ Time zone boundary(시각대 경계)

⑧ Time zone designator(시각대 지정자)

⑨ Chart intent note(차트 용도 설명)

- 이 차트에 그려진 항공로/비행로/관제공역은 모든 고도에서 유효하다. 이들 차트의

아래에 수록된 FIRs, UIRs, UTAs 등은 고도제한(altitude limitation)에 의해서 제한된다. 차트에 수록되지 않은 FIRs, UIRs, UTAs 등은 무제한(unlimited) 혹은 고도가 지정되지 않은 것으로 지정된 고도관제제한(altitude control limitations)이다.

CHANGES

CHANGES

CHANGES

FE(H/L) **5** Training Areas desig, revoked (N of Pohang, Korea).

FE(H/L) **6** Airways desig, realigned (Japan). Tokyo ACC sector limits changed.

① Chart name(차트 명칭)
② Chart number(차트 번호)
③ Change note providing main changes made since previous revision
(이전 수정판 이후 주요 변경을 제공하는 변경 주석)

AIRSPACE LIMITS AND CLASSIFICATION

AIRSPACE LIMITS AND CLASSIFICATION

LIMITS AND CLASSIFICATIONS OF DESIGNATED AIRSPACE

	CLASS	LOWER- **RNAV** -UPPER		CLASS	LOWER- **RNAV** -UPPER
INCHEON FIR AIRWAYS	(E)	GND - **FL195** - FL245	FUKUOKA FIR	(A)	FL290 - UNL
	(A)	FL200 - FL600		(E)	GND - FL290
	(D)	8000 - FL200	FUKUOKA OCEANIC CTA	(A)	FL200 - UNL
				(E)	GND - FL200

① FIR/UIR, Country or Controlled airspace name
(FIR/UIR, 국가 또는 관제공역 명칭)
② Airspace classification(공역분류)
③ Airspace vertical limits(공역수직한계)

- 공역제한과 분류(Airspace limits and classification)
- Flight Information Region(비행정보구역; FIR)
- Upper Information Region(상층정보구역; UIR)
- CLASS(공역등급)
- LOWER(하부)-RNAV-UPPER(상부)
- GND(ground)

TABULATED DATA

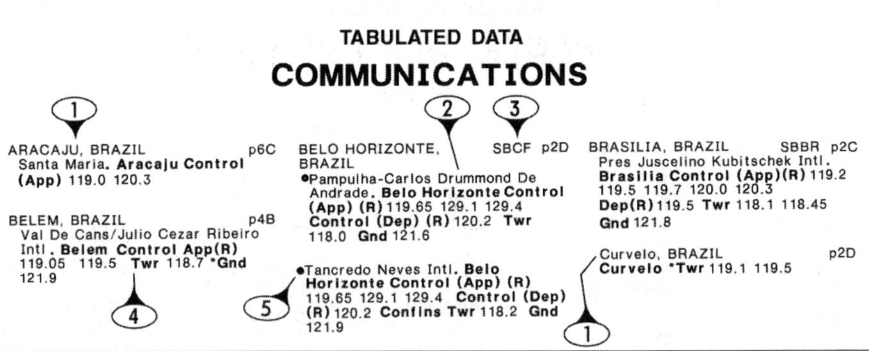

① Airport Location name(공항위치명칭)
IFR = Upper case. VFR = Upper/Lower case
(App; approach)

② Airport name(공항명칭)
(Dep; departure)
(Gnd; ground)
(Twr; tower)

③ Charted location is shown by Area chart and/or panel number-letter combination.
(도식위치는 지역차트 또는 패널 숫자-문자 조합으로 나타낸다)

④ Communication information(includes call name, App, Arr, Dep, Twr, Gnd)
BOLD NAME; Voice Call(통신정보-호출명칭, 접근, 도착, 출발, 관제탑, 지상관제소 포함) 굵은 명칭-음성호출
T-Transmit only(송신전용)
G-Guard only(가드 전용)
* Part time operation(시간제 운용)
X-On request(요청에 따라 운용)
(R) Radar capability(레이더 성능)
Airport Broadcast Service frequencies(ATIS, ASOS, AWOS, etc.) are positioned over the airport label on face of chart.
(공항방송업무 주파수는 차트 전면에 있는 공항 라벨 위에 표기됨)
Common EMERGENCY 121.5-not listed
(공통비상 주파수 121.5는 표기되지 않음)
Refer to Glossary and Abbreviations in Introduction pages for further explanations.(추가 설명은 용어와 약어를 참고할 것)

⑤ Bullet indicates multiple airports under same Location name.
(블릿은 동일 위치 명칭 하에서 여러 공항들을 지시함)
※ Bullet; 텍스트 앞에 주의를 끌기 위해 붙이는 그래픽 문자(•)

SPECIAL USE AIRSPACE

① 범례는 다음을 포함한다.

• 관련 국가 ICAO 식별문자(affected country ICAO ident)

• 도식 공역 종류(charted airspace types)

(P)-Prohibited(금지)

(R)-Restricted(제한)

(D)-Danger(위험)

(W)-Warning(경고)

(C)-Caution(주의)

(A)-Alert(경계)

② 표 수정 날짜(tabulation change date)

③ 국가 ICAO 식별문자(country ICAO ident)

④ 공역 종류(airspace type)

⑤ 공역 식별번호(airspace ident)

⑥ 수직한계(vertical limits)

⑦ 공역 인가 승인 기관(airspace clearance approval agency)

⑧ 운용시간, 지정되지 않으면 24시간(times of operation. H24 if not specified)

※ 특별사용공역(special use airspace)

NOTE: Special use Airspace between GND/MSL and 2000′ is not depicted on Enroute and Area charts in several regions.

(여러 영역에 있는 Enroute and Area charts에서 GND/MSL와 2000′ 사이의 SUA는 그려지지 않는다.)

REFERENCE NOTES

REFERENCE NOTES

(1) **TRANSPONDER SETTING**

(2) **ATS ROUTE RESTRICTION**

(3) **MACH NUMBER TECHNIQUE**

(4) **NOTES**

(5) **REDUCED VERTICAL SEPARATION MINIMUM**

(6) **REQUIRED NAVIGATION PERFORMANCE**

① 트랜스폰더 세팅과 절차
(Settings and Procedures for Transponder Operations)

② FIR 또는 UIR 내에 있는 ATS 비행로와 관련된 제한
(Restrictions associated with ATS routes within a given FIR or UIR)

③ 영역 또는 FIR/UIR 내에 있는 마하수 보고를 위한 절차
(Procedures for Mach Number reporting within a region or FIR/UIR)

④ 도식된 특징에 대한 운용적 중요성을 갖는 주석
(Notes which have operational significance to charted features)

⑤ 영역 또는 FIR/UIR 내에 있는 RVSM 운용을 위한 절차
(Procedures for RVSM Operations within a region or FIR/UIR)

⑥ 영역 또는 FIR/UIR 내에 있는 항공로를 위해서 수록된 절차와 RNP 수치
(Procedures and RNP values listed for airways within a region or FIR/UIR)

※ RNP(required navigation performance; 필수항법성능)

※ RVSM(reduced vertical separation minimum; 수직분리감소최저치)

ENROUTE CHART

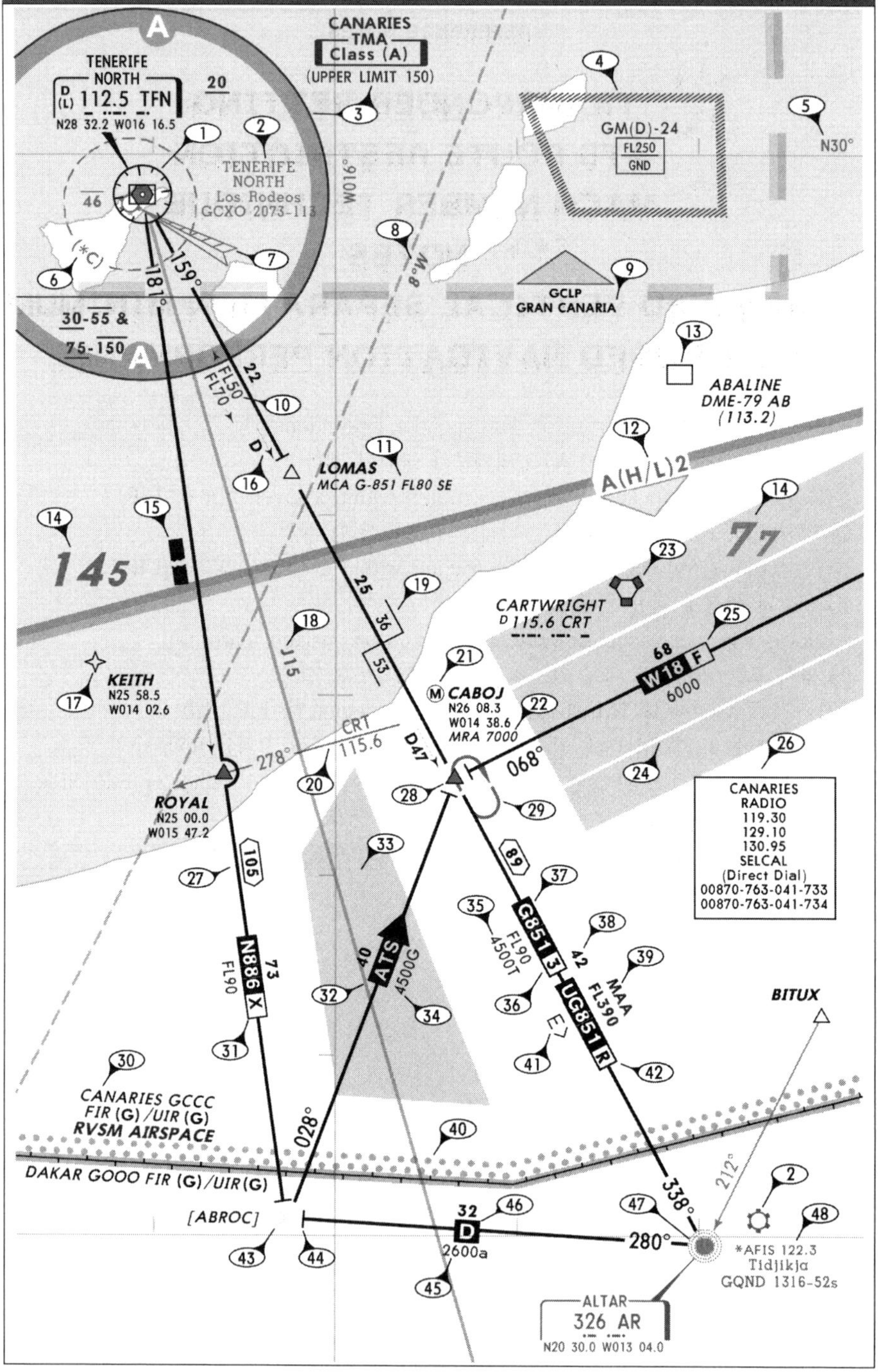

① VORDME; 저고도와 저고도/고고도 차트는 VHF Navaids와 함께 나침판 방위판이 그려진다. 투영 박스는 주파수, 식별문자, 전신부호, 그리고 INS 좌표와 같은 항공로 구성요소를 지시한다. 작은 "D" 문자는 DME/TACAN을 나타낸다.
- 등급은 (T; terminal), (L; low), (H; high)로 분류된다.
- Shadow box(투영 박스 or 식별 박스)
- INS coordinates(좌표)
- Compass rose(방위판)

② 공항(airports); 위치명칭, 공항명칭-위치명칭과 다를 때, ICAO 식별문자, 공항표고와 최장 활주로 길이-백 단위를 사용하고 70피트에서 반올림한 후 00을 붙여라), "s"는 소프트 표면. IFR 공항은 청색-위치명칭으로 절차가 발행되어 있다. VFR 공항은 녹색이다.
- 지명(location name)
- 공항명칭(지명과 다를 때; if different than Location name)
- soft surface(연약표면)≠hard surface(견고표면)
- IFR airport in blue(청색)
- VFR airport in green(녹색)

③ 관제공역(Controlled airspace); 00을 붙여라. 수직으로 제한될 때 하한은 해당 고도에 밑줄, 그리고 상한은 해당 고도에 윗줄을 그려 표기한다.
- TMA; Terminal Control Area(터미널관제구역)
- lower limit≠upper limit

④ 특별사용공역(Special use airspace)
- 명칭과 고도제한

⑤ 그리드 위도-경도(Grid Lat-Long values)

⑥ 관제지대(Control zone; CTR); 별표는 미국에서 C, D, E등급 공역에서 시간제 운용을 지시하고, 그 외는 24시간 운용된다.
- Asterisks(별표)
- otherwise hours are H24

⑦ 공항에 ILS 가용함

⑧ 자기편각(Magnetic variation)

⑨ 지역차트범위(Area chart coverage)

⑩ 화살표 방향에 지향하는(directional) MEA

⑪ 최저통과고도(Minimum Crossing Altitude; MCA)

⑫ 인접 순항항로도로 변경

⑬ DME

⑭ 그리드 MORA(Grid MORA); 백 피트 단위로 표기된다.
- 10,000피트 또는 그 이상; 적갈색
- 10,000피트 미만; 녹색
- Minimum Off-Route Altitude

⑮ 항법신호의 갭(Gap in NAV signal coverage)

⑯ "D" 문자는 DME/TACAN 픽스(fix)를 나타낸다. 구간 마일리지(segment mileage)는 navaid로부터 DME/TACAN 거리이다. 화살표가 없는 "D"는 시설(facility)로부터 보고지점으로 지정된다.
⑰ 비필수 RNAV 웨이포인트(Non compulsory RNAV waypoint)
⑱ 고고도 항로는 일부 저고도 차트에서 방향결정을 위해서만 포함된다.
(High Altitude Route included on some low charts for orientation only)
⑲ COP(항법보조시설 사이의 주파수 변경지점)
⑳ 교차점 또는 픽스 형성(원격 VHF or LF navaid의 교차점 또는 픽스 정보-방위각, 주파수 그리고 식별문자)
• Intersection or fix formation
• Bearing, frequency and ident
㉑ 기상보고를 필요로 함(Meterological report required)
㉒ 최저수신고도(Minimum Reception Altitude; MRA)
㉓ VORTAC(고고도와 비항로 Navaids는 방위판이 그려지지 않음)
• High Altitude and off-route Navaids
• Compass Rose
㉔ 비관제 항공로 또는 조언 비행로(Uncontrolled airway or advisory route)
㉕ 비행로 접미사(Route suffix); D 또는 F는 ATC 조언업무만 나타낸다. F 또는 G는 비행정보업무만 나타낸다.
• ATC advisory services only
• Flight information services only
㉖ 순항항로 통신(Enroute communications)
• 선택호출(Selective-calling; SELCAl)
㉗ Navaids 사이의 총 거리(Total mileage between Navaids)
㉘ 필수보고지점-음영 삼각형, 비필수보고지점-보통 삼각형
• Compulsory reporting point represented by screened fill.
• Non compulsory reporting point is open, no fill.
㉙ 체공패턴(Holding pattern)
㉚ FIR/UIR 경계명칭(Boundary name), 식별문자와 공역등급
㉛ non B-RNAV를 장착한 항공기가 사용할 수 있는 항로
• B-RNAV; Basic Area Navigation(기본 RNAV)
• P-RNAV; Precision Area Navigation(정밀 RNAV)
㉜ 무명, 방향지시와 함께 공식적으로 발행된 ATS 항로
• Unnamed(무명), official published ATS route with direction indication
• Air traffic service(ATS)
• official published ATS route(공식 발행 ATC 항로)
㉝ 비관제공역; Class F or G(Uncontrolled Airspace)
㉞ GPS MEA
㉟ 최저장애물회피고도; MOCA

- Minimum obstruction clearance altitude

㊱ 조건부 항로범주(Conditional route category)

※ See Enroute Text pages Europe

㊲ 항공로 지정자(Airway designator)

㊳ 구간 거리(Segment mileage)

㊴ 최대승인고도; Maximum authorized altitude; MAA)

㊵ CNS/ATM 장비 필수요건 경계

- Communication Navigation Surveillance(통신, 항법, 감시)
- Air Traffic Management(항공교통관리)
- Equipment Requirement Boundary(장비 필수요건 경계)

㊶ 비표준 비행고도-지시된 방향에서 짝수 비행고도

- Flight Levels(비행고도)
- Even Flight Levels(짝수 비행고도)

㊷ 지정자로 식별되지 않았을 때 RNAV ATS 항로(Europe 외부)

- by designator

㊸ 유명 또는 무명 공역 픽스 또는 거리 단절. 데이터베이스 식별문자는 [ABROC]와 같이 꺽쇠괄호 속에 표기된다. 이들은 CNFs와 같이 주(국가)에서 지정하거나 Jeppesen에서 도출될 수 있다. 이들 식별문자는 비행계획서를 제출하거나 혹은 ATC와 교신 목적으로 사용해서는 안 된다. 그러나 컴퓨터 계획수립 시스템에 포함된다. 이들은 데이터베이스 항법 시스템과 관련된 차트를 이용할 때 오직 조종사의 방향결정을 위해서만 사용된다.

- Named or unnamed airspace fix
- Mileage break
- Square brackets(꺽쇠괄호)
- Computer Navigation Fixes(CNFs)
- Orientation(방향결정)

㊹ 고도변경(Altitude change)

㊺ 비행로/항로 MORA

㊻ 직항로(ATC 승인을 필요로 함, 비행계획서에는 받아들여지지 않음)

- Direct route
- Requires ATC approval

㊼ NDB(주파수, 식별문자, 전신부호, INS 좌표)

㊽ 위의 공항 라벨에 표기된 공항에 대한 통신. 차트 표에 있는 접근/도착, 출발, 관제탑과 지상관제소. 별표는 시간제 운용을 나타냄.

- Aerodrome flight information service(AFIS)
- Part time operation
- Chart tabulations

SAMPLE 10–1B CONTENT

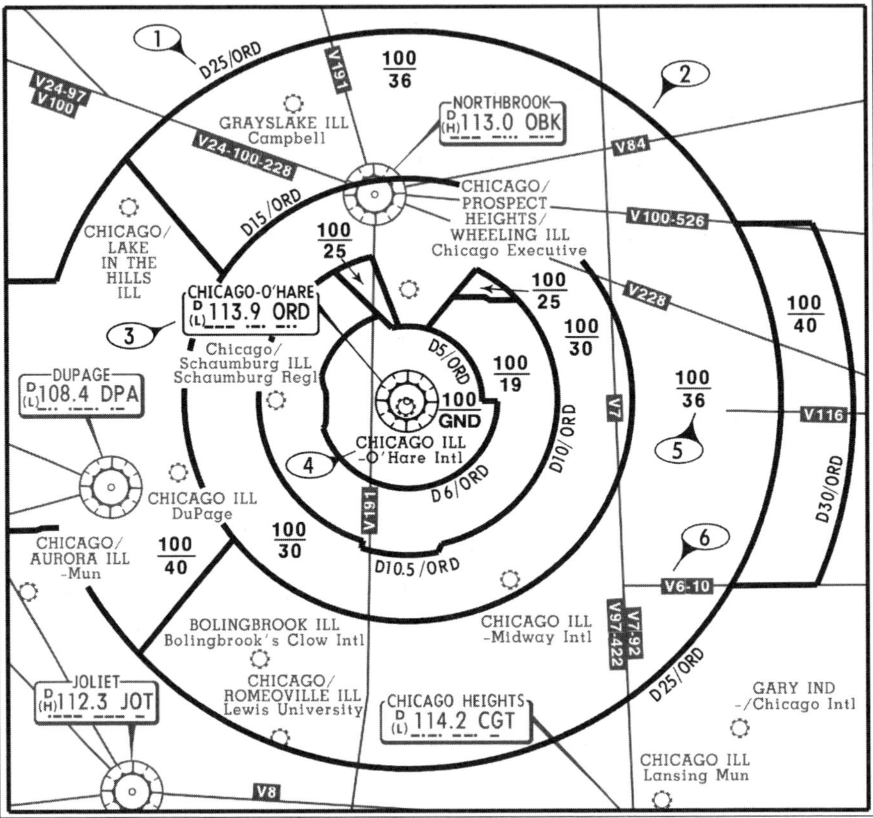

- 10-1B 차트는 공식 간행물에서 설정된 터미널 공역의 수평과 수직한계가 묘사되고 지역 내에서 운항하고 있는 비행을 위한 세부 방향을 제공한다.
- US Class B 공역이 그려진 10-1B 차트는 특정 지역에 적절한 일반 IFR과 VFR 비행절차를 포함한다.

① 터미널 공역을 지정하기 위해서 사용된 DME 아크 거리(arc distance)

② 굵은 선은 터미널 공역과 공역섹터의 수평한계

③ 터미널 공역의 수평한계를 지정하는데 사용된 주요 항법보조시설

④ 주공항은 굵게 표기

⑤ 도식 섹터 내에 터미널 공역의 수직한계는 백 단위 피트로 나타낸다.

⑥ 표기된 정보는 방향결정을 위해서 제공된다. 이것은 항공로 정보, 공항 그리고 항법 보조시설이 포함된다.

- Primary airport(주공항)
- Charted sector(도식 섹터)
- Terminal airspace(터미널 공역)

3. SID/DP AND STAR 차트 범주

CHART FORMAT

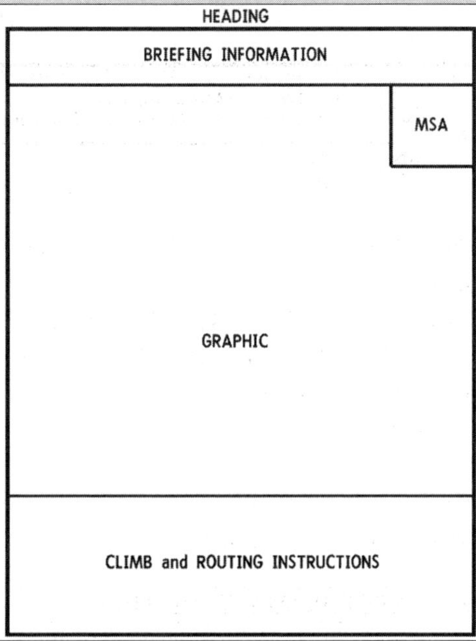

HEADING

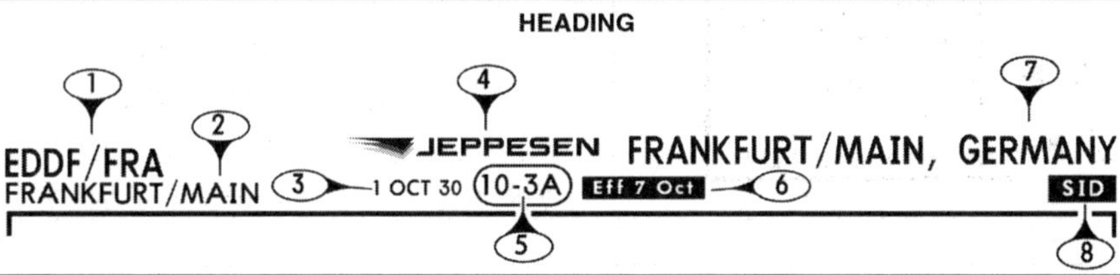

① ICAO 식별문자와 IATA 식별문자
② 공항명칭
③ 차트수정 날짜
④ JEPPESEN 로고
⑤ 색인(index number)
⑥ 차트유효기간
⑦ 지리적 위치명칭
⑧ 차트 종류 식별문자

차트는 유사한 종류의 도착 또는 출발 내에서 알파벳 순서 혹은 활주로 번호로 배열된다.

※ International Air Transport Association(국제항공운송협회)

BRIEFING INFORMATION

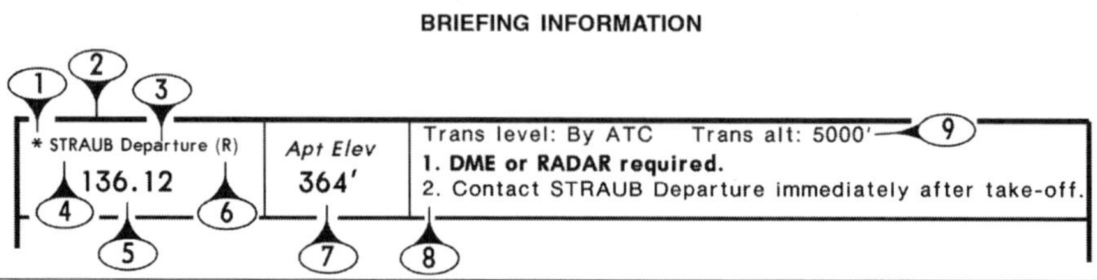

① 시간제 업무
② SID/DP 초기 출발관제업무 또는 STAR 기상업무(e.g. ATIS)가 표기된다.
③ 가용한 업무 기능(function)
④ 서비스 호출부호(call sign)는 송신과 수신, 또는 오직 송신만 가용할 때 표기된다. 호출부호는 서비스가 오직 방송될 때 또는 보조 기능을 갖추고 있을 때 생략된다.
⑤ 가용한 1차 주파수(primary frequency)
⑥ 레이더 서비스가 가용함
⑦ 도착/출발공항의 표고
⑧ 절차 제한과 지시-주로 필수장비에 대한 주(notes)가 표기된다.
⑨ 전이고도와 고도(transition level and altitude)

MINIMUM SAFE or SECTOR ALTITUDE(MSA)

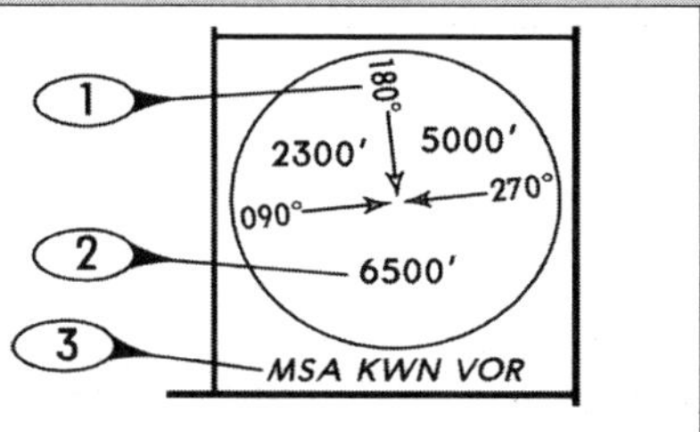

① Navaid, 픽스 또는 ARP에 대한 인바운드를 레디얼/베어링
② 최저안전/섹터고도
③ MSA에 묘사된 Navaid/Fix/ARP

[주] 정상 범위는 시설/픽스로부터 반경 25 NM이다. 만약 보호 범위가 25 NM이 아니라면 시설/픽스 아래에 반경이 표기된다.

CLIMB and ROUTING INSTRUCTIONS TABULATED TEXT BOX

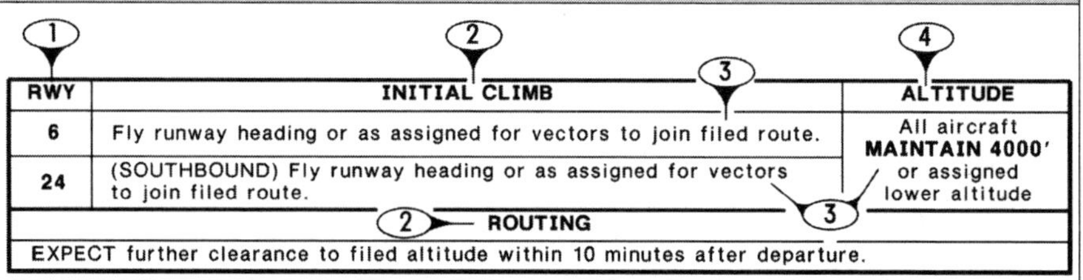

- 관장당국(governing authority)에서 공급될 때 그래픽 외에 문자 서술이 제공될 수 있다. 문자(text)는 비행하고자 하는 절차를 완전하게 이해할 수 있도록 그래픽과 관련해서 사용되어야 한다. 모든 지시, 속도, 그리고 고도제한은 문자 혹은 그래픽 단독(stand alone)으로 나타낼 수 없고 이들이 결합된 절차(combined procedure)로 묘사되어야 한다.

- 조종사를 위한 광범위한 다양한 행동, 지시, 또는 제한들을 포함하고 있는 표에 있는 문자 박스는 SID, DP 그리고 STAR 절차를 위한 특정 공통 설계 요소들을 갖는다.

① 활주로, 도착 또는 SID 식별과 같은 특정 절차 섹션에 적용되는 일반적인 식별
② 초기상승(Initial climb) 혹은 경로배정(routing), 또는 착륙을 식별할 수 있는 비행로 구간(segment of flight)
③ 그래픽으로 나타낼 수 없는 그래픽-기반(graphic-based) 묘사 또는 독특한 지시에 부합하는 문자 서술
④ 그래픽에 통합될 수 없거나 절차를 이해하는데 도움이 되는 일반적인 제한

※ Common element of design

GRAPHIC-INFORMATION BOXES

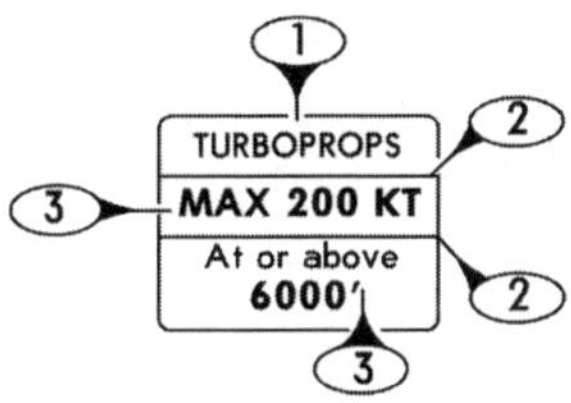

- 통상 정보 박스는 정보가 적용되는 항적, 픽스, 또는 navaid와 관련이 있다. 내용은 SID, DP, 그리고 STAR 차트에 있는 그래픽 묘사와 관련이 있다. 정보 박스는 다양한 행동(actions), 지시(instructions), 또는 제한들이 포함된다. 비록 정보 박스가 절차의 복잡성에 따라 크게 다르지만 이들은 특정 공통 설계(common design) 요소들을 갖는다.

① 서두부(heading), 정보 박스의 누가, 무엇을, 어디서, 또는 왜를 나타낸다.
② 지시 선은 명확하게 하기 위한 지시와 상태를 분리하기 위해서 사용된다.
③ 지시 또는 조건부 서술은 항적, 픽스, 항법 보조시설, 또는 절차와 관련이 있다.

GRAPHIC-LOST COMMUNICATIONS PROCEDURE

LOST COMMS ▼ LOST COMMS ▼ LOST COMMS ▼ LOST COMMS ▼ LOST COMMS ▼ LOST COMMS

- 절차에 관한 관장당국이 제공하는 유일한 통신두절 지시는 그래픽 안에 위치하고 통신두절 경계선으로 테두리가 그려진다.

※ Lost communication procedures/boundary

GRAPHIC-SPEED RESTRICTIONS

***SPEED:* DO NOT EXCEED 230 KT UNTIL ADVISED BY ATC**

- 전체 절차에 적용되는 속도제한은 절차 표제(title) 아래에 표기된다.
- 속도제한(speed restriction)은 각각의 절차 내에서 매우 다를 수 있다. 이들은 표 형식 문자, 박스, 또는 항로, 픽스 또는 비행단계와 관련된 정보 박스에 표기될 수 있다.

GRAPHIC-STARTING POINT AND END POINT OF STAR, DP, AND SID PROCEDURES

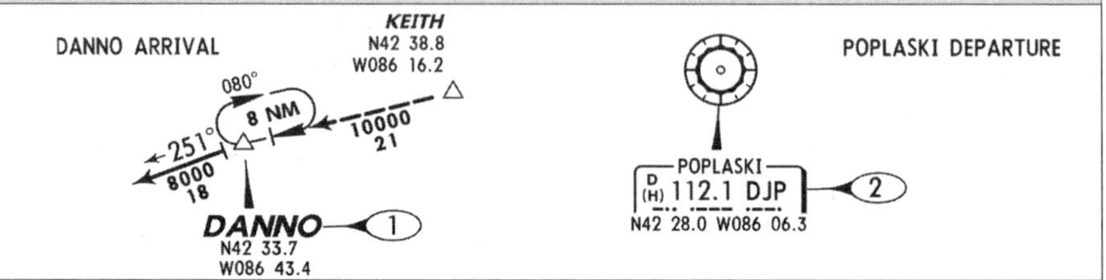

- 절차 표제(title)에서 식별된 Navaids, 교차점, 또는 웨이포인트들은 STARs에 있는 시작 지점, 그리고 SID 또는 DP 절차에 있는 종료 지점은 뚜렷하게 그려진다.

① 교차점 또는 웨이포인트 명칭들은 문자로 표기된다.

② Navaid 박스는 음영 윤곽이 포함된다.

GRAPHIC

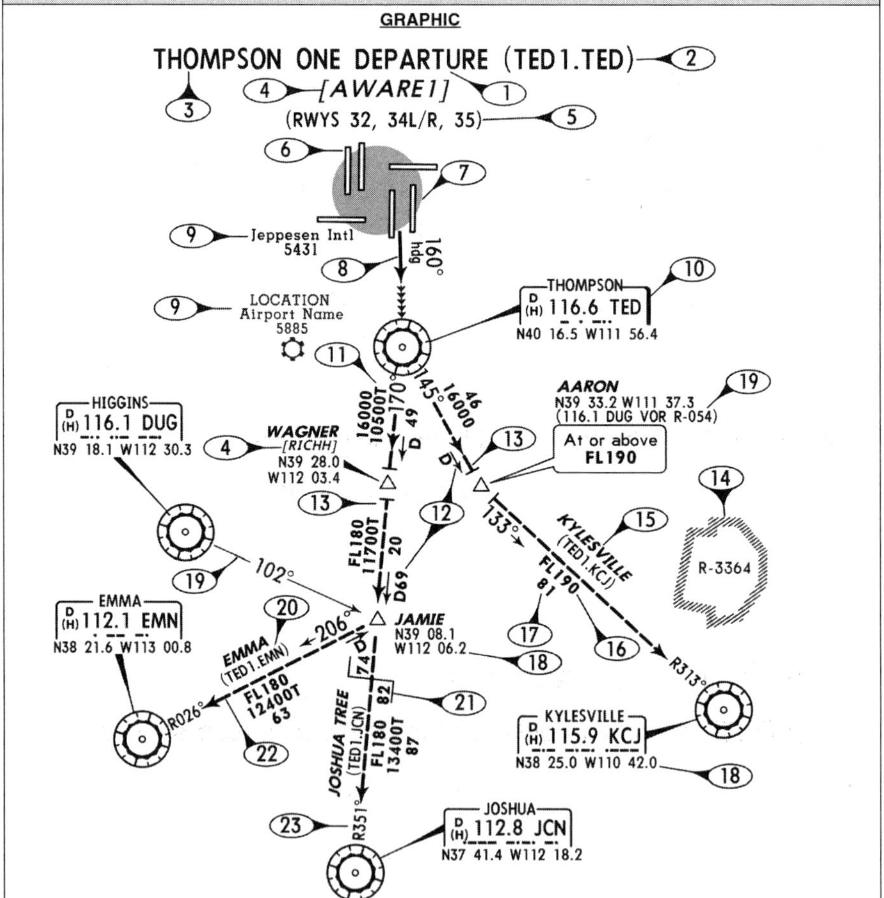

① 절차의 종류(type of procedure)
② 도착/출발 코드(arrival/departure code)
③ 도착/출발 명칭(arrival/departure name)
④ 데이터베이스 식별문자 도착/출발 코드 또는 명칭이 다를 때 포함된다.
(Database identifiers are included when different than the Arrival/Departure code or name.)
⑤ 활주로, 항행요건(navigational requirement), 또는 기종(aircraft type)과 같이 한정되는 것을 서술한다.
⑥ 활주로 배치도(layout)는 모든 견고표면 활주로(hard surface runways)의 경우에 그려진다.
⑦ 도착/출발 공항은 원형 스크린(circular screen)으로 눈에 띄게 처리된다.
⑧ 절차의 도착/출발 항적은 다중전이(multiple transitions)에 의해서 사용된 공통 코스(common course)를 나타낸다.
⑨ 공항은 SID, DP, 또는 STAR가 다중공항(multiple airports)에 사용될 때만 표기된다.
⑩ STAR의 시작지점(starting point)과 SID/DP 절차의 종료지점(end point)은 뚜렷하게(prominently) 그려진다.
⑪ 고도가 MOCA로 지정되었다면 "T"를 붙인다.
⑫ 레디얼과 DME는 픽스를 구성한다. "D" 문자가 보이지 않으면 구간거리(segment distance), "D"가 표기될 때 navaid로부터 총거리(total distance)이다.
⑬ 고도가 navaid 외의 항적을 따라서 변경될 때 고도 T-모양이 된다.
⑭ 절차 소스(procedure source)에서 참고될 때 특정 SUA가 도식된다.
⑮ 전이명칭(transition name)은 SID/DP의 마지막 구간 그리고 STAR 절차의 첫 구간에 위치한다.
⑯ 다르게 지정되지 않는 한 최저순항항로고도(Minimum Enroute Altitude; MEA)를 지시한다.
⑰ 구간거리(segment distance)
⑱ 픽스 또는 항법보조시설의 좌표
⑲ 구성 레디얼(formation radials)은 navaid 그리고 구성적 공간(compositional space)을 기초로 여러 방법으로 사용된다.
⑳ 항로 식별 코드(route identification code)
㉑ 항법주파수변경지점(changeover point; COP), 조종사는 주요 항법장비의 주파수를 다음 항법보조시설로 변경해야 한다.
㉒ 전이항적(transition track)
㉓ 항공기가 항법보조시설을 향해서 인바운드로 비행하는 VOR 레디얼

GRAPHIC-TO SCALE DEPICTION

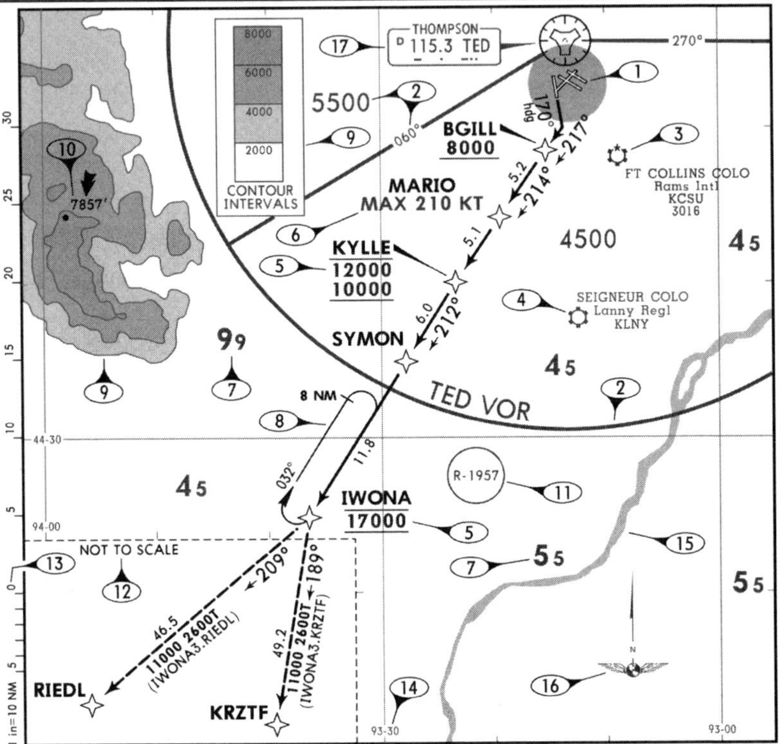

- 축척 그래픽(scale depiction)은 일정한 축적을 적용한 것으로 기존의 축적을 적용하지 않은 것에 비해서 여러 면에서 다른 점들이 있다. 이 도형은 SID, DP, STAR, 그리고 도착절차(arrival procedure)를 위해서 발행된 것으로 지형과 상황인식(terrain and situational awareness)을 향상시킨다. 축척 그래픽은 도착/출발공항 주변 지역을 가능한 축척에 맞게 그려진다.

※ To scale(축척); 일정한 축척으로 적용한 것

※ Not to scale(무축척); 일정한 축척으로 적용하지 않은 것

① 주공항(primary airport)의 활주로 도형은 그래픽의 축척 지역과 동일한 축척으로 그려진다.

② 최저섹터고도(minimum sector altitude; MSA) 섹터와 상응하는 고도를 지시한다.

③ 여러 공항에 절차가 제공되지만 청색(in blue)으로 그려 주공항으로 고려되지 않는다는 것을 나타낸다.

④ 이들 공항이 절차 그래픽(procedure graphic)의 축척 부분의 경계 안에 위치하지만 절차가 제공되지 않는 모든 IFR 공항은 재색(grey)을 이용해서 그려진다. FAA 관할하의 절차를 위해서 절차가 제공되지 않고 최소한 1개의 6,000피트 또는 그 이상 길이의 견고표면(hard surface) 활주로를 갖춘 이들 공항만이 재색으로 그려진다.

⑤ 절차고도제한은 청색으로 그려진다.

Depiction	Altitude Usage
8000	Minimum Altitude At or Above Altitude Above Altitude
8000	Maximum Altitude At or Below Altitude Below Altitude
8000	Recommended Altitude
8000	Mandatory Altitude At Altitude
12000 10000	Minimum & Maximum Altitudes Between Altitudes

- 최저고도
- 최대고도
- 권장고도
- 의무고도
- 최저 및 최대고도(고도의 사이)

※ Procedure altitude restriction

⑥ 속도제한은 자홍색(magenta)으로 표기된다.

MAX 270 KT MIN 210 KT At 230 KT
SPEED: MAX 250 KT BELOW FL150
MAX 270 KT 8000 MAX 270 KT 8000
MAX 200 KT Until IWONA Expect clearance to cross 8000

- 속도제한은 시간 혹은 절차 고도와 함께 표기될 수 있다.

⑦ 축척 그리드(scale grid) 지역 MORA는 적용할 수 있는 섹터를 지정하기 위해서 위도/경도 방안에 그려진다. 섹터는 위도와 경도의 30분 또는 1도로 형성된다. MORA는 큰 숫자와 작은 숫자로 구성된다. 큰 숫자는 천 피트 그리고 작은 숫자는 백 단위 고도를 나타낸다. 모든 그리드 MORA는 재색으로 묘사된다.

⑧ 체공구간 길이(holding pattern leg length)는 축척에 맞게 그려진다. 체공 한계가 DME 거리 또는 NM 구간길이(leg length)로 지정되었을 때 이들 한계는 아웃바운드 구간에 묘사된다.

⑨ 지형 등고선(terrain contour)은 여러 지리적 요소를 바탕으로 그려진다. 등고선에 적용할 수 있는 표고(elevation)는 등고선 범례를 참고하라.

⑩ 축척 그래픽 안에서 가장 높은 지형 또는 인공 구조물(man-made structure)의 높이를 나타내고 화살표를 이용해서 강조하고 있다.

⑪ 특별사용공역(SUA)은 청색으로 외부 경계가 그려진다.

⑫ 축척으로 적용하기 어려운 구역에 축척이 적용되지 않았음을 나타낸다.
⑬ 그래픽에 사용된 축척으로 나타낸다.
⑭ 위도/경도 눈금은 도곽선을 따라서 10분(minute) 간격으로 표기된다. 대략 30분 또는 1도(degree) 눈금은 MORA 그리드를 형성하기 위해서 확장된다.
⑮ 큰 강 혹은 호수 등을 나타낸다.
⑯ 일반적으로 그래픽은 차트의 상부가 북쪽(north)을 지시한다. 때로는 더욱 양호한 묘사를 위해서 다른 종류가 사용될 수 있다. 그러나 북쪽 화살표(north arrow)는 항상 사용된 지시의 방향결정(orientation)의 종류를 지시하기 위해서 그려진다.
⑰ 절차 항법에 직접 사용되지 않는 항법보조시설을 위한 2차 항법보조시설 박스는 1차 항법보조시설과 구분하기 위해서 재색으로 그려진다.

※ neat line; 도곽선
※ Primary/Secondary NAVAIDs
※ MORA; MORA(Minimum Off-route Altitude)

4. 공항도형

CHART FORMAT

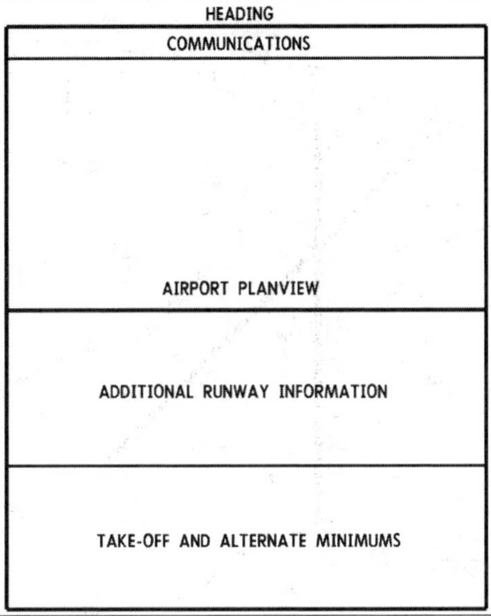

- 공항도형(airport diagram)은 제공되는 정보에 따라 위와 같은 형식으로 그려지고 모든 정보를 제공하지 못한다. 국제공항과 같은 큰 공항에서 활용성(usability)을 향상시키기 위해서 통신과 평면도는 한 도면에 표기된다. 추가 활주로 정보, 이륙 최저치, 대체 최저치 섹션에 따른 추가 주석 섹션은 뒷면에 묘사된다.

※ 통신 정보는 접근차트 범례를 참고할 것.

HEADING

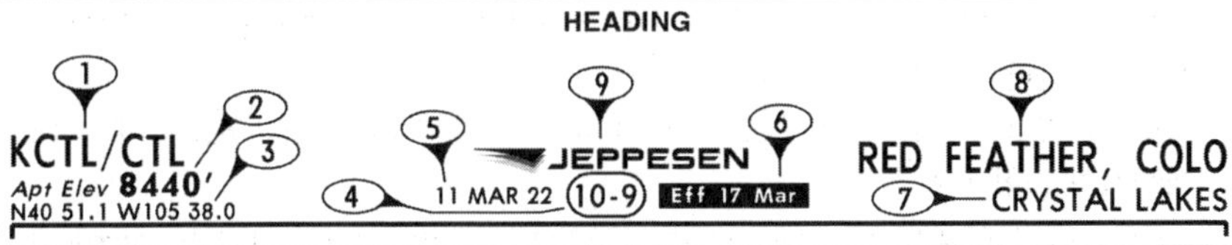

① ICAO와 IATA 공항 식별문자
② 공항표고
③ 공항 지리적 위도와 경도는 도, 분, 그리고 분의 10분률(tenths of minutes)
④ 차트 색인번호. 공항차트가 뒷면에 인쇄될 때 첫 접근차트와 동일함
⑤ 차트 수정날짜
⑥ 차트 유효날짜
⑦ 공항명칭
⑧ 지리적 위치명칭
⑨ JEPPESEN 로고

AIRPORT PLANVIEW

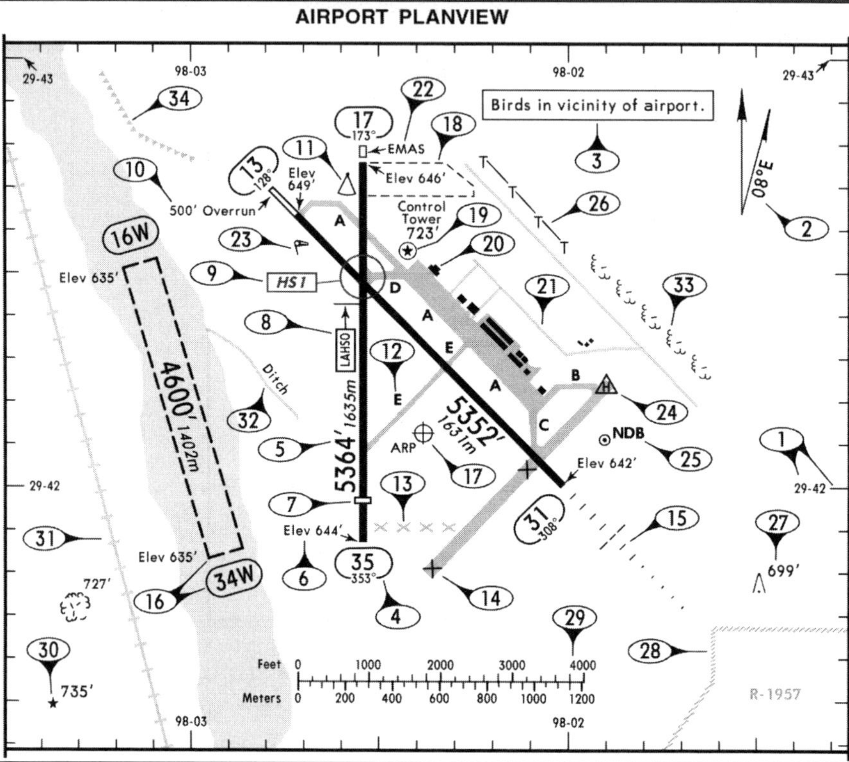

① 평면도는 공항 배치의 축척 그래픽 묘사("To Scale" graphical depiction)이다. 위도/경도 그리드는 도, 분, 그리고 분의 10분률로 도곽선의 내측을 따라서 그려진다.

② 공항 자기편각(magnetic variation)은 그림과 숫자로 표기된다.

③ 공항 운용 주석(notes)은 평면도 안에 위치한다. 특정 지역과 관련된 주석은 구역 내 혹은 관련된 구역에 위치한다.

④ 활주로 번호는 "T" 부호가 붙어 있지 않는 한 자북(magnetic north)이고 활주로 방위각이 포함된다.

⑤ 활주로의 실제길이(physical length)이다. 정지로(stopways), 과주로(overruns), 또는 이설시단(displaced threshold)을 위해서 변경된 것은 포함되지 않는다. 국제공항은 등가의 미터로 표기된다.

⑥ 활주로 종단 표고(end elevation)

⑦ 활주로를 따라서 이설시단의 실제위치(physical location)

⑧ 활주로 상의 LAHSO 지점

⑨ 사고주의구역(Hot spot; HS), 문자서술(textural discretions)이 평면도 내에 또는 아래 추가 활주로 정보란에 표기된다.

⑩ 가용한 정지로와 과주로
⑪ RVR 시정측정계(transmissometers)
⑫ 모든 사용 유도로(active taxiway)와 램프 구역(ramp area)은 재색으로 그려진다. 모든 유도로 식별문자(taxiway identifier)와 램프 명칭(ramp name)이 표기된다.
⑬ 모든 영구 폐쇄 유도로(permanently closed taxiway)
⑭ 다음과 같은 상태에 따라 폐쇄 활주로(closed runway)를 나타낸다.
• 활주로 길이와 번호가 남아 있으면 임시 폐쇄 활주로(temperory closed runway)
• 활주로 길이와 번호가 제거되었으면 영구 폐쇄 활주로(permanent closed runway)
⑮ 접근등화시설(approach light system; ALS)의 형상과 길이 (configuration and length)
⑯ 수상기 운용구역/수상 활주로(seaplane operating area/seaplane runway). 활주로 번호 다음에 "W"를 붙이고 실제길이는 표고와 함께 그려진다.
⑰ 공항참고지점의 지리적 위치(airport reference point; ARP)
⑱ 공사 중인 구역(area under construction)은 점선으로 그려진다.
⑲ 공항식별등대(airport identification beacon)의 위치
⑳ 공항 혹은 근처에 있는(on or at airport) 빌딩
㉑ 공항 혹은 근처에 있는(on or at airport) 도로
㉒ EMAS(Engineered Materials Arresting System) 패드의 위치는 라벨과 함께 표기된다.
㉓ 풍향지시기(wind direction indicator)
㉔ 헬리콥터 착륙장/구역(helicopter landing pads/areas)
㉕ 공항 VOR과 NDB의 지리적 위치는 라벨과 함께 표기된다.
㉖ 공항 혹은 근처에 있는 송전선(pole lines)
㉗ 가장 가까운 활주로 종단 표고(nearest runway end elevation) 상공 50피트 이상의 지형 높이와 인공 구조물은 부호와 표고가 함께 표기된다.
㉘ 특별사용공역(SUA)의 테두리와 지정자(outline and designator)가 함께 표기된다. 전체 차트 평면도(entire chart planview)가 특정 구역 안에 포함되어 있을 때 "Entire Chart Lies Within R-XXXX"와 같은 주석(notes)이 표기된다.
㉙ 피트와 미터 축척
㉚ 평면도 내의 위험 비컨(hazard beacons)이 표고와 함께 그려진다.
㉛ 공항 혹은 근처에 있는 철로(railroad)
㉜ 공항 주변에 있는 개천 혹은 수로(ditches)
㉝ 수목지대(tree line)
㉞ 절벽(bluffs), 화살표가 지향하는 방향이 표고가 낮은 곳이다.

ADDITIONAL RUNWAY INFORMATION BAND

ADDITIONAL RUNWAY INFORMATION BAND

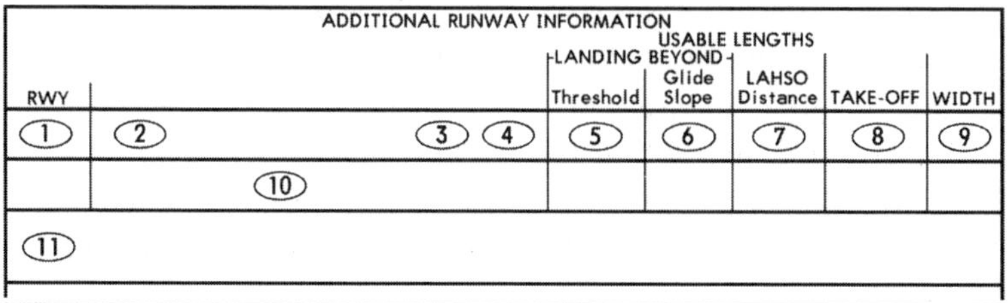

■ 모든 거리는 피트이고 국제공항은 등가의 미터로 표기된다.

① 활주로 번호(runway denigrator/number)는 박스의 상부 왼쪽과 하부 오른쪽 모서리에 표기된다. 관련된 활주로에 적용되는 모든 정보는 오른쪽에 표기된다. 정보가 활주로 사이에 다를 때는 선으로 분리해서 표기된다.

② 모든 활주로 등화와 접근등화시설이 표기된다.

③ 활주로 표면처리(surface treatment; grooving)가 표기된다.

④ "RVR"은 활주로 선상에 1개 이상의 시정측정계가 설치되었을 때 표기된다.

⑤ 실제 활주로 길이와 다를 때 시단을 넘어선 착륙거리가 그려진다.

⑥ 활공경사 발신기 어빔(abeam) 지점부터 활주로의 착륙활주(roll-out) 종단까지 거리가 표기된다. PAR의 경우 거리는 활주로와 GS 인터셉션으로부터 거리이다.

⑦ LAHSO가 운용되는 공항에서 활주로 시단부터 지정된 잠시대기지점(designated hold short point)까지 거리가 표기된다.

⑧ 이륙길이가 제한될 때 이륙을 위한 실제 가용 활주로 거리가 표기된다.

⑨ 활주로의 실제 폭(physical width)이 표기된다.

⑩ 이 칸은 모든 운용 활주로를 번호 순으로 정보를 보여주기 위해서 확장된다.

⑪ 활주로 정보와 관련된 모든 주석은 이 칸에 표기된다.

TAKE-OFF MINIMUMS

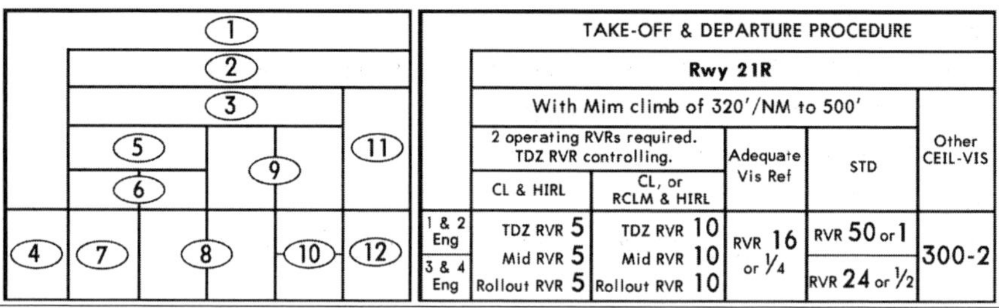

■ 이륙 최저치(take-off minimums)는 모든 운용자가 사용할 수 있도록 구성되어 있지 않기 때문에 각 운용자는 정확한 최저치가 그들의 운용 방식에 적합한지를 확인해야 할 책임이 있다. 관제기관에 따라 이륙 최저치에서 시정/실링 그리고 적용에 관련된 필수조건 등에 따라 큰 변화가 있을 수 있다. 일반적으로 이륙 최저치는 상부 왼쪽에

서 시작해서 최저(best; lowest)에서 최고(worst; highest)까지 순서로 양식의 하부 오른쪽으로 진행된다. 이것은 특정 활주로 또는 활주로 세트를 위한 것과 마찬가지로 전체 최저치 박스에 적용된다. 시정과 실링(visibility and ceiling)은 피트(in feet), 육상마일/해상마일(SM/NM), 미터, 그리고 킬로미터로 표기되고, RVR은 백 피트 단위와 전체 미터(분수 값 없이)로 표기된다. 피트와 SM/NM 값은 라벨이 붙지 않는다. 예를 들어 "RVR50"은 RVR 5,000피트, "1"은 1마일, 그리고 "300"은 300피트를 의미한다. 미터(meter)는 "m" 라벨 그리고 킬로미터(kilometer)는 "km" 라벨이 붙는다. 상승경도필수요건(climb gradient requirements) 내에 수록된 고도는 해수면(Mean Sea Level; MSL)이다. 이륙을 위해서 지정된 실링은 공항상공수평(above airport level; AAL) 높이이다.

※ Above Airport Level(AAL)은 가장 가까이 있는 공항상공의 높이이다. 이것은 AGL(above ground level)과 동의어로 사용되지만 정밀도 면에서 더 정밀한 높이를 의미한다.

① 이륙 최저치 서두부(header)는 최저치 박스의 내용을 나타낸다.
② 활주로 번호, 아래 최저치가 지정된 활주로에 적용된다.
③ 일반적인 조건, 묘사된 최저치가 영향을 받는 일반적인 조건 범위에 영향을 받는다.
④ 항공기 정보의 종류는 표기된다. 이들 정보는 통상 항공기 엔진 수 또는 항공기 접근범주(approach category)가 포함된다.
⑤ 몇몇 최저치에만 영향을 받는 특정 조건들이 표기된다.
⑥ 바로 아래 최저치에만 영향을 받는 특정 조건들이 표기된다.
⑦ 위에 수록된 조건과 활주로를 기반으로 승인된 실링 또는 RVR/시정이 표기된다. 실링과 시정(ceiling and visibility)이 표기될 때 이들 모두 요구된다. 이 형식 사례에서 이들 최저치는 "best(lowest) 가용이륙 최저치를 나타낸다.
⑧ 최저치가 다소 낮은 제한과 함께 "higher"가 되는 위의 조건들을 기초로 승인된 실링과 시정이 표기된다.
⑨ 길게 설명되는 많은 조건/제한을 주어진 이륙 최저치 칸 내에서 약어가 많이 사용된다. 상세한 약어는 차트 용어와 약어를 참고하라.
⑩ 주어진 세트의 조건을 위한 이륙 최저치는 기종에 따라 다를 수 있다. 분리 최저치는 각 항공기 기종 시나리오를 위해서 표기된다.
⑪ 통상 사용되는 "Other"는 조건을 갖지 않는 이륙 최저치를 서술하기 위해서 사용된다.
⑫ 오른쪽 가장 멀리 있는 최저치 박스로 특정 활주로를 위한 최소한의 조건 수와 함께 통상 가장 높은 세트의 이륙 최저치를 포함한다.

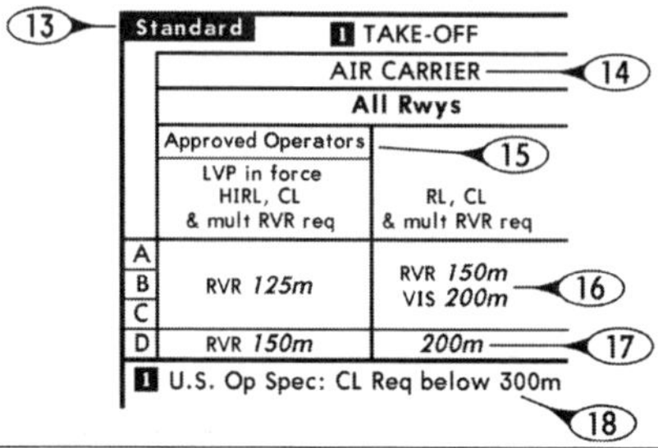

⑬ 이륙 최저치는 EU-OPS 1 규정(regulation)에 따랐으나(compliant with) 결코 State 발행 값 이하가 되어서는 안 된다는 것을 지시한다.

⑭ "Air Carrier" 라벨은 표기된 이륙 최저치가 오직 "Air Carrier" 운용에만 적용된다는 것을 지시한다.

⑮ 모든 운용자는 이들 최저치를 적용하기 전에 필요로 하는 특별한 훈련(unique training)이 포함될 수 있는 특별 승인(special approval)에 주의해야 한다.

⑯ RVR과 기상시정 값(meterological visibility value)이 다를 때 이들 모두는 적절한 라벨을 붙여 표기된다.

⑰ 도식된 값이 RVR 또는 기상시정 중 하나로 사용될 때 라벨이 붙지 않는다.

⑱ 직접 그리고 도식 이륙 최저치에만 속하는 모든 주석들은 이륙 최저치 박스의 바로 아래와 주변에 표기된다.

ALTERNATE MINIMUMS

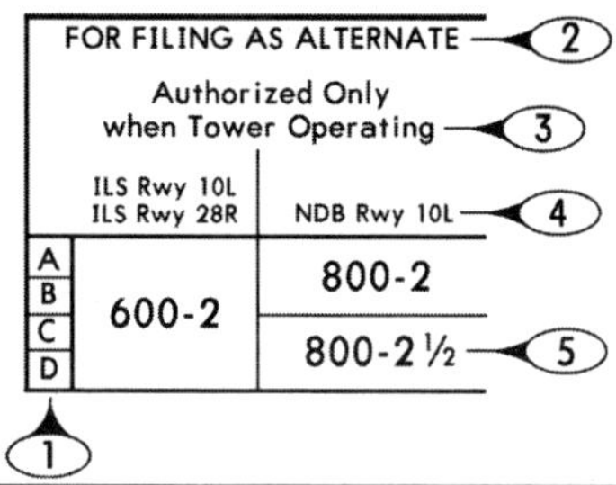

■ 착륙공항(landing airport)을 위해서 특별히 관장국가(주) 당국(governing State authority)에서 발행된 이들 대체 최저치(alternate minimums)들만 도식된다. 여기에 표기되는 값은 국가(by the State)에서 제공되는 것들이다.

① 대체 최저치는 착륙 공항에서 가용한 접근절차(approach procedure)에 적용할 수 있는 선회착륙 최저치(circle-to-land minimums)를 기초로 한다. 결과적으로 후속 대체 최저치는 항공기 접근범주(approach categories)와 관련이 있다.

② 대체 최저치 박스는 대체 최저치(as alternate)라는 라벨이 표기된다.

③ 모든 적용가능 조건부 주석(applicable conditional notes)은 이들이 적용되는 최저치 바로 위에 표기된다.

④ 바로 아래 도식된 적용가능(applicable) 대체 최저치와 함께 모든 적절한 절차를 위

한 접근절차 식별(approach procedure idents)

⑤ 대체 최저치에 사용된 실링과 시정(ceilings and visibilities)은 피트, SM/NM, 미터, 그리고 킬로미터로 표기된다. 피트와 SM/NM은 라벨이 붙지 않는다. 예를 들어 "800"은 800피트, "2-1/2"은 2.5마일을 의미한다. 미터는 "m" 그리고 킬로미터는 "km" 라벨을 붙인다.

CHART BOUNDARY LINE INFORMATION

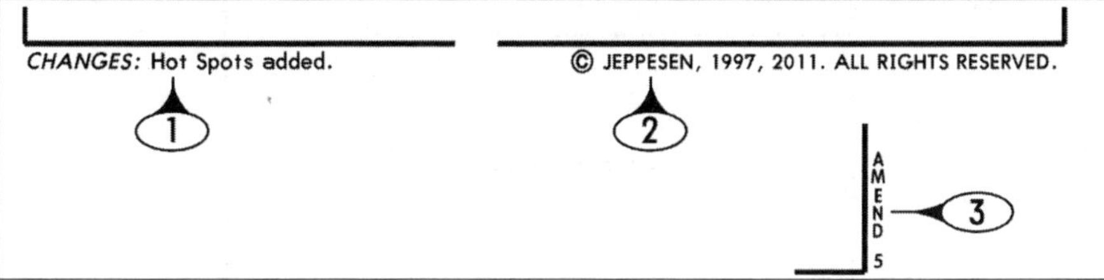

① 차트의 마지막 수정 중 차트에 적용된 변경 내용을 간단하게 요약한다.

② JESSESEN 판권

③ 출처수정정보(source amendment information)가 주정부에서 제공되었을 때 표기된다. 통상 수정번호(amendment numbers)는 이륙 또는 대체 최저치와 직접 관련이 있다.

5. 접근 차트 범례

CHART FORMAT

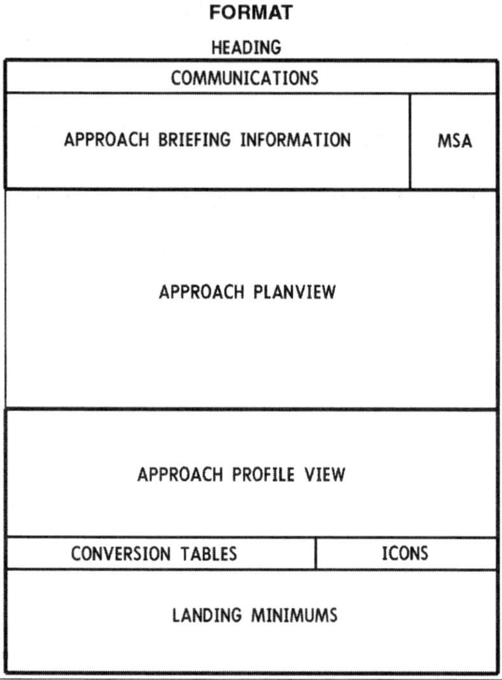

■ 접근차트는 계기접근절차에 관한 그래픽과 정보를 제공한다. 차트는 관련 범위에 따라 위와 같이 나누어져 있다.

HEADING

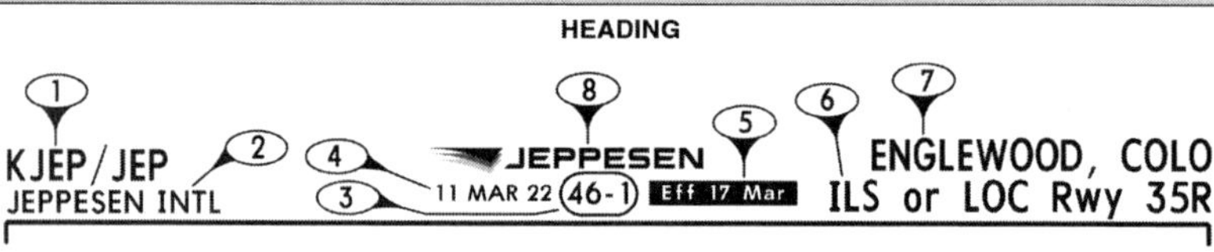

① ICAO 식별문자/IATA 공항 식별문자
② 공항명칭
③ 색인번호, 차트는 유사한 종류의 접근 내에서 활주로 번호에 따른 순서로 지정된다.
④ 차트수정날짜
⑤ 차트유효날짜
⑥ 절차 식별
⑦ 지리적 위치 명칭
⑧ 로고

COMMUNICATIONS

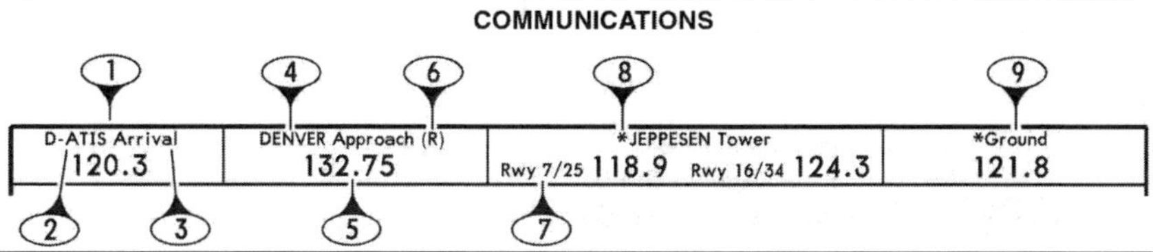

① 통상적인 사용에 따라 왼쪽에서 오른쪽으로 표기된다.
② 방송업무일 때 호출부호(call sign) 생략
③ 통신업무의 기능성(functionality)
④ 송수신 또는 송신 운용만 가용할 때 호출부호가 표기된다.
⑤ 모든 가용한 1차 주파수(primary frequencies)
⑥ 레이더 서비스 가용
⑦ 각 활주로를 위해서 지정된 관제탑 주파수
⑧ 시간제(part time) 업무
⑨ 업무가 보조 기능일 때 호출부호 생략

APPROACH BRIEFING INFORMATION

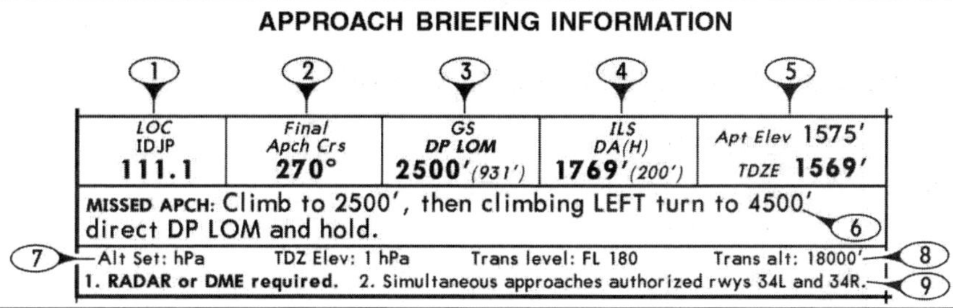

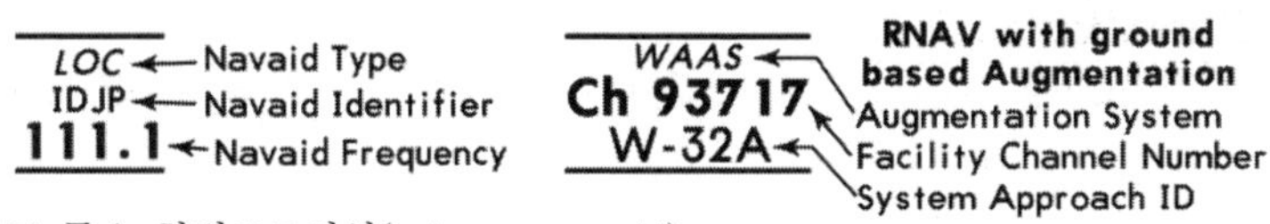

① 접근 주요 항법보조시설(primary navaid)
- Navaid 종류
- Navaid 식별문자
- Navaid 주파수

[지상기반증대장치(ground-based augmentation)를 갖춘 RNAV]
- 증대시스템(augmentation system)
- 시설 채널번호(facility channel number)
- 시스템 접근 ID(system approach ID)

② 최종접근코스 방위각(final approach course bearing)
③ FAF에서 통과고도(crossing altitude)
- 정밀접근을 위한 활공경사 통과고도

• 비정밀접근을 위한 절차고도
-수직강하고도(vertical descent altitude)
-최저통과고도(minimum crossing altitude)

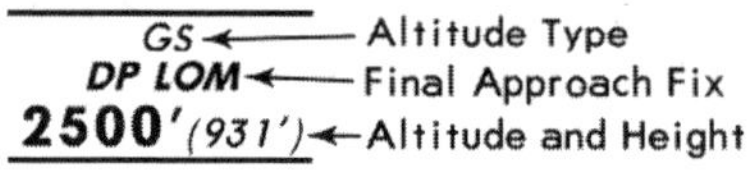

• 고도 종류
• 최종접근픽스(FAF)
• 고도와 높이

④ 최저 DA(H) 또는 MDA(H)
⑤ 공항표고 그리고 착지대/시단표고(airport elevation and touch down zone/threshold elevation)
⑥ 실패접근의 문자서술(textual discretion of missed approach)
⑦ 고도계 수정치 정보(altimeter setting information), 등가 대기압(barometric pressure equivalent)이 포함된다.
⑧ 공항/절차 전이고도와 고도(transition level and altitude)
⑨ 접근절차에 적용되는 주석

MINIMUM SAFE or SECTOR ALTITUDE(MSA)

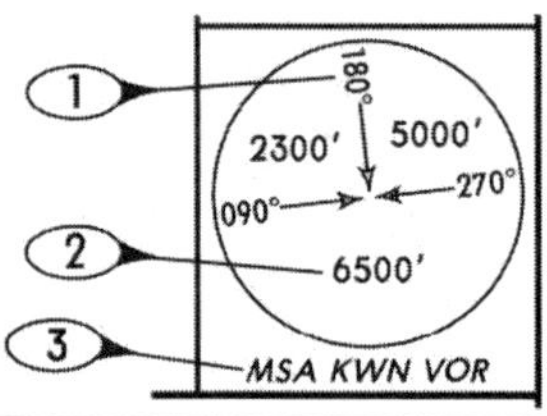

① 레디얼/방위각(radial/bearing)으로 지정된 섹터, 항상 Navaid/픽스 또는 ARP를 향해서 그려진다.
※ Airport Reference Point(공항참고지점)
② 최저안전/섹터 고도
③ MSA 기준이 된 Navaid/Fix/ARP
※ 통상 범위는 시설 중심으로부터 25 NM이지만 보호 범위가 25 NM 이상이라면 시설 아래에 반경이 표기된다.

APPROACH PLANVIEW

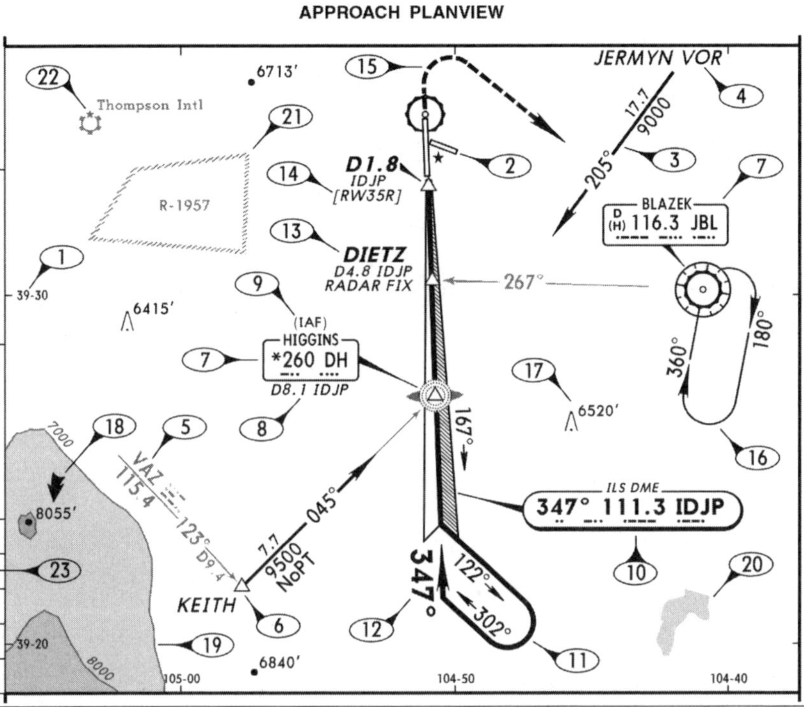

① 평면도는 축척으로 적용하여 그래픽으로 그려진 접근절차이다. 위도와 경도 눈금은 도곽선을 따라서 10분 간격으로 그려진다.

② 주공항의 활주로 배치(runway layout)

③ 접근전이경로(approach transition route)는 중간 굵기 선으로 그려진다. 항적 선상에 방위각, 거리와 고도와 함께 표기된다.

④ 인접 차트의 navaid/waypoint 명칭, 픽스를 형성하는 데 필요할 때 navaid 주파수, 식별문자, 그리고 전신부호가 표기된다.

⑤ 픽스를 형성하는데 사용된 VOR 레디얼과 NDB 방위각. DME가 가용할 때 거리가 표기된다. 필요시 navaid 주파수, 식별문자, 그리고 전신부호가 표기된다.

⑥ 공역 픽스(airspace fixes)는 활용성에 따라 다양한 부호들을 사용해서 그려진다.

⑦ Navaid 박스는 항법보조시설 명칭, 식별문자, 전신부호, 주파수가 포함된다. "D"는 DME 그리고 별표는 시간제를 나타낸다.

⑧ 대용 픽스 식별정보(substitute fix identification information)는 시설 박스 아래에 표기된다.

⑨ 최초접근픽스(initial approach fixes; IAF)와 중간픽스(intermediate fixes; IF) 라벨이 붙는다.

⑩ 음영 navaid 박스(shadowed navaid box)는 최종접근구간을 위한 측방 코스 유도(lateral course guidance)를 제공하는 주요 navaid가 표기된다.

⑪ 최종/중간접근코스는 굵은 선으로 그려진다.
⑫ 최종접근코스방위(final approach course bearing)는 필요시 방향 화살표와 함께 굵은 문자로 표기된다.
⑬ 공역 픽스는 픽스 근처 또는 픽스와 함께 표기되고, 형성 정보는 명칭 아래에 표기된다.
⑭ Jeppesen 생성 데이터베이스 식별문자(Jeppesen-derived database identifiers)는 국가공급 명칭(State-supplied name)과 다를 때 표기된다.
⑮ 실패접근구간은 굵은 점선으로 그려진다.
⑯ 체공/레이스트랙(Holding/Racetrack) 패턴은 인바운드와 아웃바운드 방위가 모두 표기된다. 제한이 도식될 수 있고, 굵은 항적은 체공/레이스트랙이 요구된다는 것을 지시한다.
⑰ 일부 높은 지형과 인공 구조물이 표고와 함께 표기된다. 통상 공항표고 상공 400피트 또는 그 이상의 지형 및 구조물만 그려진다.
⑱ 화살표는 평면도 구역 안에서만 가장 높은 지형의 높이를 나타낸다.
⑲ 지형의 등고선(terrain contours)
⑳ 강/호수 혹은 저수지
㉑ 일부 특별사용공역 경계와 식별문자
㉒ 최종접근코스 아래에 놓여 있는 모든 보조 IFR 공항, 그리고 VFR 공항
㉓ 차트의 축척

APPROACH PLANVIEW-RNAV PROCEDURE DIFFERENCES

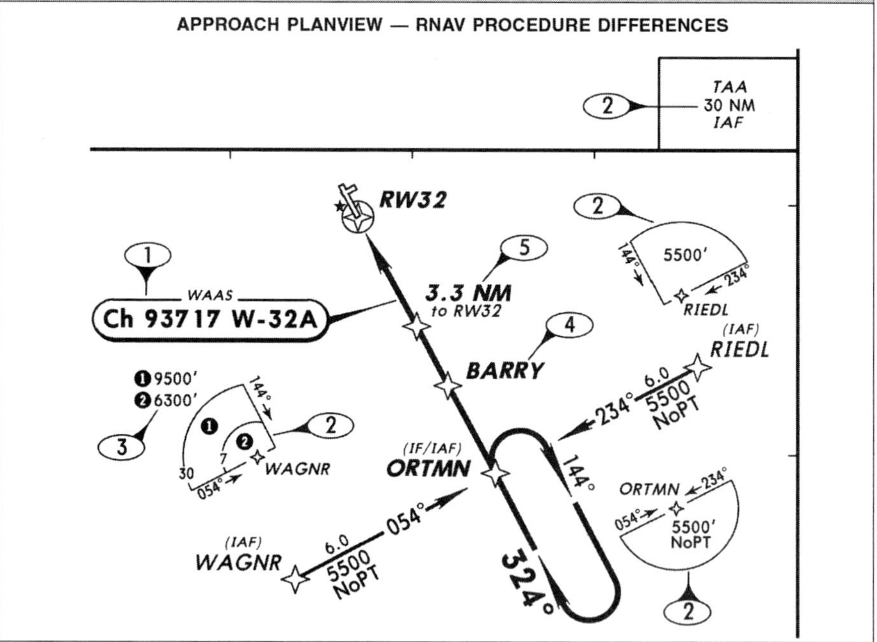

① 주요 navaid 박스는 기상기반시설로 보강된 RNAV 접근절차이다. 시스템 종류, 채널, 그리고 시스템 접근 ID가 표기된다.
② 일부 RNAV 절차는 터미널도착구역/터미널구역고도(terminal arrival area/terminal area altitude; TAA)를 활용한다. 각 TAA 섹터의 그래픽 묘사는 상응하는 구역에 있는 평면도 안에 위치한다. TAA의 기능적 웨이포인트는 방위각, 도착 고도, 그리고 필요시 NoPT 라벨과 함께 그려진다. 일반적으로 TAA는 MSA 박스에 지시하는 것과 같이 MSA를 대체한다.
③ 시설 웨이포인트로부터 TAA 30 NM(25 NM ICAO) 통달범위가 한정될 때 분할구역(segmented areas)에 적용할 수 있는 고도와 함께 그려진다.
④ 데이터베이스의 사용으로 인해서 유일한 웨이포인트 명칭이 표기된다. 구조와 좌표(formations and coordinates)는 생략된다.
⑤ 통상 다음 유명 웨이포인트(next named waypoint)까지 직선항적거리(along track distances; ATD)는 소스 당 무명 웨이포인트(un-named waypoints)를 위해서 표기된다.

APPROACH PLANVIEW-NOT TO SCALE INSETS

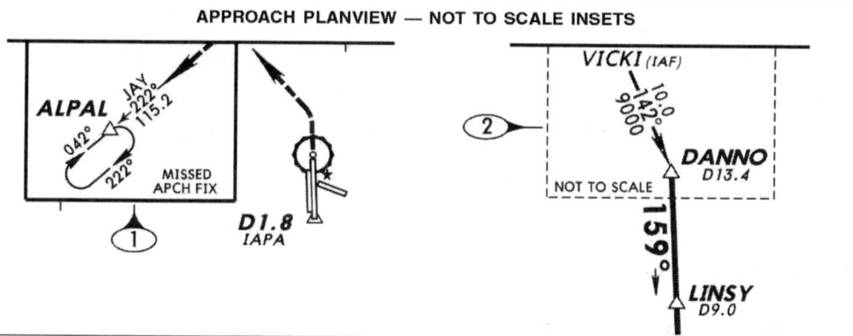

- 삽입(insets) 도면은 평면도 경계 외부에 포함되는 필수 절차적 정보를 묘사하는데 사용된다. 삽입 시설들은 절차의 핵심 부분을 더 큰 축척으로 그리는데 용이하다.

① 실선은 정보가 관련 축척(To Scale) 항적으로부터 멀리 있을 때 삽입 도면의 테두리를 나타낸다. 삽입 도면 내부 라벨은 포함된 절차적 정보의 활용을 지시한다.
② 점선은 정보가 관련 축척(To Scale) 항적과 이어져 있을 때 삽입 도면의 테두리를 나타낸다. “NOT TO SCALE” 라벨은 삽입 도면 내부에 표기된다.

NONPRECISION RECOMMENDED ALTITUDE DESCENT TABLE

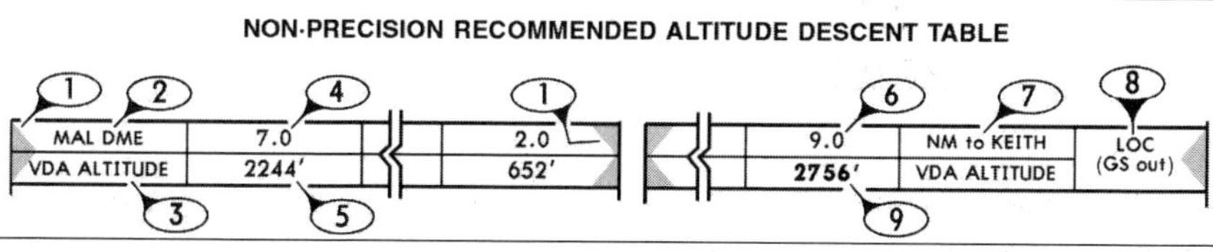

- CDFA 기술을 용이하게 하기 위해서 표기된 권장고도강하 표(recommended altitude

descent table)는 절차의 최종접근구간과 관련해서 사용된 수직강하각(vertical descent angle)과 직접 관련된 "check" 고도가 포함된다. 국가(State)에서 이 정보를 제공하지 않을 때 Jeppesen은 절차 VDA를 기초로 고도를 도출한다.

※ Continuous Descent Final Approach(연속강하최종접근)

① 권장고도강하 표, 강하정점(top of descent down)의 방향은 측면도에 있는 비행항적과 동일한 방향으로 배열된다. 재색 화살표는 왼쪽에서 오른쪽 또는 오른쪽에서 왼쪽 방향을 나타낸다.

② DME "checkpoints"를 위한 시설은 navaid 식별로 지시된다. 표가 Jeppesen에서 만들어졌을 때 DME는 확인점의 확립(establishment)을 위해서 가능할 때마다 사용된다.

③ 권장고도의 열(row)은 VDA와 연관되어 사용되는 것을 지시하기 위해서 라벨이 붙는다.

④ 각 체크포인트를 한정하는 DME 거리는 NM의 10분률까지 표기된다.

⑤ 권장고도(주어진 지점에서 VDA 선상 한 지점으로 지정되는)는 표에 있는 각 체크포인트에 상응해서 제공된다.

⑥ DME가 가용하지 않을 때 각 체크포인트(checkpoint)는 최종접근코스 선상에 있는 픽스까지 거리로 한정된다. 이 거리는 NM의 10분률까지 표기된다.

⑦ "to" 웨이포인트는 체크포인트가 픽스까지 거리로 지정될 때 표기된다.

⑧ 비정밀접근이 정밀접근과 함께 결합되어 있을 때 수식자(qualifier)는 묘사된 권장고도가 비정밀접근에만 관련이 있다는 것을 나타내기 위해서 첨부된다.

⑨ 굵은 문자(bold text)는 Briefing Strip 안에 있는 FAF 고도 박스에 도식된 고도를 지시한다.

APPROACH PROFILE VIEW

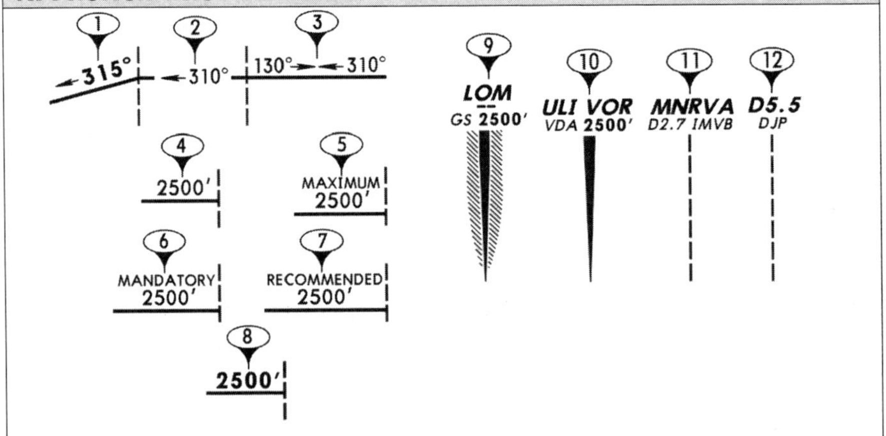

■ 측면도(profile view)는 접근의 최종/중간구간을 그래픽으로 제공한다. 수평과 수직통과섹션은 무축척(not to scale)이다.

① 모든 절차 방위(procedure bearings)가 표기된다. 굵은 문자는 최종접근코스를 강

조하기 위해서 사용된다. 화살표는 비행방향을 지시할 필요가 있을 때 첨부된다.

② 방위각은 위, 아래, 또는 항적 중간에 위치한다.

③ 인바운드와 아웃바운드 방위각은 절차 체공/레이스트랙 패턴을 위해서 그려진다.

④ 측면도에 그려지는 모든 고도는 다르게 라벨이 붙지 않는 한 MINIMUM 고도이다. 모든 고도는 해수면(above mean sea level in feet; AMSL)이다.

⑤ 최대고도는 “MAX” 약어로 사용될 수 있다.

⑥ 의무고도(mandatory altitude)는 약어를 사용하지 않는다.

⑦ 권장고도는 약어를 사용하지 않는다.

⑧ 굵은 문자는 FAF에서 절차 고도 또는 FAP/FAF에서 GS 인터셉트 고도를 강조하기 위해서 사용된다. 또한 이것은 Briefing Strip에 있는 고도에 표기된다.

⑨ Navaid의 종류. 모든 마커는 식별 전신부호가 표기된다. 활공경사 통과고도가 포함될 수 있다.

⑩ Navaid 식별문자 또는 명칭은 혼동의 우려가 있을 때 표기된다. VDA의 통과고도(crossing altitude)는 적용할 수 있을 때 포함된다.

⑪ 모든 픽스 명칭은 DME 형성(formations)을 따라서 표기되고, DME 시설의 식별은 여러 DME가 도식될 때 포함된다.

⑫ 단독 DME 픽스는 유명 웨이포인트(named waypoints)와 유사하게 그려진다.

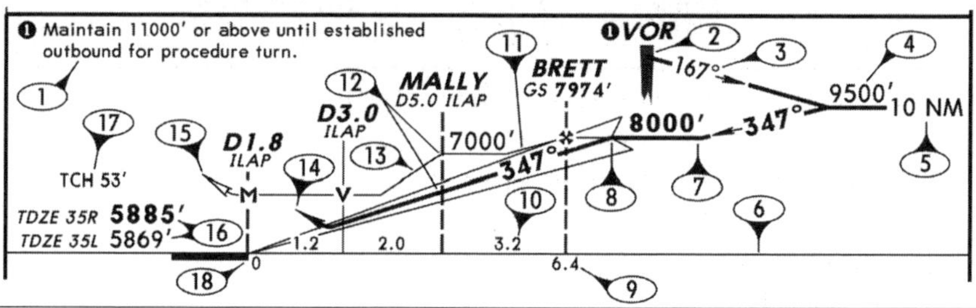

① 측면도에 그려진 정보와 직접 관련이 있는 절차선회 주석은 측면도 내에 표기된다. 통상 상부 오른쪽 또는 왼쪽 모서리에 위치한다.

② “broken” navaid 또는 픽스 부호는 최종접근항적과 직접 선으로 이어져 있다는 것을 나타낸다.

③ 절차선회와 관련된 아웃바운드 방위각은 상황인식(situational awareness)을 위해서 포함된다.

④ 절차선회(procedure turn)를 실행하는 동안 최저고도

⑤ 절차선회를 실행하는 동안 남아 있어야 하는 거리. 거리는 다르게 지시하지 않는 한 최초 navaid/fix로부터 측정된다.

⑥ 측면도 지상선(ground line)은 활주로 시단으로부터 시작되는 가상 직선을 나타낸다. 측면도에는 지형 높이 또는 인공 구조물이 표기되지 않는다.

⑦ 절차 비행항적은 굵은 실선으로 그려진다. 동일 고도를 사용하는 여러 분리 절차는 단선(single line)으로 그려진다.

⑧ FAP(final approach point). 정밀접근을 위한 최종접근구간이 시작된다.

⑨ "0" 지점까지 거리(NM). DME 픽스에 포함되지 않는다.
⑩ 2개의 navaids 또는 픽스들 사이의 거리(NM)
⑪ 최종접근코스 방위. 만약 코스에서 변경이 발생했다면
(Only repeated if a change in course occurs.)
⑫ 항적은 통과고도에 맞게 서로 상대적 위치에 그려진다.
⑬ 활공경사 또는 수직강하각으로부터 벗어난 비정밀절차 비행항적은 얇은 실선으로 그려진다.
⑭ GS/VDA를 따라서 강하 한계에 도착했을 때 DA/MDA를 나타내는 급상승(pull-up) 화살표
⑮ CDFA 기술을 사용하지 않고 있는 비정밀접근과 관련된 급상승 화살표
⑯ 착지대. 활주로 종단, 또는 시단표고에 적절한 라벨이 붙는다.
⑰ 도식 활공경사 또는 수직강하각과 관련된 시단통과높이
⑱ 활주로 블록 부호. 접근종단(approach end)은 활주로 시단을 나타낸다.

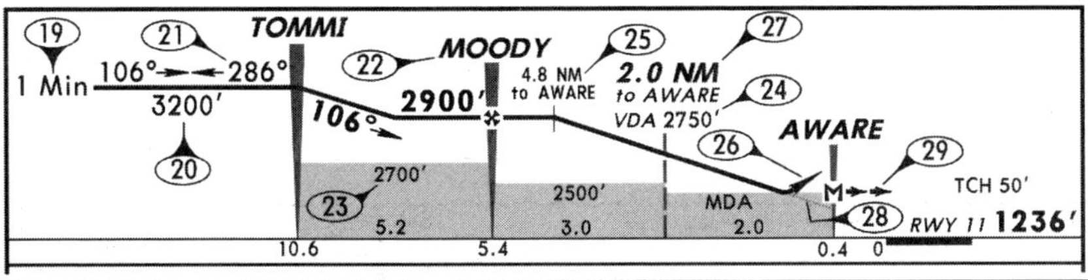

⑲ 절차 체공/레이스트랙의 아웃바운드 구간에 시간제한이 적용된다.
⑳ 절차 체공/레이스트랙을 실행하는 동안 최저고도
㉑ 절차 체공/레이스트랙과 관련된 아웃바운드와 인바운드 방위각
㉒ RNAV 웨이포인트는 5-자리 식별문자로만 식별된다.
㉓ 구간최저고도(segment minimum altitudes; SMA)는 2개의 지정된 픽스를 이용해서 음영 직사각형으로 나타낸다. 최저고도는 섹터의 상부 테두리를 따라서 표기된다.
㉔ VDA에 상응하는 고도
㉕ 다음 픽스까지 거리(NM)는 픽스가 아닐 때 강하정점(top of descent)을 위해서 제공된다.
㉖ DA/MDA에서 VDA를 따라서 급상승은 실패접근지점에 대해서 그려진다.
㉗ "to" 픽스까지 거리(NM)와 명칭은 모든 직선항적거리(along track distance) 픽스를 위해서 제공된다.
㉘ 점선 재색 선은 FAF로부터 착륙시단지점(landing threshold point; LTP) TCH까지 VNAV 경로를 나타낸다. VNAV 경로는 FAF와 MAP 사이에서만 CDFA 비행기술을 지원한다. VNAV 경로는 DA/MDA 아래로 강하하기 위한 의도가 아니다. FAA와 ICAO 규정에 따르면 DA/MDA 아래로 강하는 활주로 환경에 대한 시각 참조물이 없이는 엄격하게 금지하고 있다.
㉙ 실패접근지점이 활주로 시단 전에 있을 때 시각비행항적(visual flight track)이 그려진다.
※ CDFA; Continuous Descent Final Approach(지속강하 최종접근)

DESCENT/TIMING CONVERSION TABLE — LIGHTING BOX — MISSED APPROACH ICONS

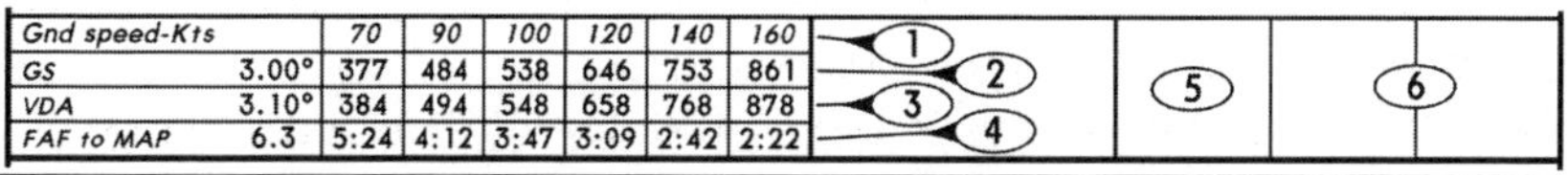

Gnd speed-Kts		70	90	100	120	140	160
GS	3.00°	377	484	538	646	753	861
VDA	3.10°	384	494	548	658	768	878
FAF to MAP	6.3	5:24	4:12	3:47	3:09	2:42	2:22

① 여러 공통 항공기 접근속도(approach speed)를 위한 대지속도(knots)

② 정밀접근을 위해서 활공경사각은 상대적인 강하율(분당 피트)과 함께 도(degree)로 표기된다.

③ 비정밀접근을 위한 시각강하각은 상대적인 강하율(분당 피트)과 함께 도(degree)로 표기된다.

④ MAP의 위치를 한정하기 위해서 거리와 관련 시간이 포함된다.

⑤ 접근등화시설(approach light system; ALS), 시각접근경사지시기(VASI), 활주로 종단등화(runway end lights)는 직진착륙 활주로(straight-in runway)를 위해서 그려진다.

⑥ 실패접근절차와 관련된 최초 "up and out" 행동을 부호로 나타낸 실패접근 아이콘(missed approach icon)이다. 전체 실패접근 지시는 Briefing Strip에서 문자형식(textual form)으로 표기된다.

LANDING MINIMUMS

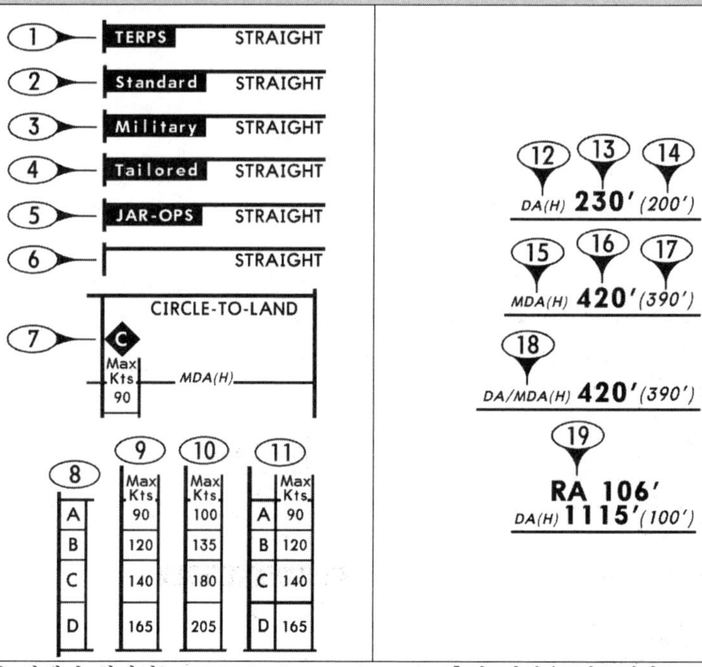

① 발행된 최저치는 TERPS change 20 또는 후반 버전을 기준했다는 것을 지시한다. non-CDFA 패널티를 위한 U.S. OPSPEC(운영기준) 필수요건이 적용된다.

※ Operation Specification

※ Terminal Instrument Procedures

② 착륙 최저치는 EU 운용을 준수하고 있다는 것을 지시한다. 국가(State) 공급 값은 EU OPS와 비교되고 2개의 발행된 것보다 높다.

③ 착륙 최저치는 군에서 제공되었다. 다른 착륙 최저치 기준과 비교되지 않는다.

④ 착륙 최저치 또는 개발 기준은 고객에 의해서 Jeppesen에 제공되었다.

⑤ 착륙 최저치는 JAR-OPS 1에 따르고 있다. 국가 공급 값은 JAR-OPS 1과 비교되고 두 개의 발행된 것보다 높다.

⑥ 최저치에 라벨이 없는 것은 위의 라벨이 붙어 있는 것과 다르다는 것을 나타낸다.

⑦ 선회착륙 최저치는 TERPS 8260.3B change 21 또는 후반 버전을 기초로 작성되었음을 나타낸다. 확장된 선회접근구역이 적용된다.

⑧ 항공기 접근범주

⑨ TERPS max

⑩ ICAO 최대선회속도(maximum circling speeds)

[NOTE] TERPS or ICAO 최대선회속도로부터 다르게 알려진 것이 표기될 수 있다. 최대선회속도가 제공되지 않는 국가를 위해서 항공기 접근범주가 표기될 수 있다.

⑪ 선회착륙접근만 해당, 항공기 접근범주와 해당 최대선회속도 모두 최저치 전에 표기된다.

⑫ 결심고도(높이), 두 수치가 연속해서 표기됨

⑬ 결심고도(DA; MSL)

⑭ 결심높이(DH; AGL-직진접근참고 데이텀)

⑮ 최저강하고도(높이; MDA), 두 수치가 연속해서 표기됨

⑯ 최저강하고도(MSL)

⑰ 최저강하높이(MDH; AGL-직진접근참고 데이텀, 또는 선회착륙 최저치가 적용될 때 공항표고)

⑱ 결심고도 또는 최저강하고도(높이)는 어느 하나가 운용적 승인에 따라 사용될 때 표기된다. 비정밀접근과 관련된 DA(H)의 활용은 운용적 승인이 요구될 수 있다.

⑲ 무선 고도계 높이(radio altimeter height), CAT II 정밀접근

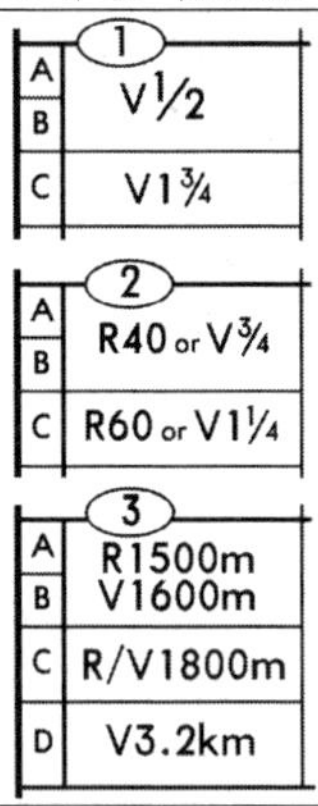

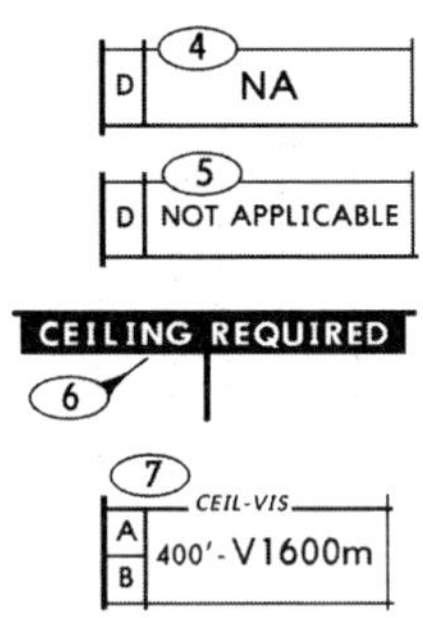

<table>
<tr><th colspan="3">(8) STRAIGHT-IN LANDING RWY 35L (11)</th><th colspan="3"></th><th colspan="2">SIDESTEP LANDING RWY 35R (12)</th><th colspan="2">CIRCLE-TO-LAND</th></tr>
<tr><th colspan="3">(9) ILS
DA(H) 230′(200′)</th><th colspan="3">LOC (GS out)
MDA(H) 420′(390′)</th><th colspan="2">MDA(H) 500′(470′)</th><th colspan="2">(13) (14) NA West of Runway 17L/35R</th></tr>
<tr><th></th><th>FULL</th><th>RAIL or ALS out</th><th></th><th>RAIL out</th><th>ALS out</th><th></th><th>ALS out</th><th>Max Kts</th><th>MDA(H) (15)</th></tr>
<tr><td>A</td><td rowspan="4">(10) ■
R24 or V½</td><td rowspan="4">R40 or V¾</td><td rowspan="3">R24 or V½</td><td rowspan="3">R40 or V¾</td><td rowspan="3">R50 or V1</td><td colspan="2" rowspan="2">V1</td><td>90</td><td rowspan="2">540′(508′)-1</td></tr>
<tr><td>B</td><td>120</td></tr>
<tr><td>C</td><td>V1</td><td>V1½</td><td>140</td><td>540′(508′)-1½</td></tr>
<tr><td>D</td><td>R40 or V¾</td><td colspan="2">R60 or V1¼</td><td>V1½</td><td>V2</td><td>165</td><td>640′(608′)-2</td></tr>
<tr><td colspan="10">■ RVR 18 with Flight Director or Autopilot or HUD to DA. (10)</td></tr>
</table>

① 시정(NM or SM), 단위 라벨이 없이 "V1"로 표기된 것은 1마일을 의미함.

② 시정(NM or SM)과 관련해서 등가의 RVR 백 단위까지 표기된다. 예를 들어 R24는 2400피트 RVR을 의미한다. 특정 접근절차에 적용할 수 있도록 승인되었을 때 RVR 값이 표기된다.

③ 시정(미터 또는 킬로미터), 라벨 "m or km"를 붙인다. RVR 값이 관련 기상 시정과 일치하지 않을 때 둘 다 "R"과 "V" 라벨을 붙인다. RVR과 MET VIS가 등가일 때 시정은 한 번에 표기되고 "R/V" 라벨을 붙인다. 이것은 RVR or MET VIS 중 하나라는 것을 의미한다.

④ 특정 조건이 승인되지 않음(Not Authorized)

⑤ 특정 조건이 적용되지 않음(does not apply; 해당 없음)

⑥ 실링이 전체 착륙 최저치의 한 부분으로 필요하다. 실링은 보고를 위해서 사용되는 단위에 따라 지상 위의 높이(AGL; feet or meters)로 표기된다.

⑦ 필요시 실링이 관련 시정 전에 표기된다. 라벨은 실링이 시정과 함께 할 때 붙는다.

⑧ 여러 종류가 있을 때 접근의 종류를 구분한다.

⑨ 최저치에 영향을 주는 알려진 조건(known conditions)은 그 조건에 영향을 주거나 주지 않을 수 있는 시정 위에 표기된다.

⑩ 최저치 칸에 있는 도식 최저치에만 적용되는 주석

⑪ 직진 최저치 라벨, 그리고 직진 활주로 번호

⑫ 국가에서 제공될 때 사이드스탭(sidestep) 최저치

⑬ 주어진 세트의 최저치에 적용되는 주석 영향을 받는 수치 위에 표기된다.

⑭ 선회기동이 필요할 때 적용할 수 있는 최저치 세트에 라벨을 붙인다.

⑮ 선회착륙 최저강하고도와 관련 높이를 위한 MDA(H) 라벨은 상단에 표기된다.

CHART BOUNDARY LINE INFORMATION

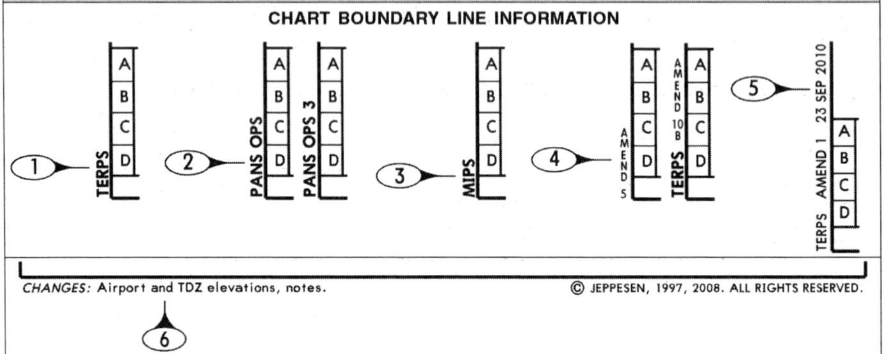

① 터미널 절차 기준을 위한 미국 표준
(United States Standard for Terminal Procedures criteria)
② ICAO PANS-OPS 기준(criteria)
③ MIPS 설계기준(design criteria)
④ 절차 수정 정보(State-USA)
⑤ 절차 수정 참고 날짜(procedure amendment reference date)
⑥ 차트에 적용된 변경 사항 요약
※ Terminal Instrument Procedures(TERPS; 터미널계기절차)
※ Procedures for Air Navigation Services(PANS)
※ Military Instrument Procedures Standardization(MIPS)

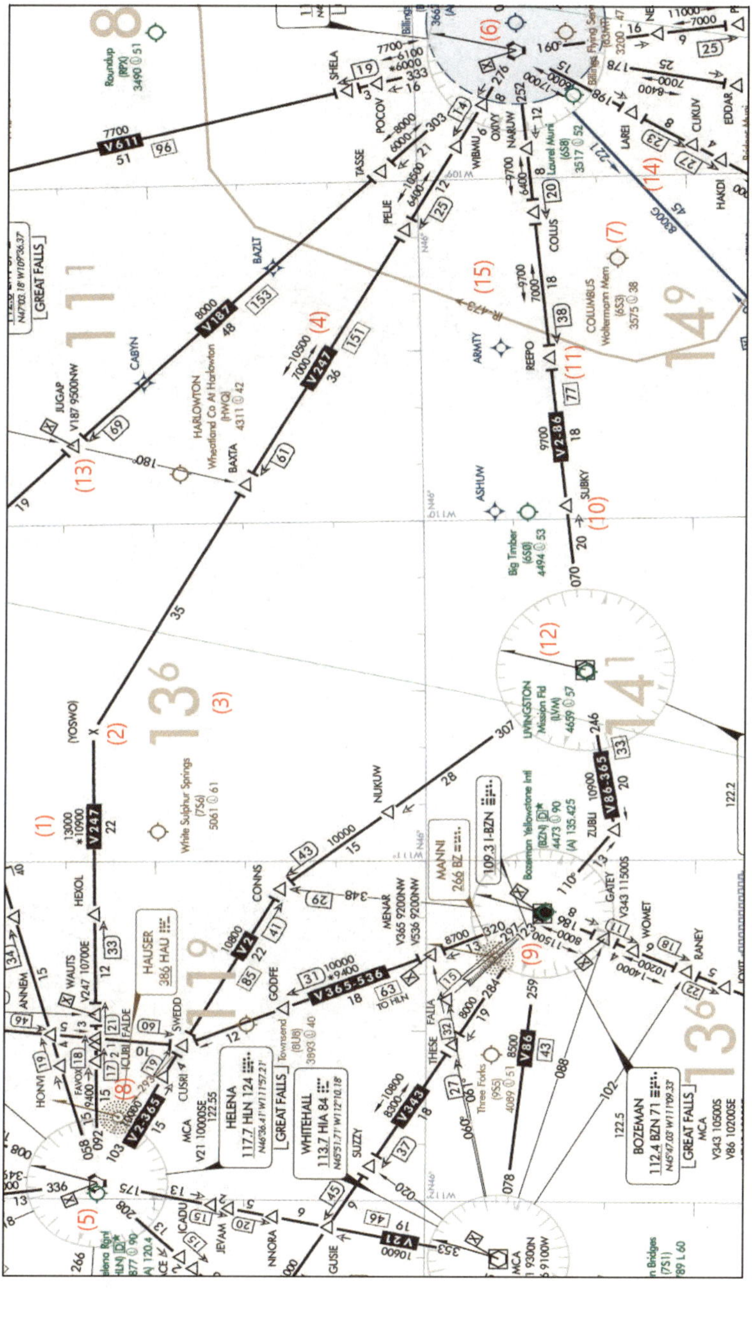
HELENA
117.7 HLN 124
WHITEHALL
113.7 HIA 84
BOZEMAN
112.4 BZN 71
HAUSER
386 HAU
MANNI
266 BZ
109.3 I-BZN
GREAT FALLS
V247
V187
V611
V2-86
V2-365
V365-536
V86-365
V343
V21
V86
LIVINGSTON
Mission Fld
Bozeman Yellowstone Intl
White Sulphur Springs
HARLOWTON
Wheatland Co At Harlowton
COLUMBUS
Woltermann Mem
Big Timber
Three Forks
Townsend
Laurel Muni
Roundup
(1)
(2)
(3)
(4)
(5)
(6)
(7)
(8)
(9)
(10)
(11)
(12)
(13)
(14)
(15)

[그림15]

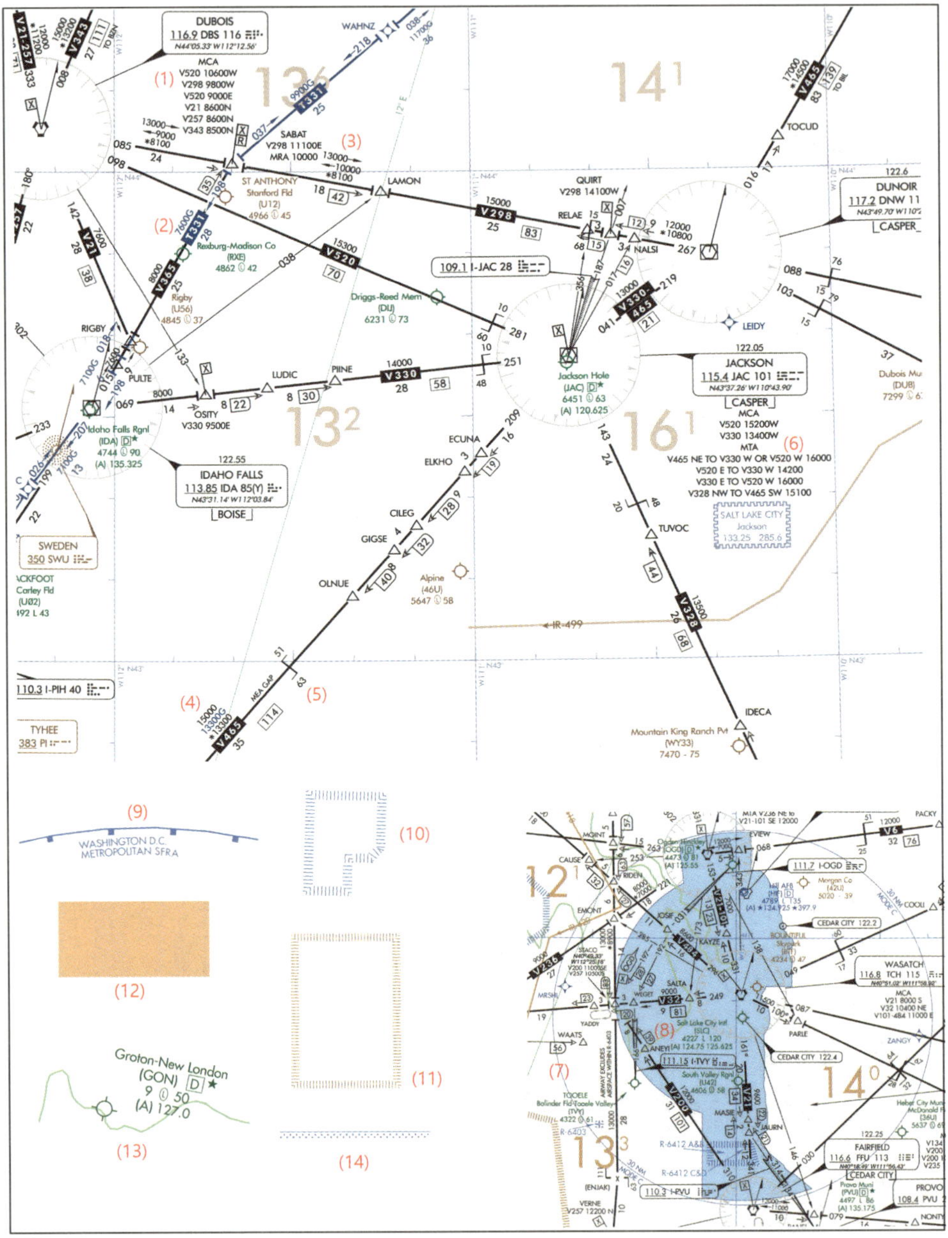
DUBOIS
116.9 DBS 116
N44°05.33' W112°12.56'
MCA
(1)
V520 10600W
V298 9800W
V520 9000E
V21 8600N
V257 8600N
V343 8500N
SABAT
V298 11100E
MRA 10000
(3)
ST ANTHONY
Stanford Fld
(U12)
4966 45
LAMON
(2)
Rexburg-Madison Co
(RXE)
4862 42
Rigby
(U56)
4845 37
RIGBY
PULTE
Idaho Falls Rgnl
(IDA)
4744 90
(A) 135.325
OSITY
V330 9500E
LUDIC
PIINE
Driggs-Reed Mem
(DIJ)
6231 73
109.1 I-JAC 28
QUIRT
V298 14100W
RELAE
NALSI
TOCUD
DUNOIR
117.2 DNW 11
CASPER
LEIDY
JACKSON
115.4 JAC 101
N43°37.26' W110°43.90'
CASPER
MCA
V520 15200W
V330 13400W
MTA
(6)
V465 NE TO V330 W OR V520 W 16000
V520 E TO V330 W 14200
V330 E TO V520 W 16000
V328 NW TO V465 SW 15100
Jackson Hole
(JAC)
6451 63
(A) 120.625
IDAHO FALLS
113.85 IDA 85(Y)
N43°31.14' W112°03.84'
BOISE
122.55
SWEDEN
350 SWU
ECUNA
ELKHO
CILEG
GIGSE
OLNUE
Alpine
(46U)
5647 58
TUVOC
SALT LAKE CITY
Jackson
133.25 285.6
IR-499
110.3 I-PIH 40
TYHEE
383 PI
(4)
MEA GAP
(5)
IDECA
Mountain King Ranch Pvt
(WY33)
7470 - 75
Dubois Mu
(DUB)
(9)
WASHINGTON D.C.
METROPOLITAN SFRA
(10)
(11)
(12)
Groton-New London
(GON)
9 50
(A) 127.0
(13)
(14)
(7)
(8)
Salt Lake City Intl
(SLC)
111.7 I-OGD
CEDAR CITY 122.2
CEDAR CITY 122.4
WASATCH
116.8 TCH 115
FAIRFIELD
116.6 FFU 113
CEDAR CITY
PROVO
108.4 PVU
111.15 I-TVY
110.3 I-PVU

[그림16]

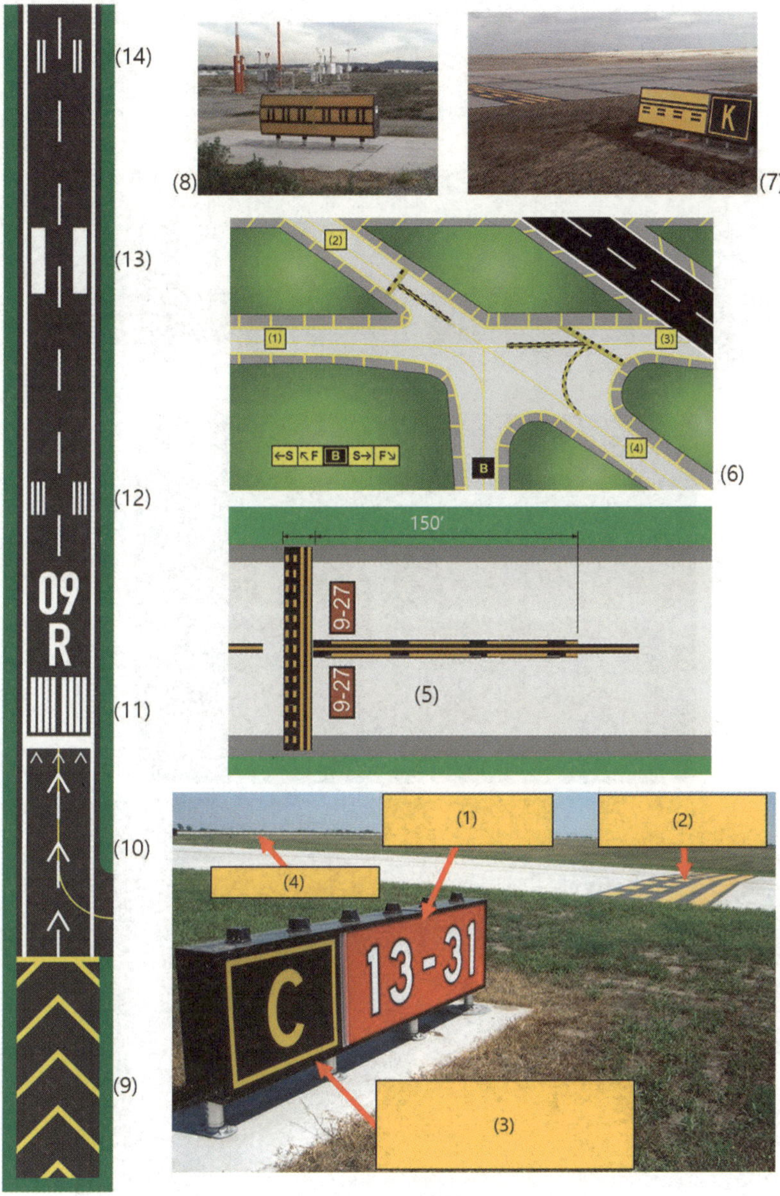

[그림17]

(15)

(16)

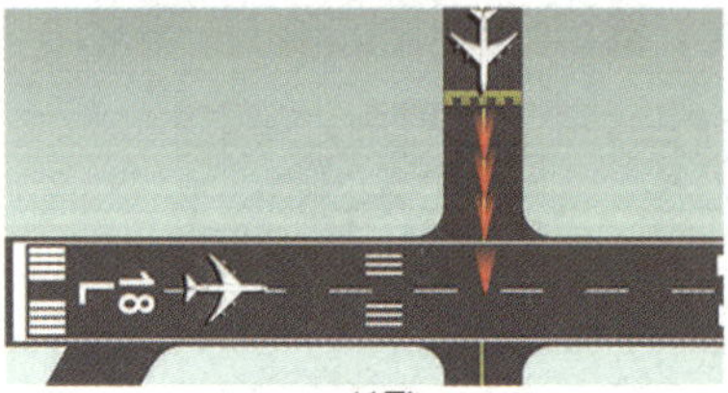

(17)

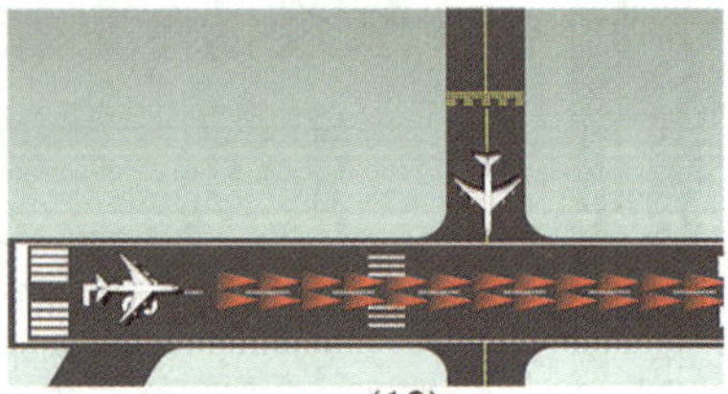

(18)

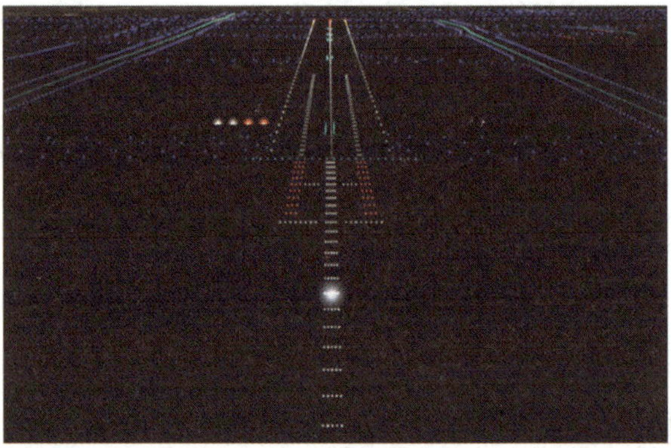

(19)

(20)

[그림18]

COVERAGE DIAGRAM

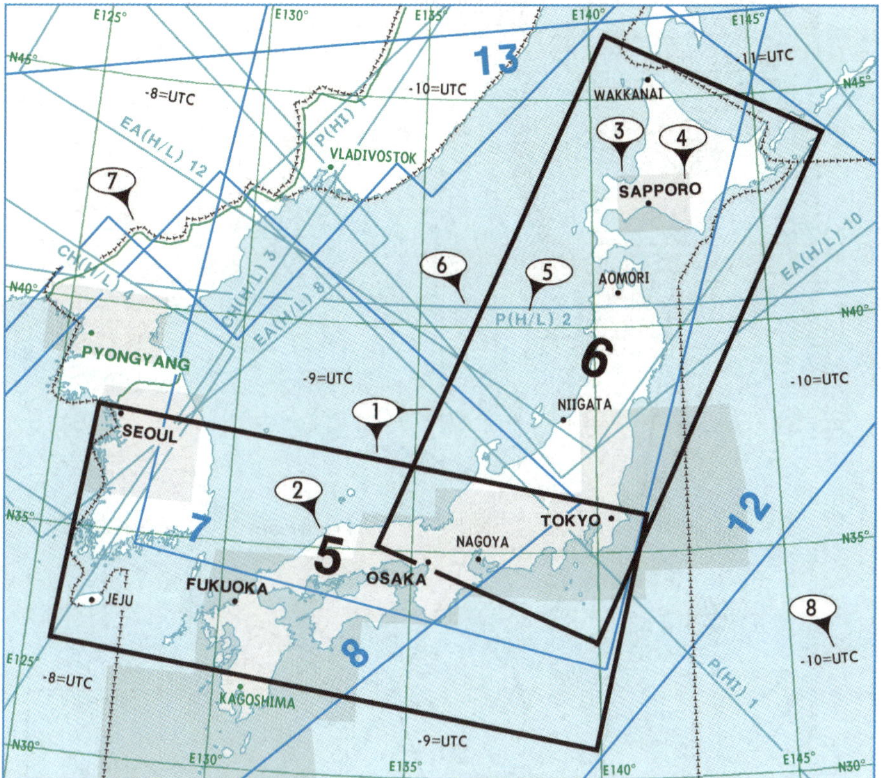

AIRWAYS/ROUTES/CONTROLLED AIRSPACE shown on these charts are generally effective at all altitudes. Listed below are FIRs, UIRs, UTAs etc. on these charts that are restricted by altitude limitations. Those FIRs, UIRs, UTAs etc. not listed have altitude control limitations designated as unlimited or no altitudes specified.

9

[249쪽, Coverage Diagram]

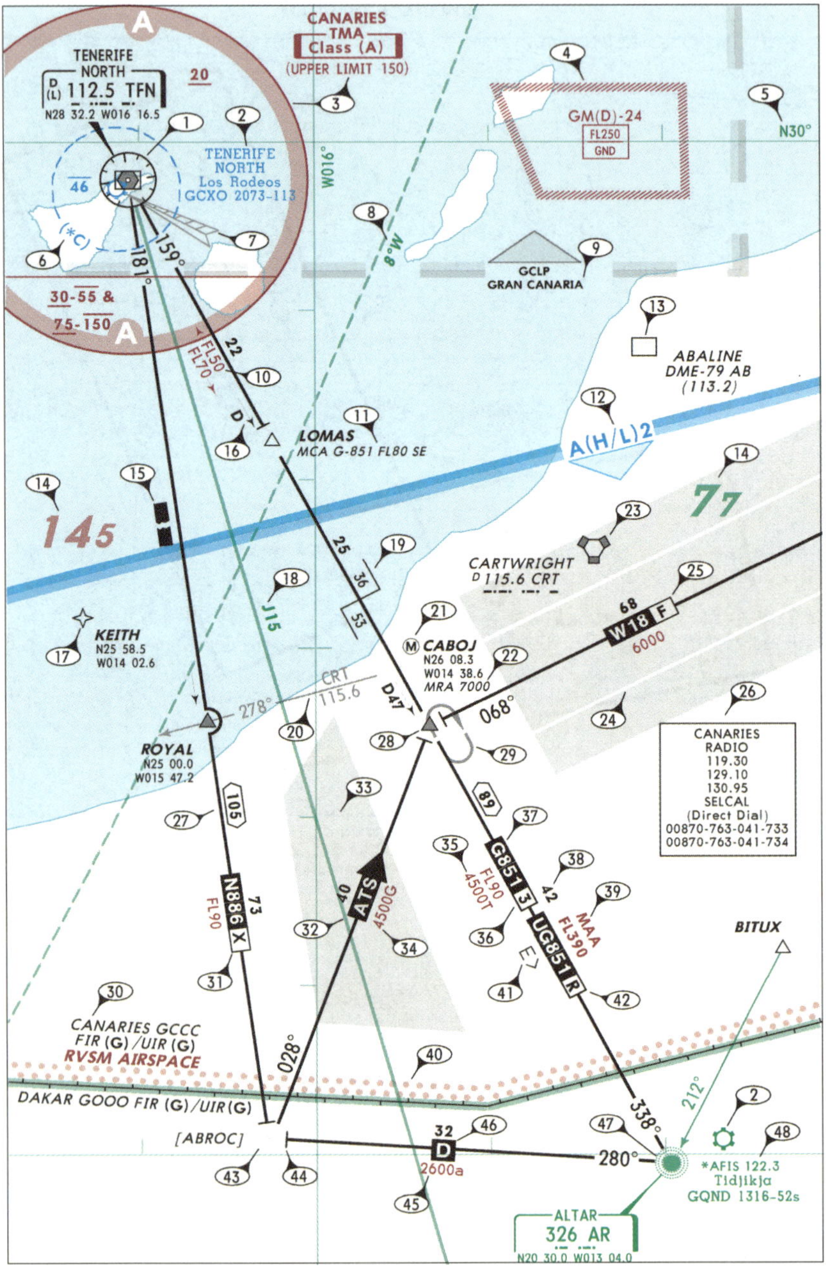

[254쪽, ENROUTE Chart]

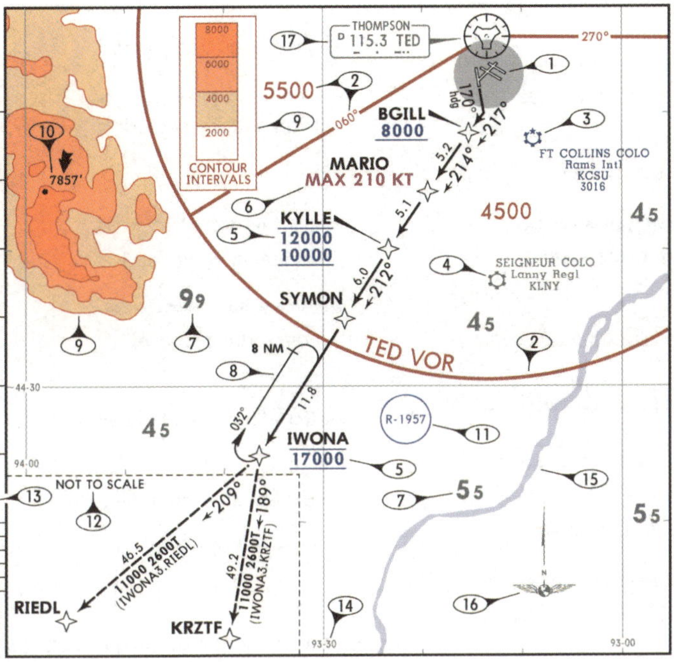

[SID]
[264쪽]

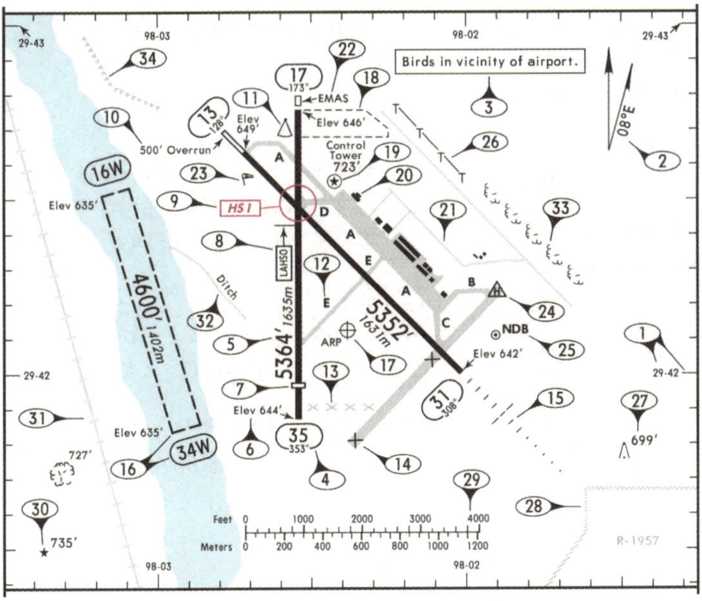

[Airport Planview]
[268쪽]

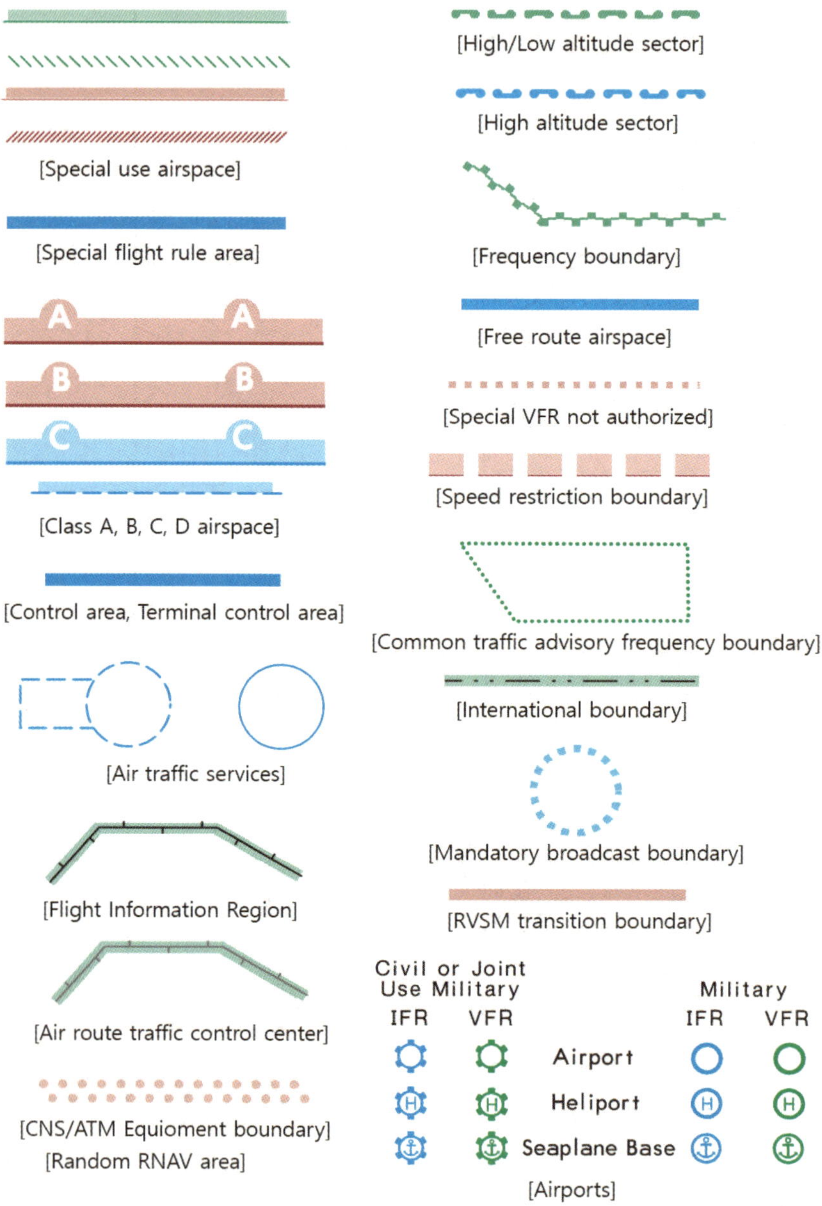

[참고, Enroute chart symbols]